21世纪高等教育土木工程系列规划教材

钢结构课程设计

主　编　赵根田
参　编　王　姗　陈　明　曹芙波　万　馨

机械工业出版社

钢结构课程设计是钢结构设计原理和钢结构设计课程后一个重要的综合性实践教学环节，也是培养学生钢结构设计能力的基础性教学环节。本书按 GB 50017—2003《钢结构设计规范》等现行国家标准编写，主要内容包括：钢屋架课程设计；起重机梁课程设计；工作平台课程设计；门式刚架课程设计；钢—混凝土组合梁课程设计。

本书可作为高等院校土木工程专业钢结构课程设计的教材，也可供相关工程技术人员参考。

图书在版编目（CIP）数据

钢结构课程设计/赵根田主编. —北京：机械工业出版社，2009.5（2025.8重印）

（21世纪高等教育土木工程系列规划教材）

ISBN 978-7-111-26516-0

Ⅰ. 钢… Ⅱ. 赵… Ⅲ. 钢结构—结构设计—课程设计—高等学校：技术学校—教材　Ⅳ. TU391.04

中国版本图书馆 CIP 数据核字（2009）第 041079 号

机械工业出版社（北京市百万庄大街 22 号　邮政编码 100037）
责任编辑：马军平　　版式设计：张世琴
责任校对：樊钟英　　封面设计：张　静
责任印制：常天培

河北虎彩印刷有限公司印刷

2025 年 8 月第 1 版第 10 次印刷
169mm×239mm・12 印张・1 插页・230 千字
标准书号：ISBN 978-7-111-26516-0
定价：35.00 元

电话服务	网络服务
客服电话：010-88361066	机 工 官 网：www.cmpbook.com
010-88379833	机 工 官 博：weibo.com/cmp1952
010-68326294	金　书　网：www.golden-book.com
封底无防伪标均为盗版	机工教育服务网：www.cmpedu.com

序

随着21世纪国家建设对专业人才的需求，我国工程专门人才培养模式正在向宽口径方向转变，现行的土木工程专业包括建筑工程、交通土建工程、矿井建设、城镇建设等8个专业的内容。经过几年的教学改革和教学实践，组织编写一套能真正体现专业大融合、大土木的教材的时机已日臻成熟。

迄今为止，我国高等教育已为经济战线培养了数百万专门人才，为经济的发展作出了巨大贡献。但据IMD1998年的调查，我国"人才市场上是否有充足的合格工程师"指标世界排名在第36位，与我国科技人员总数排名第一的现状形成了极大的反差。这说明符合企业需要的工程技术人员，特别是工程应用型技术人才供给不足。

科学在于探索客观世界中存在的客观规律，它强调分析，强调结论的惟一性。工程是人们综合应用科学理论和技术手段去改造客观世界的客观活动，所以它强调综合，强调实用性，强调方案的优选。这就要求我们对工程应用型人才和科学研究型人才的培养实施不同的方案，采用不同的教学模式，使用不同的教材。

机械工业出版社为适应高素质、强能力的工程应用型人才培养的需要而组织编写了本套系列教材，目的在于改革传统的高等工程教育教材，结合大土木的专业建设需要，富有特色、有利于应用型人才的培养。本套系列教材的编写原则是：

1) 加强基础，确保后劲。在内容安排上，保证学生有较厚实的基础，满足本科教学的基本要求，使学生日后发展具有较强的后劲。

2) 突出特色，强化应用。本套系列教材的内容、结构遵循"知识新、结构新、重应用"的方针。教材内容的要求概括为"精"、"新"、"广"、"用"。"精"指在融会贯通"大土木"教学内容的基础上，挑选出最基本的内容、方法及典型应用实例；"新"指在将本学科前沿的新技术、新成果、新应用、新标准、新规范纳入教学内容;"广"指在保证本学科教学基本要求前提下,引入与相邻及交叉学科的有关基础知识;"用"指注重基础理论与工程实践的融会贯通,特别是注重对工程实例的分析能力的培养。

3) 抓住重点,合理配套。以土木工程教育的专业基础课、专业课为重点,做好实践教材的同步建设,做好与之配套的电子课件的建设。

我们相信,本套系列教材的出版,对我国土木工程专业教学质量的提高和应用型人才的培养,必将产生积极作用,为我国经济建设和社会发展作出贡献。

江见鲸

前　　言

　　钢结构课程设计是土木工程专业学生第一次较全面的钢结构设计训练，是钢结构设计原理和钢结构设计课程后一个重要的综合性实践教学环节，也是培养学生钢结构设计能力的基础性教学环节。它可以帮助学生深化课堂所学的设计理论和知识，掌握基本设计技能，培养自己动手进行设计、分析、计算和计算机绘图等的工作能力。钢结构课程设计的实践教学不仅仅满足于土木工程专业课程的要求，而是经过土木工程实践，满足对学生钢结构工程设计和施工操作能力培养的要求。课程设计立足专业特点、面向工程实际、注重应用能力、提高综合素质。

　　本书按 GB 50017—2003《钢结构设计规范》等现行国家标准编写，主要任务是要求学生掌握钢结构基本构件和基本结构的设计方法。具体内容包括：钢屋架课程设计；起重机梁课程设计；工作平台课程设计；门式刚架课程设计；钢—混凝土组合梁课程设计。

　　参加本书编写的有赵根田（第1、6章）、王姗（第2章）、陈明（第3章）、曹芙波（第4章）、万馨（第5章），全书由赵根田主编。

　　书中不当之处，谨请使用本书的师生及其他读者批评指正。

编　者

目　　录

序
前言
第1章　绪论 ··· 1
　1.1　课程设计的重要性 ·· 1
　1.2　课程设计的基本要求 ··· 1
　1.3　钢结构施工图绘制的一般方法 ·· 2
　1.4　钢结构设计图的深度 ··· 2
　1.5　钢结构施工详图设计深度 ··· 5
　1.6　课程设计适用的规范和标准 ·· 9
第2章　钢屋架课程设计 ··· 10
　2.1　屋盖结构的形式 ·· 10
　2.2　屋盖支撑的布置 ·· 13
　2.3　荷载及杆件内力计算 ·· 17
　2.4　屋架杆件截面设计 ··· 22
　2.5　屋架节点设计 ··· 24
　2.6　屋架设计实例 ··· 34
　2.7　屋架设计任务书 ·· 57
第3章　起重机梁课程设计 ·· 61
　3.1　起重机梁系统的截面组成 ·· 61
　3.2　起重机梁系统的荷载及内力计算 ··· 62
　3.3　起重机梁的截面设计 ·· 63
　3.4　起重机梁的连接和构造 ··· 72
　3.5　起重机梁的疲劳验算 ·· 73
　3.6　起重机梁设计实例 ··· 74
　3.7　起重机梁设计任务书 ·· 82
第4章　工作平台课程设计 ·· 83
　4.1　平台结构布置 ··· 83
　4.2　平台板设计 ·· 85
　4.3　平台梁设计 ·· 88
　4.4　平台柱设计 ·· 93
　4.5　梁柱连接节点及构造 ·· 95

4.6 工作平台设计实例 ··· 98
4.7 工作平台设计任务书 ··· 103

第5章 门式刚架课程设计 ·· 104
5.1 结构形式和布置 ··· 104
5.2 梁柱截面形式及尺寸确定 ··· 109
5.3 荷载及内力计算 ··· 111
5.4 构件设计 ··· 119
5.5 柱脚设计 ··· 131
5.6 梁柱连接节点、斜梁拼接节点及构造 ····································· 132
5.7 门式刚架设计实例 ·· 135
5.8 门式刚架设计任务书 ··· 147

第6章 钢—混凝土组合梁课程设计 ·· 149
6.1 组合梁的概念和应用 ··· 149
6.2 组合梁的截面设计 ·· 151
6.3 抗剪连接件设计 ··· 156
6.4 挠度计算 ··· 158
6.5 构造要求 ··· 159
6.6 钢—混凝土组合梁设计实例 ·· 160
6.7 钢—混凝土组合梁设计任务书 ··· 181

参考文献 ·· 183

第 1 章

绪　　论

1.1　课程设计的重要性

进入 21 世纪以来,人类对物质和文化生活的要求正在不断提高,对各类建筑也提出了更新、更高的要求。随着我国钢产量的不断提高,用钢量已不再成为制约钢结构发展的瓶颈,建筑钢结构由于钢材的优异性能,制作安装的高度工业化以及结构体形的新颖和灵巧,已越来越广泛地得到应用。钢结构在我国的蓬勃兴起,凸现了钢结构专业人才的短缺,也为今天的学生、明天的工程师们提供了广泛的就业机会和施展才能的舞台。

钢结构课程设计是土木工程专业学生第一次较全面的钢结构设计训练,是钢结构设计原理和钢结构设计课程后一个重要的综合性实践教学环节,也是培养学生钢结构设计能力的基础性教学环节。它可以帮助学生深化课堂所学的设计理论和知识,掌握基本设计技能,培养自己动手进行设计、分析、计算和计算机绘图等的工作能力。钢结构课程设计的实践教学不仅仅满足于土木工程专业课程的要求,而是经过土木工程实践,满足对学生钢结构工程设计和施工操作能力培养的要求。课程设计立足专业特点、面向工程实际、注重应用能力、提高综合素质。重点是掌握钢结构的设计内容,为此后专业设计和毕业设计打下基础,每个学生必须独立完成。

1.2　课程设计的基本要求

1. 课程设计的目的

1) 通过综合运用先修课的知识,培养独立分析和解决工程实际问题的能力。

2) 学习钢结构设计的一般方法,掌握钢结构基本构件和基本结构的设计原理和过程。

3）进行钢结构设计的基本技能训练。如计算、绘图，运用设计资料、手册、标准和规范以及使用经验数据，进行经验估算和处理数据等。

2. 课程设计的基本内容

课程设计的主要任务是要求学生掌握钢结构基本构件和基本结构的设计方法。具体内容包括：钢屋架课程设计；起重机梁课程设计；工作平台课程设计；门式刚架课程设计；钢－混凝土组合楼盖课程设计。学生在一周的时间内，任选其中的一个题目进行设计。设计的基本内容包括：结构布置，结构钢材和连接材料的选用，荷载的计算和汇集，结构或构件的内力分析和计算，构件和连接设计。设计工作量一般为一张 1# 图纸和一份设计说明书。

教师应对学生随时指导，并进行三次集中检查和指导答疑。第一次安排在荷载计算完成后，主要检查结构布置、材料选择是否合理，荷载计算是否正确。第二次安排在构件设计完成后，主要检查构件设计是否合理、计算是否正确。第三次安排在设计图样完成之后，主要检查图样及尺寸标注是否正确、是否达到施工图要求的设计深度等。

1.3 钢结构施工图绘制的一般方法

钢结构设计制图分为钢结构设计施工图（简称设计图）和钢结构施工详图（也称为钢结构加工制作详图）两阶段。设计图的深度和表示方法通过设计图样表达，图样包括设计总说明、结构布置图、节点图、构件图。钢结构施工详图内容包括根据《钢结构设计规范》的构造设计要求对节点构造进行补充设计和钢结构施工详图的设计总说明、锚栓布置图、结构布置图、安装节点图和构件详图。施工详图的深度和表示方法通过上述图样表达。

钢结构设计制图基本规定主要包括：钢结构设计图的图纸幅面规格，图线的规定，定位轴线的确定，字体及计量单位的确定，比例的确定，剖视与断面图的区别，索引符号与详图符号，引出线的表示方法，尺寸线的标注特点，角度、弧度、弧长的标注方法，节点板尺寸标注方法，常用型钢的标注方法，标高标注和焊缝图例等。

1.4 钢结构设计图的深度

钢结构设计图是金属结构制造厂加工制作构件和工地结构安装的主要依据，一般包括结构安装图和构件详图两类图样，另外还包括关于设计、材料、制造和安装等的总说明。所以钢结构设计图在内容和深度方面应满足编制钢结构施工详图的要求，必须对设计依据、荷载资料、建筑抗震设防类别和设防标准、工程概况、材料选用和材料质量要求、结构布置、支撑设置、构件选型、构件截面和内力,以及结构的主要节点构造和控制尺寸等表示清楚,使编制钢结构施工详图的人员能正确体会设计意图。当图形不能完全表示清楚时,可以用文字加以补充说明。设计图所表示的标高、方位应与建筑专业的图样相一致。图样的编制应考虑各结构系统间的相互配合,编排顺序便于阅图。钢结构设计图的深度和表示方法通过图样内容表示。

1. 设计总说明

设计总说明是作为法律依据的重要文件,因此对设计依据、安全等级、使用年限、设计的计算假定和结构计算采用的程序名称、各种荷载取值情况、设计参数的确定、支撑设置的要求、钢材牌号和质量等级的选用、焊接材料的选用、螺栓等级的选用、除锈等级及防腐涂料的品种、涂层设计总厚度要求等都要表述清楚。设计总说明具体包括:

(1) 设计依据 业主提供的技术任务书及工程概况,并应注明本设计为钢结构设计图,施工前必须依据本图编制钢结构施工详图。

(2) 设计依据的规范、规程和规定 包括我国现行的各种规范、规程,如《钢结构设计规范》、《建筑制图标准》等。

(3) 自然条件 包括基本风压、基本雪压,地震基本烈度、本设计采用的抗震设防烈度,地基和基础设计依据的工程地质勘察报告、场地土类别、地下水位埋深等。

(4) 材料要求

1) 各部分构件选用的钢材牌号、标准及其性能要求。

2) 相应钢材选用的焊接材料型号、标准及其性能要求;当采用CO_2气体保护焊接时,还需注明对气体纯度及含水量限值。

3) 高强度螺栓连接副形式、性能等级、摩擦系数值及预拉力值。

4) 有关混凝土的强度等级。

(5) 设计计算中的主要要求

1) 楼面活荷载及其折减系数,设备层主要荷载。

2) 抗震设计的计算方法,层间剪力分配系数,按两阶段抗震设计采用的峰值加速度,选用的输入地震加速度等。

3) 地震作用下的侧移限值(层间侧移、整体侧移和扭转变形)。

(6) 结构的主要参数及选型 结构主要参数包括:结构总高度、标准柱距、标准层高、最大层高、建筑物高宽比、建筑物平面。结构选型包括:结构的抗侧力体系,梁、柱截面形式,楼板作法。高层建筑钢结构设计中侧向位移是考虑的主要因素,必须有足够的刚度保证侧向位移在允许范围内。

(7) 制作与安装要求

1) 钢结构的制作、安装及验收应符合现行《钢结构工程施工及验收规范》、

《高层民用建筑钢结构技术规程》，以及业主、设计、施工三方协议执行的企业标准和有关规定。

2）制作要求，包括柱的修正长度、切割精度、焊接坡口、熔化嘴电渣焊等。

3）运输、安装要求。

4）高强度螺栓摩擦面的处理方法及预拉力施加方法。

5）构件各部位焊缝质量等级及检验标准、焊接试验、焊前预热及焊后热处理要求等。

6）涂装要求，构件表面处理采用的除锈方法，要求达到的除锈等级，涂料品种，涂装遍数和要求的涂膜总厚度。

2. 结构布置图

钢结构设计图中的结构布置图主要表达各种构件在平面中所处的位置，并对各种构件选用的截面进行编号。图样内容包括：屋盖平面布置图、柱子平面布置图、柱脚锚栓布置图和起重机（俗称吊车）梁布置图。高层钢结构原则上各层都要绘制平面布置图，若有标准层则可合并绘制。当高层建筑采用钢与混凝土组合结构时，可只表示型钢部分及其连接，而混凝土结构部分另行出图与其配合使用。楼梯结构系统、构件开洞、局部加强围护结构可根据不同内容分别编制专门的布置图和相关的节点图，与主要平面、立面配合使用。

当房屋钢结构比较高大或平面布置比较复杂、柱网不太规则或立面高低错落时，为表示整个结构体系的全貌，宜绘制纵、横立面图表达结构的外形轮廓、相关尺寸和标高、纵横轴线编号及跨度尺寸和高度尺寸。剖面宜选择有代表性的或需特殊表示清楚的地方。

结构布置图中的构件，当为实腹截面或钢管时，可用单线条绘制，并明确表示构件间连接节点的位置，粗实线为有编号数字的构件，细实线为有关联但非主要表示的其他构件，虚线可用来表示垂直支撑和隅撑等。每张构件布置图均应列出构件表。

3. 节点详图

节点详图在设计阶段应表示清楚各构件间的相互连接关系及其构造特点，节点上应标明其在整个结构中的相关位置，即应标出轴线编号、相关尺寸、主要控制标高、构件编号或截面规格、节点板厚度及加劲肋做法。构件与节点板采用焊接连接时，应标明焊脚尺寸及焊缝符号。构件采用螺栓连接时，应标明螺栓类型、直径和数量。节点详图具体构造作法必须交代清楚。绘制的节点图一般是：结构连接构造复杂处；主要构件连接处；不同结构材料连接处；需特殊交代清楚的部位。节点应根据设计者要表达的设计意图来圈定范围，重要的部位或连接较多的部分可圈较大范围，以便看清楚其全貌，如屋脊与山墙连接部分、纵横墙交接处及柱与山墙连接部位等。一般是在平面布置图或立面图上圈出节点，重要的典型安装拼接节点应绘制节点详图。

4. 构件图

平面桁架和立体桁架、格构式构件以及截面较为复杂的组合构件等需要绘制构件图。门式刚架由于采用变截面，故也要绘制构件图，通过构件图表达构件外形及其几何尺寸，以方便绘制施工详图。

平面或立面桁架图，一般杆件可用单线绘制，但弦杆必须注明重心距，其几何尺寸应以重心线为准。当桁架构件图为轴对称时，可在左侧标注杆件截面大小，右侧标注杆件内力。

柱子构件图一般应按其外形安装单元竖放绘制，在支承吊车梁肢和支承屋架肢上用双线、腹杆用单实线绘制，并绘制各截面变化处的剖面，注明相应的规格尺寸、柱段控制标高和轴线编号的相关尺寸。柱子尽量全长绘制，以反映柱子全貌。如果竖放绘制有困难，可以整根柱平放绘制，柱顶放在左侧，柱脚放在右侧，尺寸和标高均应标注清楚。

门式刚架构件图可利用对称性绘制，主要标注变截面柱和变截面斜梁的外形和几何尺寸、定位轴线和标高，以及柱截面与定位轴线的相关尺寸等。

高层钢结构中的特殊构件宜绘制构件图。

1.5 钢结构施工详图设计深度

钢结构施工详图原则上是由具有钢结构专项设计资质的加工制作企业完成，或委托具有该项资质的设计单位完成。钢结构施工详图编制的依据是设计图样。钢结构施工详图的深度要遵照 GB 50017—2003《钢结构设计规范》对构件的构造予以完善，通过设计图提供的内力进行焊缝计算或螺栓连接计算，确定杆件长度和连接板尺寸，按便于加工制作的原则并考虑运输和安装的能力确定构件的分段。绘制钢结构施工详图关键在于"详"。图样是直接下料的依据，故尺寸标注要详细准确，图样表达要意图明确、语言精炼，要争取用最少的图形最清楚地表达设计意图，以减少绘制图样工作量，提高设计人员劳动效率。

钢结构施工详图设计的内容包括两部分：第一部分是根据《钢结构设计规范》的构造要求和设计单位提供的设计图样对节点构造设计进行完善；第二部分是进行钢结构施工详图的绘制工作，通过施工详图的图样表达钢结构施工详图的深度和表示方法。构造设计包括对焊接连接的补充设计计算或螺栓连接的补充计算。此外，还要进行梁支座加劲肋或纵横向加劲肋构造设计、运输单元的拼接接头设计、安装接头设计、组合构件的缀板设计、填板布置、变截面构造设计等。

1. 施工详图设计总说明

主要是对加工制造、安装人员强调的技术条件和提出施工安装的要求，例如，对结构选用钢材的材质和牌号要求；焊接材料的材质和牌号要求，或螺栓连接的性能等级和精度类别要求；结构构件在加工制作过程中的技术要求和注意事项；结构安装过程中的技术要求和注意事项；构件质量检验的手段、等级要求，以及检验的依据；构件的分段要求及注意事项；钢结构的除锈和防腐以及防火要求；其他方面的特殊要求与说明。

2. 结构布置图

构件在结构布置图中必须进行编号，在编号前必须熟悉每个构件的结构形式、构造情况、所用材料、几何尺寸、与其他构件的连接形式等，并按构件所处地位的重要程度分类，依次绘构件的编号。

构件编号的原则：

1）对于结构形式、各部分构造、几何尺寸、材料截面、零件加工、焊缝高度和长度完全一样的可以编为同一个号，否则应另行编号。

2）对超长度、超高度、超宽度或箱形构件，若需要分段、分片运输时，应将各段、各片分别编号。

3）一般选用汉语拼音字母作为编号的字首，编号用阿拉伯数字按构件主次顺序进行标注，而且只在构件的主要投影面上标注一次，必要时再以底视图或侧视图补充投影，但不应重复。

4）各类构件的编号必须连续，如上、下弦系杆，上、下弦水平支撑等的编号必须各自按顺序编号，不应反复或跳跃编号。

3. 安装节点图

1）安装节点图用来表明各构件间相互连接情况、构件与外部构件的连接形式、连接方法、控制尺寸和有关标高。

2）对屋盖还强调上弦和下弦水平支撑就位后角钢的肢尖朝向。

3）表明构件的现场或工厂的拼接节点。

4）表明构件上的开孔（洞）及局部加强的构造处理。

5）表明构件上加劲肋的做法。

6）表明抗剪件等布置与连接构造。

4. 构件详图绘制

钢结构施工详图中构件详图工作量大，图样数量多。为减少绘图工作量，应尽量将图形相同和图形相反的构件合并画在一个图上，若构件本身存在对称关系，可只绘制构件的一半。尽量将同一构件集中绘在一张或几张图上，版面图形排放应满而不挤、井然有序；详图中应突出主视图位置，剖面图放在其余位置，图形要清晰、醒目，并符合视觉比例要求。图形中线条粗、细、实、虚要明显区别，层次要分明，尺寸线与图形大小和粗细要适中。

构件详图应根据布置图的构件编号按类别顺序绘制，构件主投影面的位置应与布置图一致。构件主投影面应标注加工尺寸线、装配尺寸线和安装尺寸线，三类尺寸明显分开标注。

较长且复杂的格构式柱，若因图幅不能垂直绘制，可以横放绘制，一般柱脚应置于图样右侧。大型格构式构件在绘制详图时应在图样的左上角绘制单线几何图形，表明其几何尺寸及杆件内力值，一般构件可直接绘制详图。

零件编号：①对多图形的图面，应按从左至右，自上而下的顺序编零件号；②先对主材编号，后对其他零件编号；③先型材，后板材、钢管等，先大后小，先厚后薄；④两根构件相反，只给正的构件零件编号；⑤对称关系的零件应编为同一零件号；⑥当一根构件分现于两张图上时，应视作同一张图进行编号。

杆件的长度、节点板的尺寸以及其装配尺寸等由放大样确定。每一张构件详图中都必须附有材料表，材料表是每一张构件详图上构件所用全部材料的汇总表格，材料表填写要仔细、数据准确。

在钢结构施工详图中，结构安装图用于将工厂或现场制造的全部构件在工地安装成为整体结构，主要包括结构布置图、安装节点大样图、构件统计表以及说明等。

结构布置图通常包括结构平面图、各方向视图和剖面图等。图中应标明有关轴线、尺寸和标高；表示出全部需要安装构件（柱、屋架、天窗架、檩条、屋面板和各种支撑构件等）的编号、安装位置（轴线、标高、相邻构件位置关系）和控制尺寸等；并用剖面符号、引出线和圆圈等标明有关安装节点和大样的索引编号。

结构布置图中每一构件用与其他构件断开的单根粗线条或简单外形图表示。同类构件只要略有差异就应给以不同编号，或相同编号附不同尾标。例如，同一排屋架中有一般屋架、横向支撑屋架（需增加几个支撑连接螺栓孔或几块支撑连接板）、端部屋架（另需加焊几个连接抗风柱的零件）以及工艺上要求加焊某些零件的屋架，可编为 WJ1a、b、c、d 等。正反不能互换的对称构件应标明"反"。每张图应列出本张图的构件统计表。

安装节点和大样图可包括正面、平面、侧面、剖面图等，每个图的编号应与结构布置图的索引编号一致。图中应标明不同构件间的位置、尺寸和安装关系，以及螺栓或焊缝连接的尺寸和要求等。每个图应尽量简化，使其通用于同类型但细节尺寸或规格上略有差别的安装连接。作为安装节点图时，图中可不注明屋架、檩条和支撑构件等的具体编号、型钢规格、螺栓位置或间距等，通用于所有类似的安装节点。必要时可在图旁作一些简要文字说明或注明几种尺寸关系。

另外，结构安装图中每一编号构件应有相应的构件图，作为制造该构件的根据。相同类型和尺寸的构件只有少量差别时应有不同编号，但可合用一个构件图，差别处在图中标明。

构件不论大小和复杂程度，都应绘制构件图，标明制造所需的全部数据资料、尺寸和细节要求。现就较为复杂的钢屋架图说明其绘制要求和方法（见第 2

章例题插图)。

(1) 桁架简图　对桁架式构件通常在图样左上角画出单线桁架简图,注明杆件的轴线几何长度和杆件的内力设计值(对称桁架时可分别注于桁架简图的左半和右半)。两端简支、跨度大于24m的梯形和平行弦桁架以及跨度大于15m的三角形桁架,宜起拱,常用拱度 $f \approx l/500$,并在简图中注明。起拱是为了抵偿桁架在荷载下的挠度,以免影响使用和外观。起拱时应使桁架在各截面处的高度保持不变(或局部略有增大),以免降低桁架的刚度和承载力。桁架杆件内力计算应按起拱后尺寸进行,但为简便也可按起拱前尺寸进行。

(2) 构件详图　占据构件图的主要图面。对桁架式构件应包括桁架的正面图,上、下弦平面图,端部和中央侧视图或剖面图,以及其他有支撑连接件或特殊零件处的剖面图等。

对称桁架可只画左半部分,但需将上、下弦中央拼接节点画完全,以便表示右半部分因工地拼接引起的少量差异,如安装螺栓、某些工地焊缝以及相应的零件不同编号等。

钢桁架的特点是杆件长而细,构件图所需重点表示的节点部分只占整个图面的很小部分。为了用较小图幅画出较大节点细节,通常按两种比例尺画图:先用一种比例尺画桁架轴线图(对普通钢屋架常用1:20),再在每个节点中心处用放大一倍的比例尺(1:10)画节点细部。

桁架详图中每个节点均为1:10比例尺,其间连接杆件的角度方向不变,但相邻节点已经靠近,长度已被缩减一半。缩短杆件一般仍画成直通而不用折断线隔开,并将其间小填板按大致均匀间距画出。杆件实际长度不能用1:20或1:10比例尺直接量得,而应取节点中心距离(按1:20比例尺或计算控制值)减去两端的端距(节点中心至杆端的距离,按1:10比例尺量测)。

构件图中应注明全部零件(角钢、钢板等)的编号、规格和尺寸,包括加工尺寸和拼装定位尺寸、孔洞位置等,以及车间加工和工地安装的所有要求。定位尺寸主要有:弦杆节点间的距离,轴线到角钢背的距离(对不等边角钢应同时注明图面上的角钢边宽)、节点中心到杆端的距离、节点中心到节点板上、下、左、右边缘的距离等。螺栓孔位置尺寸应从节点中心、轴线或角钢背起注明;钢板和角钢斜切应按坐标尺寸注明;孔洞和螺栓直径、焊缝尺寸及所有要求都应注明,工地螺栓或焊缝也应用符号标明。

按1:10比例尺所画节点或大样图所确定的各定位尺寸常有一定误差,各零件按此定位尺寸分别下料、切割、加工和开孔后,互相装配时常会引起矛盾(如零件间隙太大或太小、焊缝长度不够、孔洞互不对准或位置不准等)。因此,注明定位尺寸时通常应根据另行准确绘制的较大比例尺节点或大样图(1:2~1:5,重要结构1:1~1:3)所量得的尺寸,简单的定位尺寸则应由计算控制确定。有些情况下，当所注定位尺寸不能保证足够的精度，可在图上注明在零件下料和结构制造时应放大样（通常为足尺大样）重新确定定位尺寸。

零件编号按主次、左右、上下、型钢或钢板、零件用途类别等顺序进行。完全相同的零件用同一编号，正反不能互换的对称零件（主要因双角钢开孔或斜切等原因引起）在材料表和必要处标明"反"的零件。

(3) 零件或节点大样图　某些形状特殊、开孔或连接较复杂的零件或节点，在整体图中不便表达清楚时，可移出另画大样图。大样图可用相同或酌量放大的比例尺。

(4) 材料表　按构件（并列出构件数量）分别汇列其全部组成零件的编号、截面规格、长度、数量、重量和特殊加工注明，用以配合详图进一步明确各零件的规格和尺寸，并为材料准备、零件加工和保管以及构件技术指标统计等提供资料和方便。

(5) 说明　包括不易用图表达以及为简化图面而宜于用文字集中说明的内容。例如，钢材（构件、螺栓）的牌号和要求，焊条型号，图中未注明的焊缝尺寸和螺栓类型、规格、孔径，以及加工、拼装、连接、油漆、运输等工序的方式、注意事项、操作和质量要求等。

1.6　课程设计适用的规范和标准

1) GB 50017—2003《钢结构设计规范》. 北京：中国计划出版社，2003。

2) GB 50009—2001《建筑结构荷载规范》. 北京：中国建筑工业出版社，2006。

3) GB 50018—2002《冷弯薄壁型钢结构技术规范》. 北京：中国计划出版社，2002。

4) CECS102——2002《门式刚架轻型房屋钢结构技术规程》. 北京：中国计划出版社，2003。

5) JGJ 99——1998《高层民用建筑钢结构技术规程》. 北京：中国计划出版社，2003。

6) GB/T 50001——2001《房屋建筑制图统一标准》. 北京：中国计划出版社，2002。

7) GB/T 50105——2001《建筑结构制图标准》. 北京：中国计划出版社，2002。

8) GB 324——1988《焊缝符号表示方法》. 北京：中国标准出版社，1989。

9) GB 12212——1990《技术制图焊缝符号的尺寸、比例及简化表示方法》. 北京：中国标准出版社，1991。

第 2 章

钢屋架课程设计

2.1 屋盖结构的形式

2.1.1 屋盖结构体系

钢屋盖分为无檩屋盖和有檩屋盖。

1. 无檩屋盖

将屋面围护结构直接设置于钢屋架上或天窗架上，就形成了无檩屋盖，如图 2-1a 所示。一般用于预应力混凝土大型屋面板等重型屋面，屋面刚度大，多用于有桥式起重机的厂房屋盖中，所用屋架多为坡度平缓的梯形屋架。

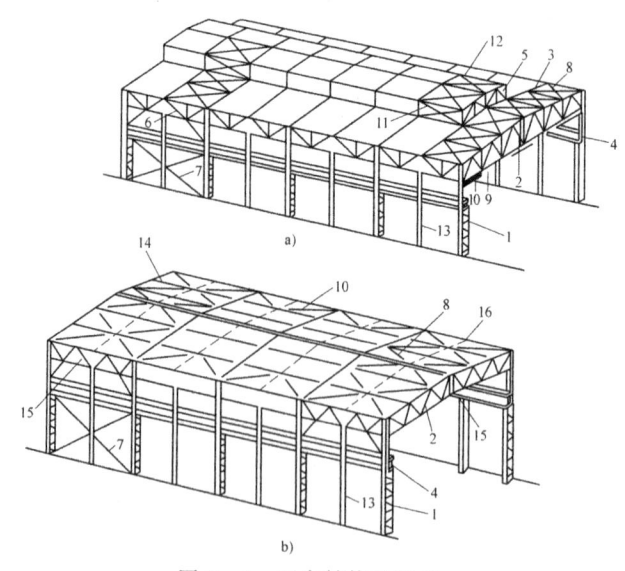

图 2-1 厂房结构的组成
a) 无檩屋盖 b) 有檩屋盖

1—框架柱 2—屋架 3—中间屋架 4—起重机（吊车）梁 5—天窗架 6—托架 7—柱间支撑
8—屋架上弦横向水平支撑 9—屋架下弦横向水平支撑 10—屋架纵向支撑 11—天窗架垂直支撑
12—天窗架横向水平支撑 13—墙架柱 14—檩条 15—屋架垂直支撑 16—檩条间撑杆

2. 有檩屋盖

有檩屋盖如图 2-1b 所示，常用于轻型屋面材料的情况，如压型钢板、压型铝合金板、石棉瓦、瓦楞铁皮等。屋面荷载要通过檩条传给屋架，减轻了屋面负荷，但屋面刚度较差，多用在坡度较陡的三角形屋架上。

屋架与屋架之间应布置有效支撑，以增强屋架侧向刚度，传递水平力和保证屋盖体系的整体稳定。支撑在屋盖体系中是不可缺少的。

2.1.2 屋架的形式

屋架外形常用的有三角形、梯形、平行弦和人字形等。

屋架选形是设计的第一步，屋架的外形首先取决于建筑物的用途，其次应考虑用料经济施工方便、与其他构件的连接、屋面材料要求的排水坡度以及结构的刚度等问题。在制造简单的条件下，桁架外形应尽可能与其弯矩图接近，这样能使弦杆受力均匀，腹杆受力较小。腹杆的布置应使内力分布趋于合理，尽量用长杆受拉、短杆受压；腹杆的数目宜少，总长度要短，斜腹杆的倾角一般为 30°~60°。腹杆布置时应注意使荷载尽量作用在桁架的节点上，避免由于节间荷载而使弦杆承受局部弯矩。节点构造要求简单合理，便于制造。要根据具体情况，全面考虑、精心设计，从而得到较满意的结果。

三角形屋架适用于陡坡屋面（$i > 1/3$）的有檩屋盖体系。这种屋架通常与柱子只能铰接，房屋的整体横向刚度较低。对简支屋架来说，荷载作用下的弯矩图是抛物线分布，与三角形的外形相差悬殊，致使这种屋架弦杆受力不均，支座处内力较大，跨中内力较小，弦杆的截面不能充分发挥作用。支座处上、下弦杆交角过小内力又较大，使支座节点构造复杂。

三角形屋架的腹杆布置常用的有芬克式（图 2-2a、b）和人字式（图 2-2d）。芬克式的腹杆虽然较多，但它的压杆短、拉杆长，受力相对合理，且可分为两个小桁架制作与运输，较为方便；人字式布置的节点数和腹杆数均较少，但受压腹杆较长，适用于跨度较小的情况。单斜式腹杆屋架如图 2-2c 所示，其腹杆和节点数目均较多，只适用于下弦需要设置天棚的屋架，一般情况较少采用。

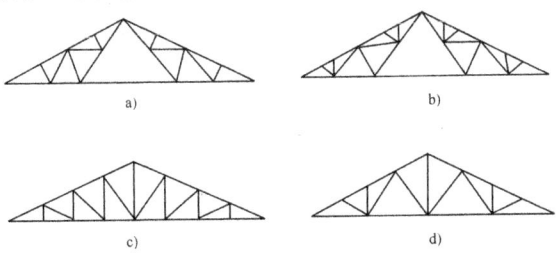

图 2-2 三角形屋架

a)、b) 芬克式腹杆 c) 单斜式腹杆 d) 人字式腹杆梯形屋架适用于屋面坡度较为平缓的无檩屋盖体系，它与简支受弯构件的弯矩图比较接近，弦杆受力较为均匀。梯形屋架与柱的连接可以做成铰接也可以做成刚接。刚性连接可提高建筑物的横向刚度。

梯形屋架的腹杆体系可采用单斜式、人字式和再分式，如图2-3所示。人字式按支座斜杆与弦杆组成的支承点在下弦或在上弦分为下承式和上承式两种。一般情况下，与柱刚接的屋架宜采用下承式，与柱铰接时则下承式或上承式均可。当桁架下弦要做天棚时，需设置吊杆，如图2-3b虚线所示；或者采用单斜式腹杆，如图2-3a所示。当上弦节间长度为3m，而大型屋面板宽度为1.5m时，常采用再分式腹杆，将节间减小至1.5m，如图2-3d所示；有时也采用3m节间，如图2-3c所示，使上弦承受局部弯矩，虽耗钢量增多，但构造比较简单。

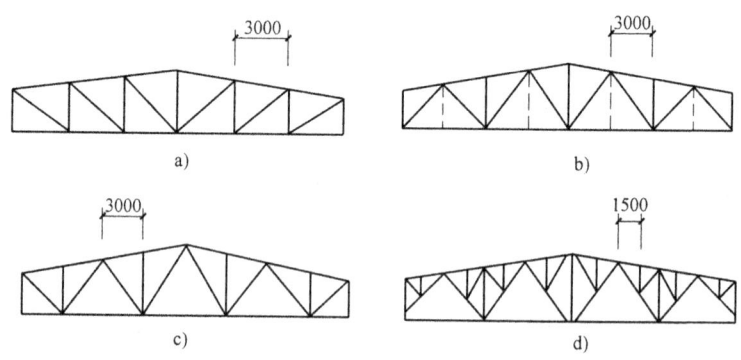

图2-3 梯形屋架
a) 单斜式腹杆　b)、c) 人字式腹杆　d) 再分式腹杆

平行弦屋架具有杆件规格化、节点构造统一、便于制作工业化等优点，常用于单坡屋面的屋架及托架。

屋架的主要尺寸包括屋架的跨度L和高度H（含梯形屋架的端部高度H_0）。跨度L由使用和工艺方面的要求决定。高度则由经济条件、刚度条件、运输界限（如铁路运输界限高度为3.85m）及屋面坡度等因素来决定。

根据上述原则，各种屋架中部高度常在下述范围：三角形屋架H，一般为$(1/6\sim1/4)L$；梯形屋架H，一般为$(1/10\sim1/6)L$。至于梯形屋架端部的高度H_0，它与中部高度及屋面坡度有关，当为多跨屋架时H_0应取一致，以利屋面构造。我国常将H_0取为1.8～2.1m等较整齐的数值。当屋架与柱刚接时，H_0应有足够的大小，以便能较好地传递支座弯矩而不使端部弦杆产生过大内力，端部高度H_0一般为$(1/16\sim1/10)L$。

2.2 屋盖支撑的布置

屋架在其自身平面内为几何形状不变体系并具有较大的刚度，能承受屋架平面内的各种荷载。但是，在垂直于其自身平面的侧向（称为屋架平面外），屋架的刚度和稳定性则很差，不能承受水平荷载。因此，为使屋架结构有足够的空间刚度和稳定性，必须在屋架间设置支撑系统，如图 2-4 所示。

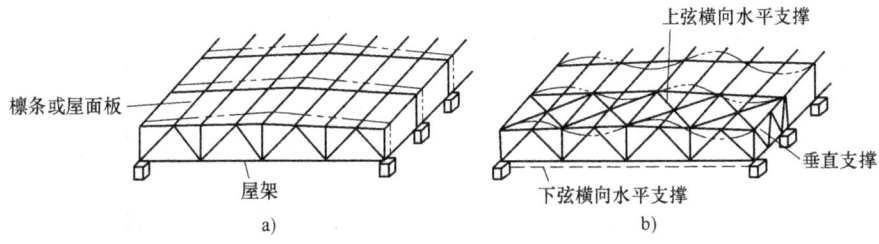

图 2-4 屋盖支撑作用示意图

2.2.1 屋盖支撑的布置

屋盖支撑系统可分为：横向水平支撑、纵向水平支撑、垂直支撑和系杆。

1. 上弦横向水平支撑

在无檩屋盖体系中，当大型屋面板与屋架的连接满足每块板有三点支承处进行焊接等构造要求时，可考虑大型屋面板起一定支撑作用。但由于施工条件的限制，很难保证焊接质量，一般只考虑大型屋面板起系杆作用。因此，通常在屋架上弦和天窗架上弦均设置横向水平支撑。

上弦横向水平支撑一般应设置在房屋两端或纵向温度区段两端的第一个柱间，如图 2-5 所示。有时在山墙承重，或设有纵向天窗但此天窗又未到温度区段尽端而退一个柱间断开时，为了与天窗支撑配合，宜将屋架的横向水平支撑布置在第二个柱间。横向水平支撑的间距不宜大于 60m，当温度区段长度较大时，尚应在中部增设支撑，以符合此要求。

2. 下弦横向水平支撑

一般情况下应该设置下弦横向水平支撑。只有当屋架跨度比较小（$L \leqslant 18m$）且没有悬挂式起重机，或虽有悬挂式起重机但起重吨位不大，厂房内也没有较大的振动设备时，可不设下弦横向水平支撑。

下弦横向水平支撑一般和上弦横向水平支撑布置在同一柱间，以形成空间稳定体。

3. 纵向水平支撑

当房屋内设有托架，或有较大吨位的重级、中级工作制的桥式起重机，或有壁行式起重机，或有锻锤等大型振动设备，以及房屋较高、跨度较大、空间刚度要求高时，均应在屋架下弦（三角形屋架可在下弦或上弦）端节间设置纵向水平支撑。纵向水平支撑与横向水平支撑形成闭合框，加强了屋盖结构的整体性并能提高房屋纵、横向的刚度。

4. 垂直支撑

无论有檩屋盖或无檩屋盖，通常均应设置垂直支撑。屋架的垂直支撑应与上、下弦横向水平支撑设置在同一柱间（图2-4和图2-5）。

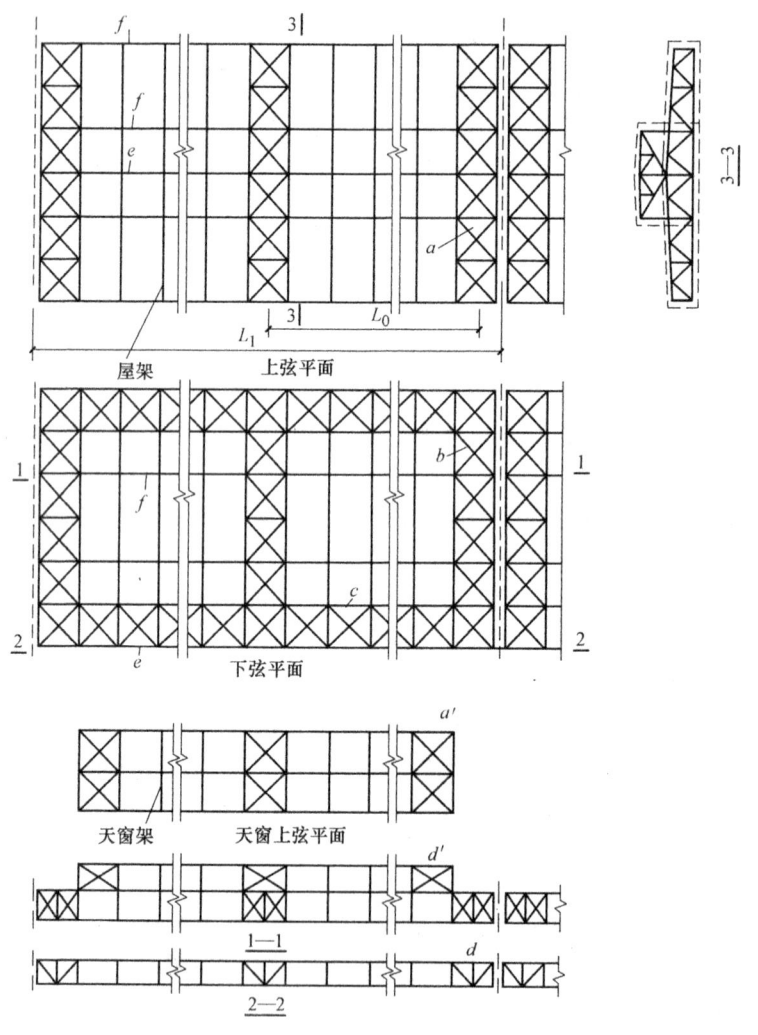

图2-5 屋盖支撑示例

a—上弦横向水平支撑 b—下弦横向水平支撑 c—纵向水平支撑 d—屋架垂直支撑
a'—天窗架横向水平支撑 d'—天窗架垂直支撑 e—刚性系杆 f—柔性系杆

梯形屋架在跨度 $L\leqslant30m$，三角形屋架在跨度 $L\leqslant24m$，仅在跨度中央设置一道垂直支撑（图 2-6a、b）；当跨度大于上述数值时宜在跨度 1/3 附近或天窗架侧柱处设置两道垂直支撑（图 2-6c、d）。梯形屋架不分跨度大小，其两端还应各设置一道垂直支撑（图 2-5 和图 2-6），当有托架时则由托架代替。垂直支撑本身是一个平行弦桁架，根据尺寸的不同，一般可设计成图 2-6e、f、g 的形式。

天窗架的垂直支撑，一般在两侧设置（图 2-7a）；当天窗的宽度大于 12m 时还应在中央设置一道（图 2-7b）。两侧的垂直支撑桁架，考虑到通风与采光的关系常采用图 2-7c、d 的形式，而中央仍采取与屋架中相同的形式（图 2-7e）。

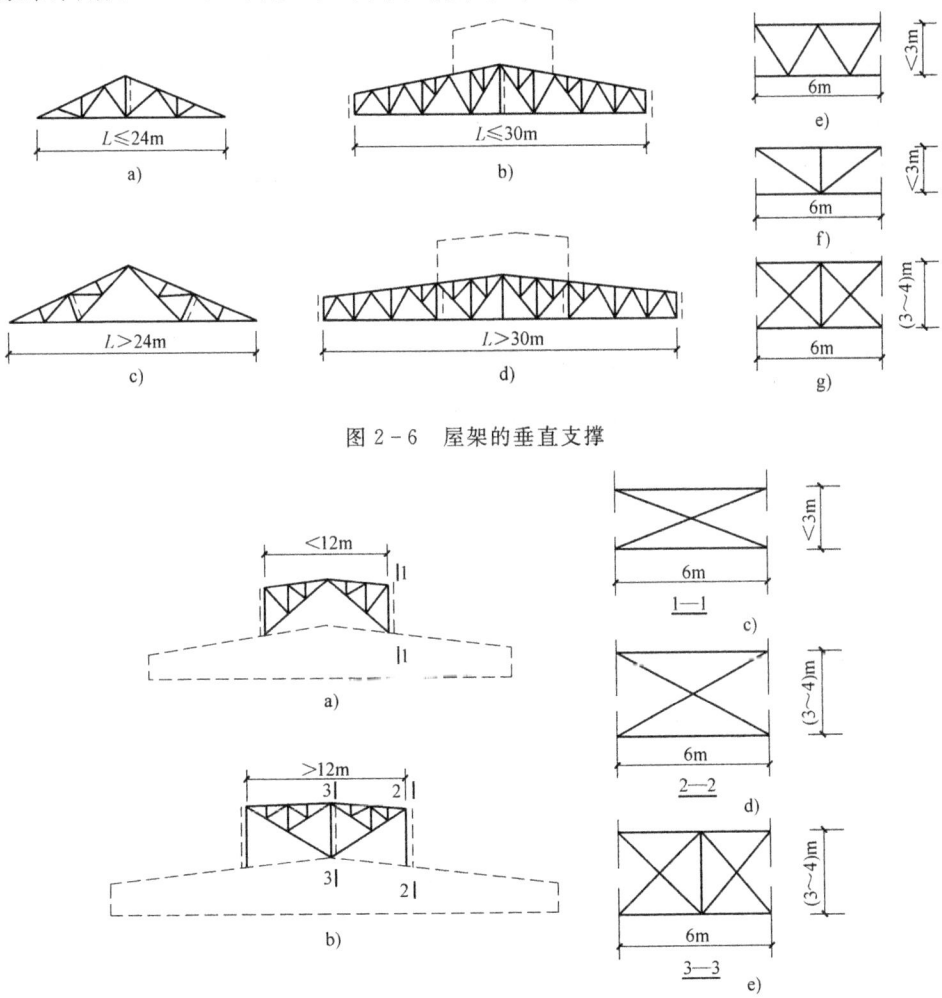

图 2-6 屋架的垂直支撑

图 2-7 天窗架的垂直支撑

5. 系杆

系杆的作用在于保证未设横向支撑的其他屋架弦杆的稳定，同时在安装过程中还起到架立屋架的作用。因此，对于未设横向支撑的屋架及天窗架，均应在屋架上弦横向水平支撑的某些节点或垂直支撑处，沿房屋的纵向通长设置系杆。既能承受拉力又能承受压力的为刚性系杆，只能承受拉力的为柔性系杆。当上下弦横向水平支撑设在第二柱间时，应在第一柱间设置刚性系杆以传递山墙荷载。

檩条或大型屋面板均可充当刚性系杆，故在上弦不再另设上弦系杆，可只在屋架的脊节点、支座位置以及有天窗时天窗的侧柱下设置刚性系杆；跨度≥18m的芬克式屋架的主斜杆与下弦相交的节点处等部位皆应设置系杆。当屋架间距≥12m时，支撑杆件截面将大大增加，多耗钢材，比较合理的做法是将水平支撑全部布置在上弦平面内并利用檩条作为支撑体系的压杆和系杆，而作为下弦侧向支承的系杆可用支承于檩条的隅撑代替。

2.2.2 支撑的计算和构造

除系杆外各种支撑都是一个平面桁架。桁架的腹杆一般采用交叉斜杆的形式，也有采用单斜杆的。下面主要结合图 2-5 所示传统的支撑布置方法进行介绍。在上弦或下弦平面内，用相邻两屋架的弦杆兼作横向支撑桁架的弦杆，另加竖杆和斜杆，便组成支撑桁架。同理，屋架的下弦杆兼作纵向水平支撑桁架的竖杆。屋架的纵横向水平支撑桁架的节间，以组成正方形为宜，一般为 6m×6m，但由于实际情况划分时也可能有长方形甚至是 6m×3m 的情况。上弦横向水平支撑节点间的距离常为屋架上弦杆节间长度的 2～4 倍。

垂直支撑常成图 2-6e、f、g 所示的小桁架，其宽与高各由屋架间距及屋架相应竖杆高度确定。宽高相差不大时，可用交叉斜杆，高度较小时可用 V 及 W 式，如图 2-6e、f 所示，以避免杆件交角可能小于 30°的情况。

屋盖支撑受力较小，截面尺寸一般由杆件允许长细比和构造要求决定，但对兼作支撑桁架弦杆、横杆或端竖杆的檩条或屋架竖杆等，其长细比应满足支撑压杆的要求；兼作柔性系杆的檩条，其长细比应满足支撑拉杆的要求。对于承受端墙风力的屋架，下弦横向水平支撑和刚性系杆，以及承受侧墙风力的屋架下弦纵向水平支撑，当支撑桁架跨度较大或承受的风荷载较大时，或垂直支撑兼作檩条以及考虑厂房结构的空间工作而用纵向水平支撑作为柱的弹性支承时，支撑杆件除应满足长细比要求外，尚应按桁架体系计算内力，并据此内力按强度或稳定性选择截面并计算其连接。

具有交叉斜腹杆的支撑桁架，通常将斜腹杆视为柔性杆件，只能受拉，不能受压。因而每节间只有受拉的斜腹杆参与工作，如图 2-8 所示。

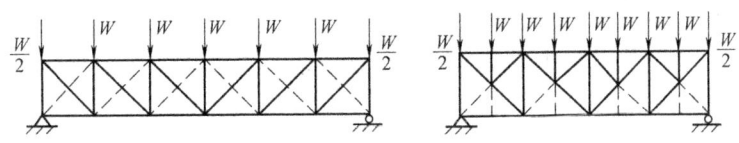

图 2-8 支撑桁架杆件的内力计算简图

支撑和系杆与屋架或天窗架的连接应使构造简单安装方便,通常采用 C 级螺栓,每一杆件接头处的螺栓数不少于两个。螺栓直径一般为 20mm,与天窗架或轻型钢屋架连接的螺栓直径可用 16mm。有重级工作制起重机或有较大振动设备的厂房中,屋架下弦支撑和系杆(无下弦支撑时为上弦支撑和隅撑)的连接,宜采用高强度螺栓,或除 C 级螺栓外另加安装焊缝,每条焊缝的焊脚尺寸不宜小于 6mm,长度不宜小于 80mm。

2.3 荷载及杆件内力计算

2.3.1 屋架的内力分析

1. 基本规定

作用在屋架上的荷载,可按《荷载规范》的规定计算求得。屋架上的荷载包括恒载、屋面均布活荷载、雪荷载、风荷载、积灰荷载及悬挂荷载等。

具有角钢和 T 型钢杆件的屋架,计算其杆件内力时,通常将荷载集中到节点上(屋架作用有节间荷载时,可将其分配到相邻的两个节点),如图 2-9 所示,并假定节点处的所有杆件轴线在同一平面内相交于一点,而且各节点均为理想铰接。这样就可以利用计算机或采用图解法及解析法来求各节点荷载作用下桁架杆件的内力。

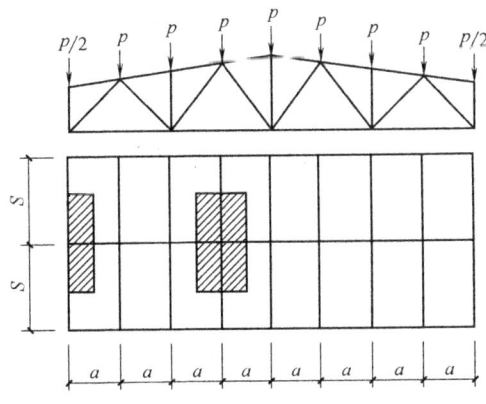

图 2-9 桁架节点荷载计算简图

按上述理想体系求出的应力是桁架的主要应力,由于节点实际具有的刚性所引起的次应力,以及因制作偏差或构造等原因而产生的附加应力,其值较小,设计时一般不考虑。

2. 节间荷载引起的局部弯矩

有节间荷载作用的屋架,除了把节间荷载分配到相邻节点并按节点荷载求解杆件内力外,还应计算节间荷载引起的局部弯矩。局部弯矩的计算,既要考虑杆件的连续性,又要考虑节点支承的弹性位移,一般采用简化计算。例如,当屋架上弦杆有节间荷载作用时,上弦杆的局部弯矩可近似地采用:端节间的正弯矩取 $0.8M_0$,其他节间的正弯矩和节点负弯矩取 $0.6M_0$,M_0 为将相应弦杆节间作为单跨简支梁求得的最大弯矩,如图 2-10 所示。

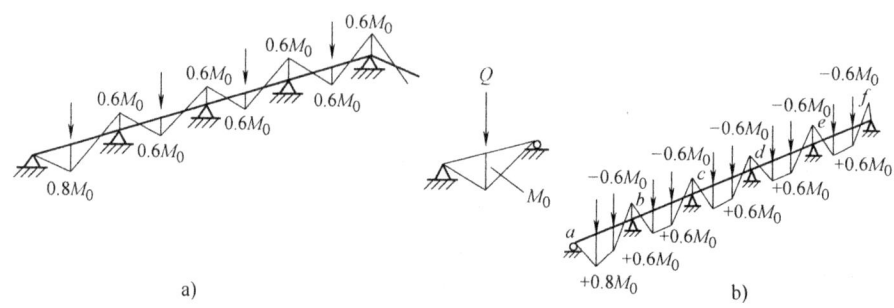

图 2-10 上弦杆的局部弯矩

3. 内力计算与荷载组合

不具备计算机计算条件时,求解屋架杆件内力一般用图解法较为方便,图解法最适宜几何形状不很规则的屋架。对于形状不复杂的及杆件数不多的屋架,用解析法确定内力则可能更简单些。不论用哪种方法,计算屋架杆件内力时,都应根据具体情况考虑荷载组合问题。

第一是全跨荷载:所有屋架都应进行全跨满载时的内力计算,即全跨永久荷载+全跨屋面活荷载或雪荷载(取两者中的较大值)+全跨积灰荷载+悬挂式起重机荷载。有纵向天窗时,应分别计算中间天窗处和天窗端壁处的屋架杆件内力。

第二是半跨荷载:梯形屋架、人字形屋架、平行弦屋架等的少数斜腹杆(一般为跨中每侧各两根斜腹杆)可能在半跨荷载作用下产生最大内力或引起内力变号,所以对这些屋架还应根据使用和施工过程的分布情况考虑半跨荷载的作用。必要时,可按下列半跨荷载组合计算:全跨永久荷载+半跨屋面活荷载(或半跨雪荷载)+半跨积灰荷载+悬挂式起重机荷载。采用大型混凝土屋面板的屋架,尚应考虑安装时可能的半跨荷载:屋架及天窗架(包括支撑)自重+半跨屋面板重+半跨屋面活荷载。

第三是对轻质屋面材料的屋架，一般应考虑负风压的影响，即当屋面永久荷载（荷载分项系数 γ_G 取为 1.0）小于负风压（荷载分项系数 γ_Q 取为 1.4）时，屋架的受拉杆件在永久荷载与风荷载联合作用下可能受压。求其内力时，可假定屋架两端支座的水平反力相等。一般的做法是：只要负风压的竖向分力大于永久荷载，即认为屋架的拉杆将反号变为压杆，但此压力不大，将其长细比控制不超过 250 即可，不必计算风荷载作用下的内力。

2.3.2 杆件的计算长度和允许长细比

1. 杆件的计算长度

确定桁架弦杆和单系腹杆的长细比时，其计算长度 l_0 应按表 2-1 的规定采用。

表 2-1 桁架弦杆和单系腹杆的计算长度 l_0

项次	弯曲方向	弦杆	腹杆	
			支座斜杆和支座竖杆	其他腹杆
1	在桁架平面内	l	l	$0.8l$
2	在桁架平面外	l_1	l	l
3	斜平面	—	l	$0.9l$

注：1. l 为构件的几何长度（节点中心间距离）；l_1 为桁架弦杆侧向支承点间的距离。
    2. 斜平面系指与桁架平面斜交的平面，适用于构件截面两主轴均不在桁架平面内的单角钢腹杆和双角钢十字形截面腹杆。
    3. 无节点板的腹杆计算长度在任意平面内均取其等于几何长度（钢管结构除外）。

（1）桁架平面内 在理想的桁架中，压杆在桁架平面内的计算长度应等于节点中心间的距离（即杆件的几何长度 l）。但由于实际上桁架节点具有一定的刚性，杆件两端均系弹性嵌固，当某一压杆因失稳而屈曲，端部绕节点转动时（图 2-11a），将受到节点中其他杆件的约束。实践和理论分析证明，约束节点转动的主要因素是拉杆。汇交于节点中的拉杆数量越多，则产生的约束作用越大，压杆在节点处的嵌固程度也越大，其计算长度就越小。根据这个道理，可视节点的嵌固程

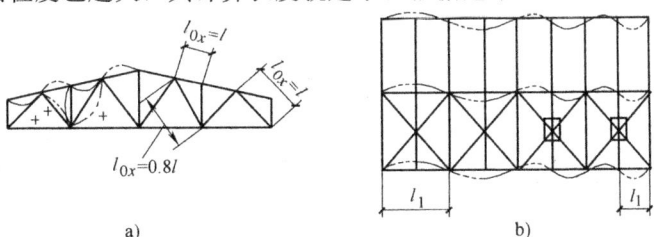

图 2-11 桁架杆件的计算长度
a) 平面内的计算长度 b) 平面外的计算长度

度来确定各杆件的计算长度。图 2-11a 所示的弦杆、支座斜杆和支座竖杆其本身的刚度较大，且两端相连的拉杆少，因而对节点的嵌固程度很小，可以不考虑，其计算长度不折减而取几何长度（即节点间距离）。其他受压腹杆，考虑到节点处受到拉杆的牵制作用，计算长度适当折减，取 $l_{0x}=0.8l$，如图 2-11a 所示。

（2）桁架平面外　屋架弦杆在平面外的计算长度，应取侧向支承点间的距离。

1）上弦：一般取上弦横向水平支撑的节间长度。在有檩屋盖中，如檩条与横向水平支撑的交叉点用节点板焊牢，如图 2-11b 所示，则此檩条可视为屋架弦杆的支承点；在无檩屋盖中，考虑大型屋面板能起一定的支撑作用，故一般取两块屋面板的宽度，但不大于 3.0m。

2）下弦：视有无纵向水平支撑，取纵向水平支撑节点与系杆或系杆与系杆间的距离。

3）腹杆：因节点在桁架平面外的刚度很小，对杆件没有什么嵌固作用，故所有腹杆均取 $l_{0y}=l$。

（3）斜平面　单面连接的单角钢杆件和双角钢组成的十字形杆件，因截面主轴不在桁架平面内，有可能斜向失稳，杆件两端的节点对其两个方向均有一定的嵌固作用。因此，斜平面计算长度略作折减，取 $l_0=0.9l$，但支座斜杆和支座竖杆仍取其计算长度为几何长度（即 $l_0=l$）。

（4）其他　当桁架弦杆侧向支承点之间的距离为节间长度的 2 倍，如图 2-12a 所示，且两节间的弦杆轴心压力不相同时，则该弦杆在桁架平面外的计算长度，应按下式确定（但不应小于 $0.5l_1$）

$$l_0 = l_1 \left(0.75 + 0.25 \frac{N_2}{N_1}\right) \qquad (2-1)$$

式中　N_1——较大的压力，计算时取正值；

N_2——较小的压力或拉力，计算时压力取正值，拉力取负值。

桁架再分式腹杆体系的受压主斜杆（图 2-12b）及 K 形腹杆体系的竖杆等（图 2-12c），在桁架平面外的计算长度也应按式（2-1）确定（受拉主斜杆仍取 l_1），在桁架平面内的计算长度则取节点中心间距离。

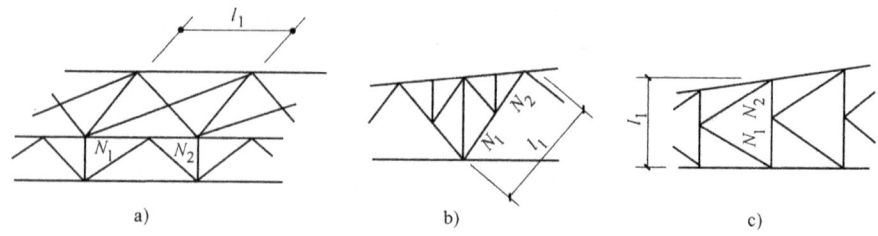

图 2-12　压力有变化杆件的平面外计算长度

a）侧向支承点间压力有变化的弦杆　b）再分式腹杆体系的受压主斜杆　c）K 形腹杆体系的竖杆

确定在交叉点相互连接的桁架交叉腹杆的长细比时,在桁架平面内的计算长度应取节点中心到交叉点间的距离;在桁架平面外的计算长度,当两交叉杆长度相等时,应按表 2-2 的规定采用。

表 2-2 桁架交叉腹杆在桁架平面外的计算长度

项次	杆件类别	杆件的交叉情况	桁架平面外的计算长度
1	压杆	相交另一杆受压,两杆截面相同并在交叉点均不中断	$l_0 = l\sqrt{\frac{1}{2}\left(1+\frac{N_0}{N}\right)}$
2		相交另一杆受压,此另一杆在交叉点中断但以节点板搭接	$l_0 = l\sqrt{1+\frac{\pi^2}{12}\cdot\frac{N_0}{N}}$
3		相交另一杆受拉,两杆截面相同并在交叉点均不中断	$l_0 = l\sqrt{\frac{1}{2}\left(1-\frac{3}{4}\cdot\frac{N_0}{N}\right)} \geqslant 0.5l$
4		相交另一杆受拉,此拉杆在交叉点中断但以节点板搭接	$l_0 = l\sqrt{1-\frac{3}{4}\cdot\frac{N_0}{N}} \geqslant 0.5l$
5	拉杆		$l_0 = l$

注:1. 表中 l 为节点中心间距离(交叉点不作节点考虑);N 为所计算杆的内力,N_0 为计算杆交另一杆的内力,均为绝对值。

2. 两杆均受压时,$N \leqslant N_0$ 截面应相同。

3. 当确定交叉腹杆中单角钢杆件斜平面的长细比时,计算长度应取节点中心至交叉点间的距离。

2. **杆件的容许长细比**

桁架杆件长细比的大小,对杆件的工作有一定的影响。若长细比太大,将使杆件在自重作用下产生过大挠度,在运输和安装过程中因刚度不足而产生弯曲,在动力作用下还会引起较大的振动。故在《钢结构设计规范》中对拉杆和压杆都规定了容许长细比。

3. **杆件的截面形式**

桁架杆件截面形式的确定,应考虑构造简单、施工方便、易于连接,使其具有一定的侧向刚度并且取材容易等要求。对轴心受压杆件,为了经济合理,宜使杆件对两个主轴有相近的稳定性,即可使两方向的长细比接近相等。

普通钢屋架以往基本上采用由两个角钢组成的 T 形截面(图 2-13a、b、c)或十字形截面形式的杆件(图 2-13d),受力较小的次要杆件可采用单角钢(图 2-13e)。自 H 型钢在我国生产后,很多情况可用 H 型钢剖开而成的 T 型钢(图 2-13f、g、h)来代替双角钢组成的 T 形截面。

对节间无荷载的上弦杆,在一般的支撑布置情况下,计算长度 $l_{0y} \geqslant 2l_{0x}$,为使轴压稳定系数 φ_x 与 φ_y 接近,一般应满足 $i_y \geqslant 2i_x$,因此,宜采用不等边角钢短肢相连的截面(图 2-13b)或 TW 型截面(图 2-13f),当 $l_{0y} = l_{0x}$ 时,可采用两个等边角钢截面(图 2-13a)或 TM 截面(图 2-13g);对节间有荷载的上弦杆,为了加强在桁架平面内的抗弯能力,也可采用不等边角钢长肢相连的截面或 TN 型截面。

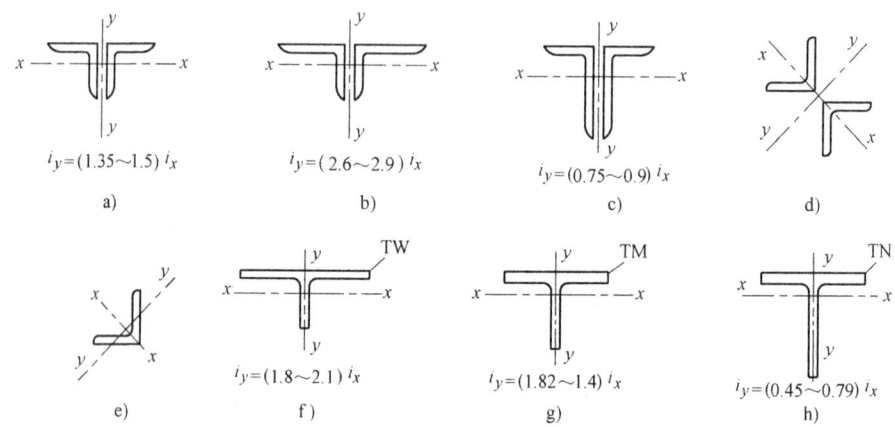

图 2-13 屋架杆件截面形式

下弦杆在一般情况下 $l_{0y} > l_{0x}$，通常采用不等边角钢短肢相连的截面，或 TW 型截面以满足长细比要求。

支座斜杆 $l_{0y} = l_{0x}$ 时，宜采用不等边角钢长肢相连或等边角钢的截面，连有再分式杆件的斜腹杆因 $l_{0y} = 2l_{0x}$，可采用等边角钢相并的截面。

其他一般腹杆，因其 $l_{0y} = l$，$l_{0x} = 0.8l$ 即 $l_{0y} = 1.25l_{0x}$，故宜采用等边角钢相并的截面。连接垂直支撑的竖腹杆，使连接不偏心，宜采用两个等边角钢组成的十字形截面（图 2-13d）；受力很小的腹杆（如再分杆等次要杆件），可采用单角钢截面（图 2-13e）。

用 H 型钢沿纵向剖开而成 T 型钢来代替传统的双角钢 T 形截面，用于桁架弦杆，可以省去节点板或减小节点板尺寸，零件数量少，用钢经济（约节约钢材 10%），用工量少（省工 15%～20%），易于涂油漆且提高其抗腐蚀性能，延长其使用寿命，降低造价（约 16%～20%）。

2.4 屋架杆件截面设计

2.4.1 杆件截面设计的一般原则

1) 应优先选用肢宽而薄的板件或肢件组成的截面以增加截面的回转半径，但受压构件应满足局部稳定的要求。一般情况下，板件或肢件的厚度不宜小于 5mm，对小跨度屋架可用到 4mm。

2) 角钢杆件或 T 型钢的悬伸肢宽不得小于 45mm。直接与支撑或系杆相连的最小肢宽，应根据连接螺栓的直径 d 而定，满足角钢上螺栓线距要求：d = 16mm 时，为 63mm；d = 18mm 时，为 70mm；d = 20mm 时，为 75mm。垂直支撑或系杆如连接在预先焊于桁架竖腹杆及弦杆的连接板上时，则悬伸肢宽不受此限。

3）屋架节点板（或 T 型钢弦杆的腹板）的厚度，可根据腹杆的最大内力（对梯形和平行弦屋架）或弦杆端节间内力（对三角形屋架），按表 2-3 选用。

表 2-3 屋架节点板厚度参考表（Q235 钢）

桁架腹杆最大内力或三角形屋架弦杆端节间内力/kN	≤170	171～290	291～510	511～680	681～910	911～1290	1291～1770	1771～3090
中间节点板厚度/mm	6	8	10	12	14	16	18	20
支座节点板厚度/mm	8	10	12	14	16	18	20	22

4）跨度较大的桁架与柱铰接时，弦杆宜根据内力变化而改变截面，但半跨内一般只改变一次。变截面位置宜在节点处或其附近。改变截面的做法通常是变肢宽而保持厚度不变，以便处理弦杆的拼接构造。

5）同一屋架的型钢规格不宜太多，以便订货。如选出的型钢规格过多，可将数量较少的小号型钢进行调整，同时应尽量避免选用相同边长或肢宽而厚度相差很小的型钢，以免施工时产生混料错误。

6）当连接支撑等的螺栓孔在节点板范围内且距节点板边缘距离≥100mm 时，计算杆件强度可不考虑截面的削弱，如图 2-14 所示。

7）单面连接的单角钢杆件，考虑受力时偏心的影响，在按轴心受拉或轴心受压计算其强度或稳定以及连接时，钢材和连接的强度设计值应乘以相应的折减系数。

8）双角钢杆件的填板。由双角钢组成的 T 形或十字形截面杆件是按实腹式杆件进行计算的。为了保证两

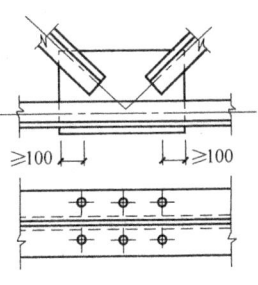

图 2-14 节点板范围内的螺栓孔

个角钢共同工作，必须每隔一定距离在两个角钢间加设填板，如图 2-15 所示，使它们之间有可靠连接。填板的宽度：一般取 50～80mm；填板的长度：对 T 形截面应比角钢肢伸出 10～20mm，对十字形截面则从角钢肢尖缩进 10～15mm，以便于施焊；填板的厚度与桁架节点板相同。

填板的间距对压杆 $l_1 \leq 40i$，拉杆 $l_1 \leq 80i$；在 T 形截面中，i 为一个角钢对平行于填板自身形心轴的回转半径；在十字形截面中，填板应沿两个方向交错放置（图 2-15），i 为一个角钢的最小回转半径；在压杆的桁架平面外计算长度范围内，至少应设置两块填板。

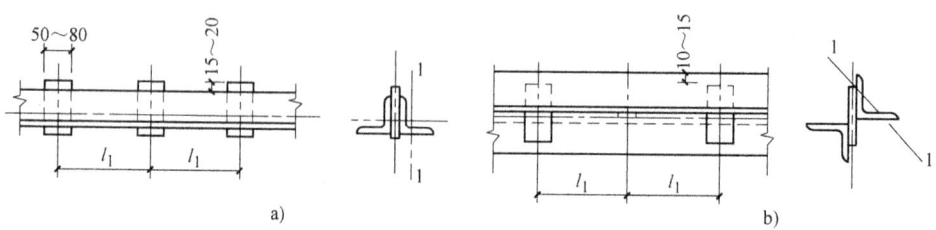

图 2-15 桁架杆件中的填板

2.4.2 杆件的截面选择

对于轴心受拉杆件，由强度要求计算所需的面积，同时应满足长细比要求。对轴心受压杆件和压弯构件，要计算强度、整体稳定、局部稳定和长细比。

2.5 屋架节点设计

2.5.1 节点设计的一般要求

1）原则上，桁架应以杆件的形心线为轴线并在节点处相交于一点，以避免杆件偏心受力。为了制作方便，通常取角钢背或 T 型钢背至轴线的距离为 5mm 的倍数。

2）当弦杆截面沿长度有改变时，为便于拼接和放置屋面材料，一般将拼接处两侧弦杆表面对齐，这时形心线必然错开，此时宜采用受力较大的杆件形心线为轴线，如图 2-16 所示。当两侧形心线偏移的距离 e 不超过较大弦杆截面高度的 5% 时，可不考虑此偏心影响。

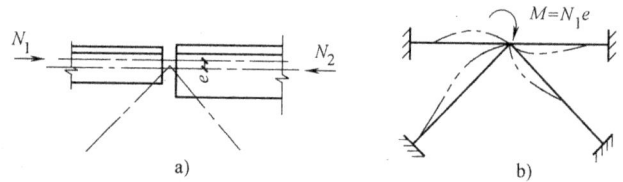

图 2-16 弦杆轴线的偏心

当偏心距离 e 超过上述值，或者由于其他原因使节点处有较大偏心弯矩时，应根据交汇处各杆的线刚度，将此弯矩分配于各杆（图 2-16b）。所计算杆件承担的弯矩为

$$M_i = M \frac{K_i}{\sum K_i} \tag{2-2}$$

式中 M——节点偏心弯矩，对图 2-16 的情况，$M = N_1 e$；

K_i——所计算杆件线刚度;

$\sum K_i$——汇交于节点的各杆件线刚度之和。

3) 在屋架节点处,腹杆与弦杆或腹杆与腹杆之间焊缝的净距,不宜小于 10mm,或者杆件之间的空隙不小于 15～20mm (图 2-17),以便制作,且可避免焊缝过分密集,致使钢材局部变脆。

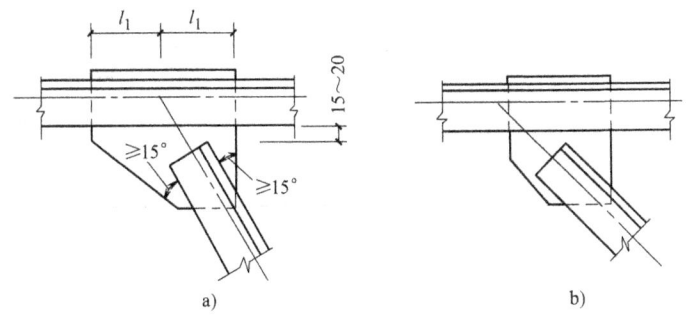

图 2-17 节点板形状对焊缝受力的影响
a) 正确 b) 不正确

4) 角钢端部的切割一般垂直于其轴线,如图 2-18a 所示。有时为减小节点板尺寸,允许切去一肢的部分 (图 2-18b、c),但不允许将一个肢完全切去而另一肢伸出的斜切 (图 2-18d)。

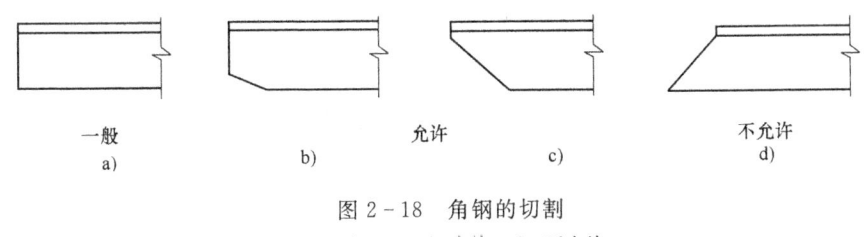

图 2-18 角钢的切割
a) 一般 b、c) 允许 d) 不允许

5) 节点板的外形应尽可能简单而规则,宜至少有两边平行,一般采用矩形、平行四边形和直角梯形等。节点板边缘与杆件轴线的夹角不应小于 15°,单斜杆与弦杆的连接应使之不出现连接的偏心弯矩 (图 2-17a)。节点板的平面尺寸,一般应根据杆件截面尺寸和腹杆端部焊缝长度画出大样图来确定,但考虑施工误差,宜将此平面尺寸适当放大。

6) 支承大型混凝土屋面板的上弦杆,当支承处的总集中荷载 (设计值) 超过表 2-4 的数值时,弦杆的伸出肢容易弯曲,应对其采用图 2-19 的做法之一予以加强。

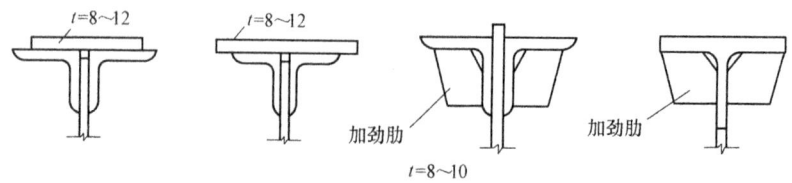

图 2-19 上弦角钢的加强

表 2-4 弦杆不加强的最大节点荷载

角钢（或T型钢翼缘板）厚度/mm	Q235	8	10	12	14	16
	Q345、Q390	7	8	10	12	14
支承处总集中荷载设计值/kN		25	40	55	75	100

2.5.2 角钢桁架的节点设计

角钢桁架是指弦杆和腹杆均用角钢做成的桁架。

1. 一般节点

一般节点是指无集中荷载和无弦杆拼接的节点，如无悬吊荷载的屋架下弦的中间节点，如图 2-20 所示。

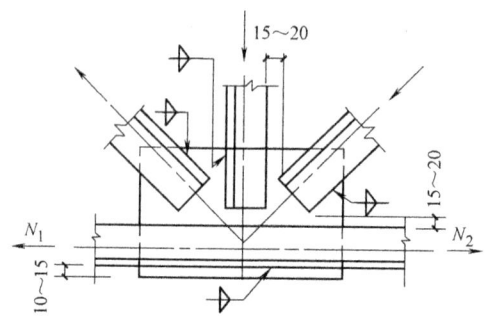

图 2-20 屋架下弦的中间节点

节点板应伸出弦杆 10~15mm 以便焊接。腹杆与节点板的连接焊缝按角钢角焊缝承受轴心力方法计算。弦杆与节点板的连接焊缝，应考虑承受弦杆相邻节间内力之差 $\Delta N = N_2 - N_1$，按下式计算其焊脚尺寸：

肢背焊缝

$$h_{f1} \geq \frac{\alpha_1 \Delta N}{2 \times 0.7 l_w f_f^w} \quad (2-3)$$

肢尖焊缝

$$h_{f2} \geq \frac{\alpha_2 \Delta N}{2 \times 0.7 l_w f_f^w} \quad (2-4)$$

式中 α_1、α_2——角钢肢背、肢尖内力分配系数;
  f_f^w——角焊缝强度设计值。

通常因 ΔN 很小,实际所需的焊脚尺寸可由构造要求确定,并沿节点板全长满焊。

2. 有集中荷载的节点

为便于大型屋面板或檩条连接角钢的放置,常将节点板缩进上弦角钢背(图 2-21),缩进距离不宜小于 ($0.5t+2$mm),也不宜大于 t,t 为节点板厚度。角钢背凹槽的塞焊缝可假定只承受屋面集中荷载,按下式计算其强度

$$\sigma_f = \frac{Q}{2 \times 0.7 h_{f1} l_w} \leqslant \beta_f f_f^w \tag{2-5}$$

式中 Q——节点集中荷载垂直于屋面的分量;
  h_{f1}——焊脚尺寸,取 $h_{f1}=0.5t$;
  β_f——正面角焊缝强度增大系数。对承受静力荷载和间接承受动力荷载的屋架,$\beta_f=1.22$,对直接承受动力荷载的屋架,$\beta_f=1.0$。

实际上因 Q 不大,可按构造满焊。

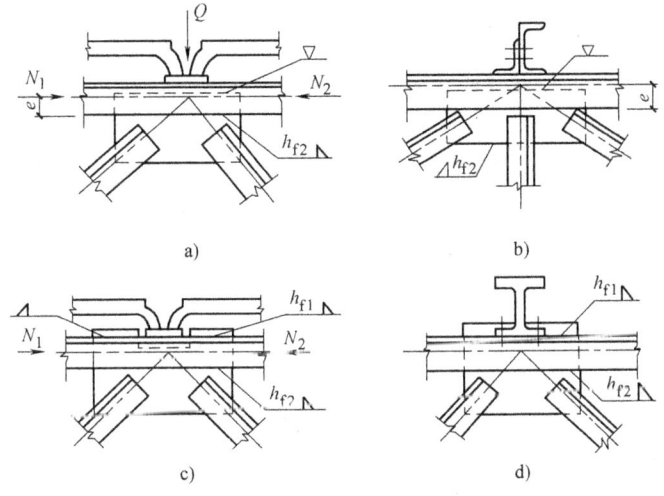

图 2-21 屋架上弦节点

弦杆相邻节间的内力差 $\Delta N = N_2 - N_1$,则由弦杆角钢肢尖与节点板的连接焊缝承受,计算时应计入偏心弯矩 $M=\Delta Ne$(e 为角钢肢尖至弦杆轴线距离),按下式计算其强度

对 ΔN

$$\tau_f = \frac{\Delta N}{2 \times 0.7 h_{f2} l_w} \tag{2-6}$$

对 M

$$\sigma_{\mathrm{f}} = \frac{6M}{2 \times 0.7 h_{\mathrm{f2}} l_{\mathrm{w}}} \qquad (2-7)$$

共同作用

$$\sqrt{\left(\frac{\sigma_{\mathrm{f}}}{\beta_{\mathrm{f}}}\right) + \tau_{\mathrm{f}}^2} \leqslant f_{\mathrm{f}}^{\mathrm{w}} \qquad (2-8)$$

式中 h_{f2} ——肢尖焊缝的焊脚尺寸。

当节点板向上伸出不妨碍屋面构件的放置，或因相邻弦杆节间内力差 ΔN 较大，肢尖焊缝不满足式（2-8）时，可将节点板部分向上伸出（图2-21c）或全部向上伸出（图2-21d）。此时弦杆与节点板的连接焊缝应按下式计算：

肢背焊缝

$$\frac{\sqrt{(a_1 \Delta N)^2 + (0.5Q)^2}}{2 \times 0.7 h_{\mathrm{f1}} l_{\mathrm{w1}}} \leqslant f_{\mathrm{f}}^{\mathrm{w}} \qquad (2-9)$$

肢尖焊缝

$$\frac{\sqrt{(a_2 \Delta N)^2 + (0.5Q)^2}}{2 \times 0.7 h_{\mathrm{f2}} l_{\mathrm{w2}}} \leqslant f_{\mathrm{f}}^{\mathrm{w}} \qquad (2-10)$$

式中 h_{f1}、l_{w1}——伸出肢背的焊缝焊脚尺寸和计算长度；

h_{f2}、l_{w2}——肢尖焊缝的焊脚尺寸和计算长度。

3. 角钢桁架弦杆的拼接及拼接节点

弦杆的拼接分为工厂拼接和工地拼接两种。工厂拼接用于型钢长度不够或弦杆截面有改变时在制造厂进行的拼接。这种拼接的位置通常在节点范围以外。工地拼接用于屋架分为几个运送单元时在工地进行的拼接。这种拼接的位置一般在节点处，为减轻节点板负担和保证整个屋架平面外的刚度，通常不利用节点板作为拼接材料，而以拼接角钢传递弦杆内力。拼接角钢宜采用与弦杆相同的截面，使弦杆在拼接处保持原有的强度和刚度。

为了使拼接角钢与弦杆紧密相贴，应将拼接角钢的棱角铲去，为便于施焊，还应将拼接角钢的竖肢切去 $\Delta = (t + h_{\mathrm{f}} + 5\mathrm{mm})$（图2-22），$t$ 为角钢厚度，h_{f} 为拼接焊缝的焊脚尺寸。连接角钢截面的削弱，可以由节点板（拼接位置在节点处）或角钢之间的填板（拼接位置在节点范围外）来补偿。

屋脊节点处的拼接角钢，一般采用热弯成形。当屋面坡度较大且拼接角钢肢较宽时，可将角钢竖肢切口再弯折后焊成。工地焊接时，为便于现场安装，拼接节点要设置安装螺栓。此外，为避免双插，应使拼接角钢和节点板不连在同一运输单元上，有时也可把拼接角钢作为单独的运输零件。拼接角钢或拼接钢板的长度，应根据所需焊缝长度决定。接头一侧的连接焊缝总长度应为

$$\sum l_{\mathrm{w}} \geqslant \frac{N}{0.7 h_{\mathrm{f}} f_{\mathrm{f}}^{\mathrm{w}}} \qquad (2-11)$$

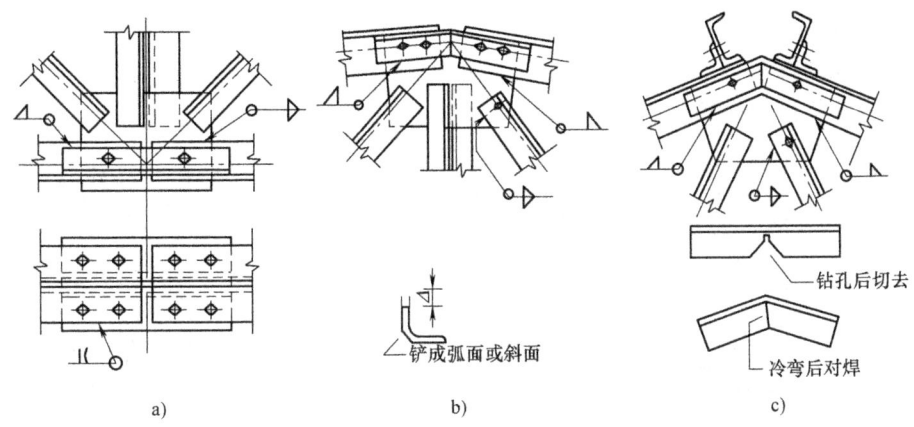

图 2-22 屋架的拼接节点
a) 下弦工地拼接节点 b、c) 上弦工地拼接节点

式中 N——杆件的轴心力,取节点两侧弦杆内力的较大值。

双角钢的拼接中,由式(2-11)得出的焊缝计算长度 $\sum l_w$ 按四条焊缝平均分配。

弦杆与节点板的连接焊缝,应按式(2-3)和式(2-4)计算,式中的 ΔN 取为相邻节间弦杆内力之差或弦杆最大内力的 15%,两者取较大值。当节点处有集中荷载时,则应采用上述 ΔN 值和集中荷载 Q 值按式(2-9)和式(2-10)验算。

4. 支座节点

屋架与柱子的连接可以做成铰接或刚接。支承于混凝土柱或砌体柱的屋架一般都是按铰接设计,而屋架与钢柱的连接则可为铰接或刚接。图 2-23 所示为三角形屋架的支座节点,图 2-24 所示为人字形或梯形屋架的铰接支座节点示例。

支承于混凝土柱的支座节点由节点板、底板、加劲肋和锚栓组成。支座节点的中心应在加劲肋上,加劲肋起分布支承处支座反力的作用,它还是保证支座节点板平面外刚度的必要零件。为便于施焊,屋架下弦角钢背与支座底板的距离 e(图 2-23 和图 2-24)不宜小于下弦角钢伸出肢的宽度,也不宜小于 130mm。屋架支座底板与柱顶用锚栓相连,锚栓预埋于

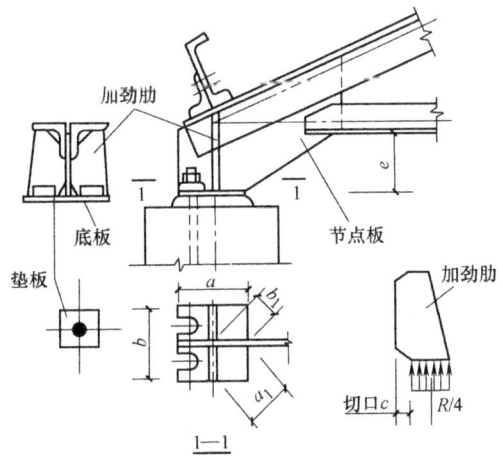

图 2-23 三角形屋架的支座节点

柱顶，直径通常为20～24mm。为便于安装时调整位置，底板上的锚栓孔径宜为锚栓直径的2～2.5倍，屋架就位后再加小垫板套住锚栓并用工地焊缝与底板焊牢，小垫板上的孔径只比锚栓直径大1～2mm。

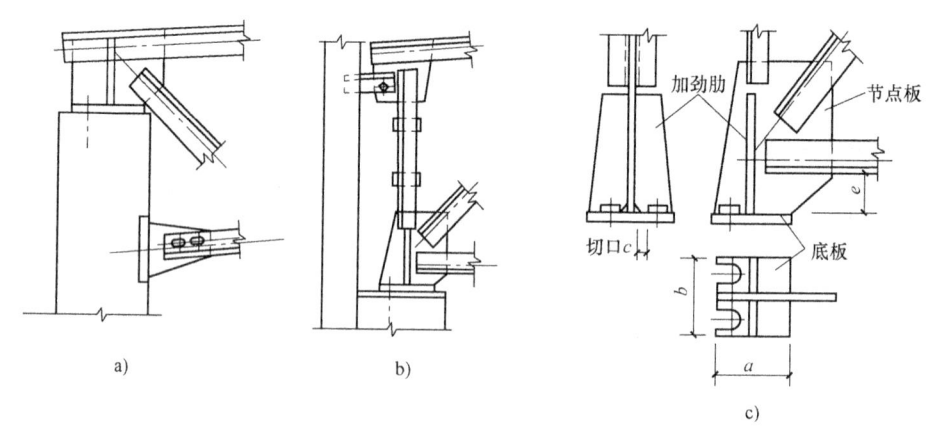

图2-24 人字形或梯形屋架支座节点
a) 上承式（下弦角钢端部为圆孔，但节点板上为长圆孔） b) 下承式 c) 支座节点详图

支座节点的传力路线是：桁架各杆件的内力通过杆端焊缝传给节点板，然后经节点板与加劲肋之间的垂直焊缝，把一部分力传给加劲肋，再通过节点板、加劲肋与底板的水平焊缝把全部支座压力传给底板，最后传给支座。因此，支座节点应进行以下计算。

支座底板的毛截面面积应为

$$A = ab \geqslant \frac{R}{f_c} + A_0 \qquad (2-12)$$

式中 R——支座反力；

f_c——支座混凝土局部承压强度设计值；

A_0——锚栓孔的面积。

计算确定的底板面积一般较小，主要根据构造要求（锚栓孔直径、位置以及支承的稳定性等）确定底板的平面尺寸。

底板的厚度应按底板下柱顶反力（假定为均匀分布）作用产生的弯矩决定。例如，图2-23的底板经节点板及加劲肋分隔后成为两相邻边支承的四块板，其单位宽度的弯矩按下式计算

$$M = \beta q a_1^2 \qquad (2-13)$$

式中 q——底板下反力的平均值，$q = \dfrac{R}{(A-A_0)}$；

β——系数，由 $\dfrac{b_1}{a_1}$ 值按文献[13]表6-5-2查得；

a_1、b_1——对角线长度及其中点至另一对角线的距离（图 2-23）。

底板的厚度应为

$$t \geqslant \sqrt{\frac{6M}{f}} \tag{2-14}$$

式中 f——钢材的抗弯强度设计值。

为使柱顶反力比较均匀，底板不宜太薄，一般其厚度不宜小于 16mm。

加劲肋的高度由节点板的尺寸决定，其厚度取等于或略小于节点板的厚度。加劲肋可视为支承于节点板上的悬臂梁，一个加劲肋通常假定传递支座反力的 1/4，它与节点板的连接焊缝承受剪力 $V=\frac{R}{4}$ 和弯矩 $M=\frac{Vb}{4}$，并应按下式验算

$$\sqrt{\left(\frac{V}{2\times 0.7h_f l_w}\right)^2 + \left(\frac{6M}{2\times 0.7h_f l_w^2 \beta_f}\right)^2} \leqslant f_f^w \tag{2-15}$$

底板与节点板、加劲肋的连接焊缝按承受全部支座反力 R 计算，验算式为

$$\sigma_f = \frac{R}{0.7h_f \sum l_w} \leqslant \beta_f f_f^w \tag{2-16}$$

其中，焊缝计算长度之和 $\sum l_w = [2a + 2(b-t-2c) - 6]$，$t$ 和 c 分别为节点板厚度和加劲肋切口宽度，如图 2-23、图 2-24 所示。

2.5.3 T型钢作弦杆的屋架节点

采用 T 型钢作屋架弦杆，当腹杆也用 T 型钢或单角钢时，腹杆与弦杆的连接不需要节点板，直接焊接可省工省料，当腹杆采用双角钢时，有时需设节点板，如图 2-25 所示。节点板与弦杆采用对接焊缝，此焊缝承受弦杆相邻节间的内力差 $\Delta N = N_2 - N_1$ 以及内力差产生的偏心弯矩 $M = \Delta Ne$，可按下式进行计算

$$\tau = \frac{1.5\Delta N}{l_w t} \leqslant f_v^w \tag{2-17}$$

$$\sigma = \frac{\Delta Ne}{\frac{1}{6}t l_w^2} \leqslant f_t^w \text{ 或 } f_c^w \tag{2-18}$$

式中 l_w——由斜腹杆焊缝确定的节点板长度，若无引弧板施焊时要除去弧坑；

t——节点板厚度，通常取与 T 型钢腹板等厚或相差不超过 1mm；

f_v^w——对接焊缝抗剪强度设计值；

f_t^w、f_c^w——对接焊缝抗拉、抗压强度设计值。

角钢腹杆与节点板的焊缝计算同角钢桁架，由于节点板与 T 型钢腹板等厚（或相差 1mm），所以腹杆可伸入 T 型钢腹板（图 2-25），这样可减小节点板尺寸。

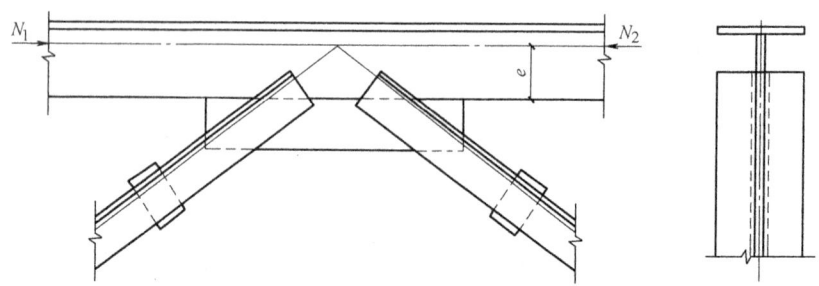

图 2-25 T 型钢作弦杆的屋架节点

2.5.4 连接节点处板件的计算

1. 连接节点处的板件在拉、剪作用下的强度

连接节点处板件在拉、剪作用下的强度应按下式计算（图 2-26）

$$\frac{N}{\sum(\eta_i A_i)} \leqslant f \quad (2-19)$$

$$\eta_i = \frac{1}{\sqrt{1+2\cos^2\alpha_i}} \quad (2-20)$$

式中　N——作用于板件的拉力；

　　　A_i——第 i 段破坏面的截面积，$A_i = tl_i$，当为螺栓（或铆钉）连接时，应取净截面面积；

　　　t——板件的厚度；

　　　l_i——第 i 破坏段的长度，应取板件中最危险的破坏线的长度（图 2-26）；

　　　η_i——第 i 段的拉剪折算系数；

　　　α_i——第 i 段破坏线与拉力轴线的夹角。

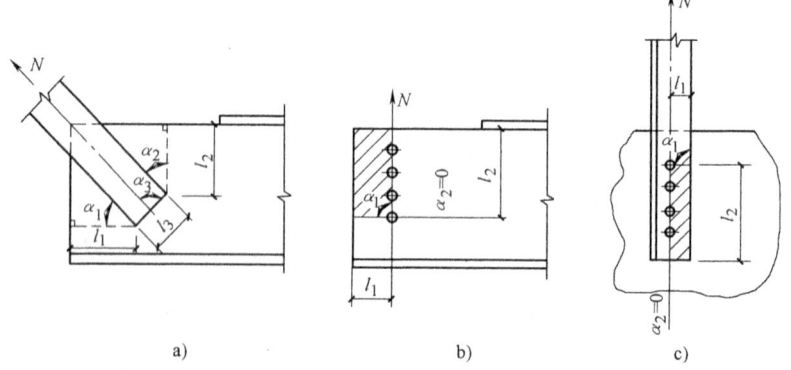

图 2-26 板件的拉、剪撕裂

a) 焊缝连接　b) 螺栓（铆钉）连接　c) 螺栓（铆钉）连接

2. 桁架节点板的强度

桁架节点（杆件为轧制 T 形和双板焊接 T 形截面者除外）的强度除按式 (2-19) 验算外，也可用有效宽度法按下式计算

$$\sigma = \frac{N}{b_e t} \leqslant f \qquad (2-21)$$

式中 b_e ——板件的有效宽度，如图 2-27 所示。

当用螺栓（或铆钉）连接时（图 2-27b），板件的有效宽度 b_e 应减去孔径，图中 θ 为应力扩散角，可取 30°。

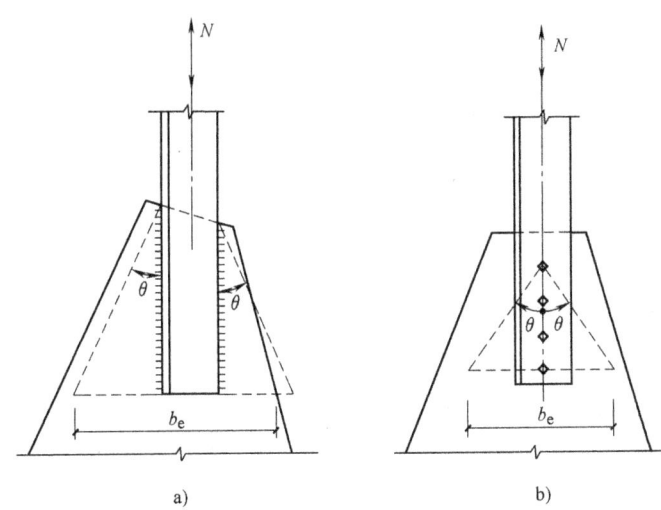

图 2-27 板件的有效宽度

3. 受压腹杆连接肢端面中点沿腹杆轴线方向至弦杆的净距离

为了保证桁架节点板在斜腹杆压力作用下的稳定性，受压腹杆连接肢端面中点沿腹杆轴线方向至弦杆的净距离 c，应满足下列条件：

1) 对有竖腹杆相连的节点板，当 $c/t \leqslant 15\sqrt{235/f_y}$（$f_y$ 为杆件的抗拉强度，余同）时，可不计算稳定，否则应进行稳定计算。在任何情况下，c/t 不得大于 $22\sqrt{235/f_y}$。

2) 对无竖腹杆相连的节点板，$c/t \leqslant 10\sqrt{235/f_y}$ 时，节点板的稳定承载力可取为 $0.8 b_e t f$。当 $c/t > 10\sqrt{235/f_y}$ 时，应进行稳定计算。但在任何情况下，c/t 不得大于 $17.5\sqrt{235/f_y}$。

4. 其他

在采用上述方法计算节点板的强度和稳定时，尚应满足下列要求（见图 2-28）：

1) 节点板边缘与腹杆轴线之间的夹角应不小于 15°。

2) 斜腹杆与弦杆的夹角 θ 应为 $30°\sim60°$。

3) 节点板的自由边长度 l_1 与厚度 t 之比不得大于 $60\sqrt{235/f_y}$，否则应沿自由边设加劲肋予以加强。

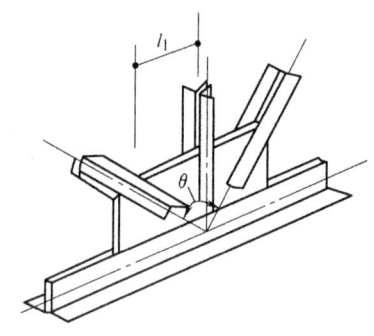

图 2-28 桁架节点

2.6 屋架设计实例

2.6.1 梯形屋架设计实例

1. 设计资料

某车间跨度 30m，长度 102m，柱距 6m。车间内设有两台 20/5t 中级工作制起重机。计算温度高于 $-20℃$，地震设防烈度为 7 度。采用 $1.5m\times6m$ 预应力钢筋混凝土大型屋面板，80mm 厚泡沫混凝土保温层，卷材屋面，屋面坡度为 $i=1/10$。雪荷载为 $0.5kN/m^2$，积灰荷载为 $0.55kN/m^2$。屋架简支于钢筋混凝土柱上，上柱截面为 $400mm\times400mm$，混凝土标号为 C20。要求设计屋架并绘制屋架施图。

2. 屋架形式、尺寸、材料选择及支撑布置

本例为无檩屋盖方案，$i=1/10$，采用平坡梯形屋架。屋架计算跨度为 $L_0=L-300mm=29700mm$，端部高度取 $H_0=1990mm$，中部高度取 $H=3490mm$（为 $L_0/8.5$），屋架杆件几何长度如图 2-29 所示（跨中起拱按 $L/500$ 考虑）。根据建造地区的计算温度和荷载性质，钢材选用 Q235-B。焊条采用 E43 型，手工焊。根据车间长度、屋架跨度和荷载情况，设置上、下弦横向水平支撑、垂直支撑和系杆，如图 2-30 所示。因连接孔和连接零件上的区别，图中给出了 GWJ-1 和 GWJ-2 两种编号。

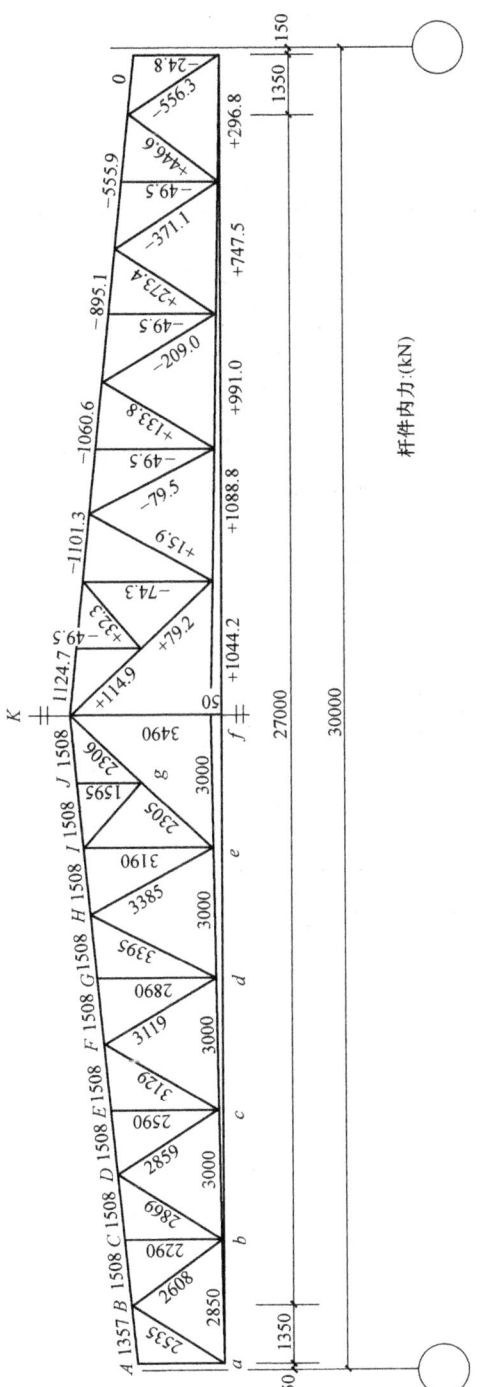

图 2-29 屋架杆件几何长度及设计内力
注：杆件内力单位为 kN。

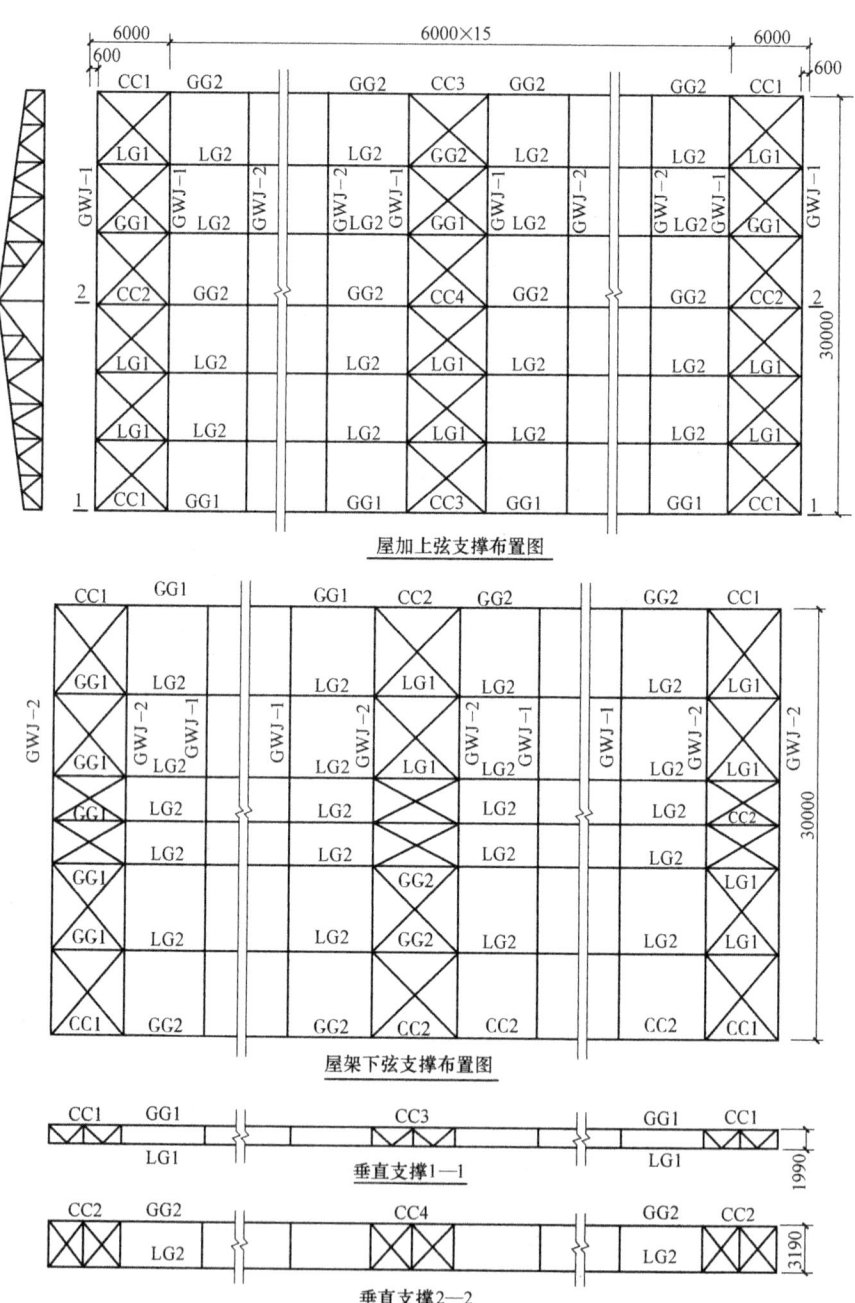

图 2-30 屋面支撑布置图

3. 荷载和内力计算

(1) 荷载计算

二毡三油上铺小石子	0.35kN/m^2
找平层（2cm 厚）	0.40kN/m^2
泡沫混凝土保温层（8cm 厚）	0.50kN/m^2
预应力混凝土大型屋面板（含灌缝）	1.40kN/m^2
悬挂管道	0.10kN/m^2
屋架和支撑自重	
$0.12\text{kN/m}^2+0.011L=(0.12+0.011\times30)\text{kN/m}^2=0.45\text{kN/m}^2$	

恒载总和	3.20kN/m^2
活荷载（或雪荷载）	0.50kN/m^2
积灰荷载	0.55kN/m^2

由于屋面坡度不大，风压力对荷载的影响较小，未予考虑。风荷载为吸力时，重屋盖可不考虑。

(2) 荷载组合　一般考虑全跨荷载，对跨中部分斜杆（一般为跨中每侧各两根斜腹杆）可考虑半跨组合，本例在计算杆件截面时，将这些腹杆均按压杆控制长细比，不必考虑半跨荷载作用情况，只计算全跨满载时的杆件内力。

节点荷载

$F_{d1}=(1.2\times3.2\text{kN/m}^2+1.4\times0.5\text{kN/m}^2+1.4\times0.9\times0.55\text{ kN/m}^2)\times6\text{m}$
$\times1.5\text{m}=47.10\text{kN}$

$F_{d2}=(1.35\times3.2\text{kN/m}^2+1.4\times0.7\times0.5\text{kN/m}^2+1.4\times0.9\times0.55\text{kN/m}^2)$
$\times6\text{m}\times1.5\text{m}=49.53\text{kN}$

节点荷载取 49.53kN，支座反力 $R_d=10F_d=10\times49.53\text{kN}=495.3\text{kN}$

(3) 内力计算　用图解法或数解法均可计算出荷载作用下屋架的杆件内力。其内力设计值如图 2-29 所示。

4. 截面选择

腹杆最大轴力为 556.3kN，查表 2-3，选用中间节点板厚 $t=12\text{mm}$，支座节点板厚 $t=14\text{mm}$。

(1) 上弦　整个上弦不改变截面，按最大内力计算，即

$N_{max}=-1124.7\text{kN}$，$l_{0x}=150.8\text{cm}$，$l_{0y}=300\text{cm}$　（l_1 取两块屋面板宽度）

选用 $2\llcorner160\text{mm}\times100\text{mm}\times14\text{mm}$ 短肢相并，$A=669.4\text{cm}^2$，$i_x=2.8\text{cm}$，$i_y=7.86\text{cm}$

$$\lambda_x=\frac{l_{0x}}{i_x}=\frac{150.8\text{cm}}{2.8\text{cm}}=53.9<[\lambda]=150$$

$$\lambda_y = \frac{l_{0y}}{i_y} = \frac{300.0 \text{cm}}{7.86 \text{cm}} = 38.2 < [\lambda] = 150$$

由于 $\frac{b_1}{t} = \frac{16\text{cm}}{1.4\text{cm}} = 11.4 > 0.56 \frac{l_y}{b_1} = \frac{0.56 \times 300 \text{cm}}{16 \text{cm}} = 10.5$，所以

$$\lambda_{yz} = 3.7 \times \frac{b_1}{t}\left(1 + \frac{l_{0y}^2 t^2}{52.7 b_1^4}\right) = 3.7 \times \frac{160 \text{mm}}{14 \text{mm}}\left(1 + \frac{(3000\text{mm})^2 \times (14\text{mm})^2}{52.7 \times (160\text{mm})^4}\right)$$
$$= 44.4 < [\lambda] = 150$$

由 λ_x 查 b 类截面的 $\varphi_x = 0.8376$，则

$$\sigma = \frac{N}{\varphi A} = \frac{1124.7 \text{kN} \times 10^3}{0.8376 \times 69.4 \text{cm}^2 \times 10^2} = 193.5 \text{N/mm}^2 < f = 215 \text{N/mm}^2$$

填板每节间放一块（满足 l_1 范围内不少于两块），则

$$l_a = \frac{150.8 \text{cm}}{2} = 75.4 \text{cm} < 40i = 40 \times 4.31 \text{cm} = 172.4 \text{cm}$$

（2）下弦 整个下弦也不改变截面，按最大内力计算。

$N_{\max} = 1088.8 \text{kN}$，$l_{0x} = 300.0 \text{cm}$，$l_{0y} = 1500 \text{cm}$，连接支撑的螺栓孔中心至节点板边缘的距离约为 100mm（de 节间），可不考虑螺栓孔的削弱。

选用 2∟180×110×10（短肢相并），$A = 56.8 \text{cm}^2$，$i_x = 3.13 \text{cm}$，$i_y = 8.71 \text{cm}$

$$\lambda_x = \frac{l_{0x}}{i_x} = \frac{300 \text{cm}}{3.13 \text{cm}} = 95.8 < [\lambda] = 250$$

$$\lambda_y = \frac{l_{0y}}{i_y} = \frac{1500 \text{cm}}{8.71 \text{cm}} = 172.2 < [\lambda] = 250$$

$$\sigma = \frac{N}{A} = \frac{1088.8 \text{kN} \times 10^3}{56.8 \text{cm}^2 \times 10^2} = 191.7 \text{N/mm}^2 < f = 215 \text{N/mm}^2$$

填板每节间放一块，则

$$l_a = \frac{300 \text{cm}}{2} = 150 \text{cm} < 80i = 80 \times 5.8 \text{cm} = 464 \text{cm}$$

（3）腹杆

1）杆件 A-a。内力如下

$$N = -24.8 \text{kN}, \quad l_{0x} = 199 \text{cm}, \quad l_{0y} = 199 \text{cm}$$

由于内力较小，可按长细比选择截面。

$$i = \frac{l_{0x}}{[\lambda]} = \frac{199.0 \text{cm}}{150} = 1.33 \text{cm}$$

选 2∟63mm×5mm，$A = 12.3 \text{cm}^2$，$i_x = 1.94 \text{cm}$，$i_y = 3.04 \text{cm}$，则

$$\lambda_y = \frac{l_{0y}}{i_y} = \frac{199.0 \text{cm}}{3.04 \text{cm}} = 65.5 < [\lambda] = 150$$

由于 $\frac{b}{t} = \frac{6.3 \text{cm}}{0.5 \text{cm}} = 12.6 < 0.58 \frac{l_y}{b} = \frac{0.58 \times 199 \text{cm}}{6.3 \text{cm}} = 18.3$，所以

$$\lambda_{yz} = \lambda_y \left(1 + \frac{0.475b^4}{l_{0y}^2 t^2}\right) = 65.5 \times \left(1 + \frac{0.475 \times (6.3\text{cm})^4}{(199\text{cm})^2 \times (0.5\text{cm})^2}\right)$$
$$= 70.4 < [\lambda] = 150$$

由 λ_{yz} 查 b 类截面的 $\varphi_{yz} = 0.748$,则

$$\sigma = \frac{N}{\varphi A} = \frac{24.8\text{kN} \times 10^3}{0.748 \times 12.3\text{cm}^2 \times 10^2} = 26.9\text{N/mm}^2 < f = 215\text{N/mm}^2$$

填板放两块,则

$$l_a = \frac{199\text{cm}}{3} = 66.3\text{cm} < 40i = 40 \times 1.94\text{cm} = 77.6\text{cm}$$

2) 杆件 B-a。内力如下:

$N = -556.3\text{kN}$, $l_{0x} = 253.5\text{cm}$, $l_{0y} = 253.5\text{cm}$ (l_1 取两块屋面板宽度)

选用 2∟140mm×90mm×10mm 长肢相并,$A = 44.6\text{cm}^2$, $i_x = 4.47\text{cm}$, $i_y = 3.73\text{cm}$

$$\lambda_x = \frac{l_{0x}}{i_x} = \frac{253.5\text{cm}}{4.47\text{cm}} = 56.7 < [\lambda] = 150$$

$$\lambda_y = \frac{l_{0y}}{i_y} = \frac{253.5\text{cm}}{3.73\text{cm}} = 68.0 < [\lambda] = 150$$

由于 $\frac{b_2}{t} = \frac{9\text{cm}}{1.0\text{cm}} = 9.0 < 0.48 \frac{l_{0y}}{b_2} = \frac{0.48 \times 253.5\text{cm}}{9\text{cm}} = 13.52$,所以

$$\lambda_{yz} = \lambda_y \left(1 + \frac{1.09b_2^4}{l_{0y}^2 t^2}\right) = 68.0\text{cm} \times \left(1 + \frac{1.09 \times (9\text{cm})^4}{(253.5\text{cm})^2 \times (1.0\text{cm})^2}\right)$$
$$= 75.5 < [\lambda] = 150$$

由 λ_{yz} 查 b 类截面的 $\varphi_{yz} = 0.717$,则

$$\sigma = \frac{N}{\varphi A} = \frac{556.3\text{kN} \times 10^3}{0.717 \times 44.6\text{cm}^2 \times 10^2} = 174.0\text{N/mm}^2 < f = 215\text{N/mm}^2$$

填板放两块,则

$$l_a = \frac{253.5\text{cm}}{3} = 84.5\text{cm} < 40i = 40 \times 2.56\text{cm} = 102.4\text{cm}$$

3) 杆件 B-b。内力如下:

$N = 446.6\text{kN}$, $l_{0x} = 0.8 \times 260.8\text{cm} = 208.6\text{cm}$, $l_{0y} = 260.8\text{cm}$

选用 2∟80mm×6mm,$A = 21.2\text{cm}^2$, $i_x = 2.47\text{cm}$, $i_y = 3.73\text{cm}$

$$\lambda_x = \frac{l_{0x}}{i_x} = \frac{208.6\text{cm}}{2.47\text{cm}} = 84.45 < [\lambda] = 150$$

$$\lambda_y = \frac{l_{0y}}{i_y} = \frac{260.8\text{cm}}{3.73\text{cm}} = 69.92 < [\lambda] = 150$$

$$\sigma = \frac{N}{A} = \frac{446.6\text{kN} \times 10^3}{21.2\text{cm}^2 \times 10^2} = 210.7\text{N/mm}^2 < f = 215\text{N/mm}^2$$

填板放两块,则

$$l_a = \frac{260.8\text{cm}}{3} = 86.9\text{cm} < 80i = 80 \times 2.47\text{cm} = 197.6\text{cm}$$

4) 杆件 C-b、E-c、G-d、J-g。此四根杆件受力相同而且较小，以最不利杆件 G-d（长度最大）确定断面。由于受力较小，可按长细比选择截面。

$N = -49.5\text{kN}$，$l_{0x} = 0.8 \times 289.0\text{cm} = 231.2\text{cm}$，$l_{0y} = 289.0\text{cm}$。

$$i_x = \frac{l_{0x}}{[\lambda]} = \frac{231.2\text{cm}}{150} = 1.54\text{cm}$$

$$i_y = \frac{l_{0y}}{[\lambda]} = \frac{289.0\text{cm}}{150} = 1.93\text{cm}$$

选用 $2\llcorner 50 \times 5$，$A = 9.6\text{cm}^2$，$i_x = 1.72\text{cm} > 1.54\text{cm}$，$i_y = 2.77\text{cm} > 1.93\text{cm}$

$$\lambda_y = \frac{l_{0y}}{i_y} = \frac{289.0\text{cm}}{2.77\text{cm}} = 104.3 < [\lambda] = 150$$

由于 $\frac{b}{t} = \frac{5\text{cm}}{0.5\text{cm}} = 10.0 < 0.54 \frac{l_{0y}}{b} = \frac{0.54 \times 289\text{cm}}{5\text{cm}} = 31.2$，所以

$$\lambda_{yz} = \lambda_y \left(1 + \frac{0.85b^4}{l_{0y}^2 t^2}\right) = 104.3 \times \left(1 + \frac{0.85 \times (5\text{cm})^4}{(289\text{cm})^2 \times (0.5\text{cm})^2}\right)$$

$$= 107.0 < [\lambda] = 150$$

由 λ_{yz} 查 b 类截面的 $\varphi_{yz} = 0.511$，则

$$\sigma = \frac{N}{\varphi A} = \frac{49.5\text{kN} \times 10^3}{0.511 \times 9.6\text{cm}^2 \times 10^2} = 100.9\text{N/mm}^2 < f = 215\text{N/mm}^2$$

杆件 C-b 长度 $l = 229.0\text{cm}$，放两块填板，则

$$l_a = \frac{229.0\text{cm}}{3} = 76.33\text{cm} \quad (略大于 40i = 40 \times 1.53\text{cm} = 61.2\text{cm})$$

杆件 E-c 长度 $l = 259.0\text{cm}$、杆件 G-d 长度 $l = 289.0\text{cm}$。各放三块填板，则

$$l_a = \frac{289.0\text{cm}}{4} = 72.25\text{cm} \quad (略大于 40i = 40 \times 1.53\text{cm} = 61.2\text{cm})$$

杆件 J-g 长度 $l = 159.5$，放一块填板，则

$$l_a = \frac{159.5\text{cm}}{2} = 79.75\text{cm} \quad (略大于 40i = 40 \times 1.53\text{cm} = 61.2\text{cm})$$

在实际工程中，节点板宽度较大，故仍可用。

5) 杆件 k-g、g-e。$N = 114.9\text{kN}$，由于内力不大，可按压杆长细比控制截面（跨中两侧腹杆在半跨荷载作用下可能内力反号）。$l_{0x} = 230.6\text{cm}$，$l_{0y} = 461.1\text{cm}$。

选用 $2\llcorner 70 \times 5$，$A = 13.74\text{cm}^2$，$i_x = 2.16\text{cm}$，$i_y = 3.31\text{cm}$

$$\lambda_x = \frac{l_{0x}}{i_x} = \frac{230.6\text{cm}}{2.16\text{cm}} = 106.8 < [\lambda] = 150$$

$$\lambda_y = \frac{l_{0y}}{i_y} = \frac{461.1\text{cm}}{3.31\text{cm}} = 139.3 < [\lambda] = 150$$

$$\sigma = \frac{N}{A} = \frac{114.9 \text{kN} \times 10^3}{13.74 \text{cm}^2 \times 10^2} = 83.6 \text{N/mm}^2 < f = 215 \text{N/mm}^2$$

填板各放两块,则

$$l_a = \frac{230.6 \text{cm}}{3} = 76.8 \text{cm} < 40i = 40 \times 2.16 \text{cm} = 86.4 \text{cm}$$

6) 杆件 k-f。该竖腹杆内力为 0,按长细比控制截面。为了便于连接垂直支撑,截面采用十字形截面。

$$l_0 = 0.9 \times 349.0 \text{cm} = 314.1 \text{cm}$$

选用 2∟63×5,$A = 12.3 \text{cm}^2$,$i_0 = 2.45 \text{cm}$

$$\lambda_0 = \frac{l_{0x}}{i_x} = \frac{314.1 \text{cm}}{2.45 \text{cm}} = 128.2 < [\lambda] = 200$$

填板放五块。

其余杆件截面选择见表 2-5。需注意的是除上面已经计算的杆件外,其余杆件 $l_{0x} = 0.8l$,$l_{0y} = l$。

5. 节点设计

(1) 下弦节点"b"(图 2-31) 先计算腹板与节点板的连接焊缝:B-b 杆肢背及肢尖焊脚尺寸分别取 $h_{f1} = 8 \text{mm}$,$h_{f2} = 6 \text{mm}$,则所需焊缝长度:

肢背 $$l_{w1} = \frac{\frac{2}{3} \times 446.6 \text{kN} \times 10^3}{2 \times 0.7 \times 8 \text{mm} \times 160 \text{N/mm}^2} + 16 \text{mm} = 182 \text{mm} \qquad 用 200 \text{mm}$$

肢尖 $$l_{w1} = \frac{\frac{1}{3} \times 446.6 \text{kN} \times 10^3}{2 \times 0.7 \times 6 \text{mm} \times 160 \text{N/mm}^2} + 12 \text{mm} = 123 \text{mm} \qquad 用 140 \text{mm}$$

腹杆 C-b 和 D-b 的杆端焊缝同理计算,其中 C-b 杆件内力较小,焊缝按构造采用。

其次验算下弦杆与节点板的连接焊缝,内力差 $\Delta N = N_{bc} - N_{ba} = (747.5 - 296.8) \text{kN} = 450.7 \text{kN}$。由斜腹杆焊缝决定的节点板尺寸,量得实际节点板长度为 43.5cm,肢背及肢尖焊脚尺寸均取为 6mm,则计算长度 $l_w = (43.5 - 1.2) \text{cm} = 42.3 \text{cm}$。肢背焊缝应力为

$$\tau = \frac{\frac{2}{3} \times 450.7 \text{kN} \times 10^3}{2 \times 0.7 \times 6 \text{mm} \times 423 \text{mm}} = 84.5 \text{N/mm}^2 < f_f^w = 160 \text{N/mm}^2$$

(2) 上弦"B"节点(图 2-32) 同样先计算腹杆 B-b、B-a 的杆端焊缝,方法同上。由腹杆焊缝决定的节点板尺寸,实际量得节点板长度为 46.5cm。现验算上弦与节点板的连接焊缝:节点板缩进 8mm,肢背采用塞焊缝,承受节点荷载 $F = 49.53 \text{kN}$,$h_f = 14/2 \text{mm} = 7 \text{mm}$,$l_{w1} = 46.5 \text{cm} - 1.4 \text{cm} = 45.1 \text{cm}$

$$\sigma_f = \frac{49.53 \text{kN} \times 10^3}{2 \times 0.7 \times 7 \text{mm} \times 453 \text{mm}} = 11.2 \text{N/mm}^2 < \beta_f f_f^w$$

表 2-5 屋架杆件截面选用表

杆件名称	杆件号	内力设计值 N/kN	计算长度/m l_{ox}	计算长度/m l_{oy}	选用截面	截面积 A/cm²	计算应力/(N/mm²)	允许长细比 [λ]	杆件端部的角钢肢背和肢尖焊缝/mm	填板数(每节间)
上弦杆	I-J J-K	-1124.7	1.508	3.000	2∟160×100×14	69.4	193.5	150	—	1
下弦杆	d-e	1088.8	3.000	15.000	2∟180×110×10	56.8	191.7	250	—	1
腹杆	A-a	-24.8	1990	1990	2∟63×5	12.3	26.9	150	—	2
腹杆	B-a	-556.3	2.535	2.535	2∟140×90×10	44.6	170	150	10-200 6-170	2
腹杆	B-b	446.6	0.8×2.608=2.086	2.608	2∟80×6	21.2	210.7	350	8-200 6-140	2
腹杆	C-b	-49.5	0.8×2.290=1.832	2.290	2∟50×5	9.6	85.2	150	—	2
腹杆	D-b	-371.1	0.8×2.869=2.295	2.869	2∟100×8	31.2	156.5	150	8-200 6-140	2
腹杆	D-c	273.4	0.8×2.859=2.287	2.859	2∟70×5	13.74	137.4	350	6-180 5-100	2
腹杆	E-c	-49.5	0.8×2.590=2.072	2.590	2∟50×5	9.6	97.5	150	—	3

(续)

杆件名称	杆件号	内力设计值 N/kN	计算长度/m l_{0x}	计算长度/m l_{0y}	选用截面	截面积 A/cm²	计算应力/(N/mm²)	允许长细比[λ]	杆件端部的角钢肢背和肢尖焊缝/mm	填板数（每节间）
腹杆	F-c	−209.0	0.8×3.129=2.503	3.129	2∟90×6	21.2	142.0	150	6-150 5-80	2
	F-d	133.8	0.8×3.119=2.495	3.119	2∟50×5	9.6	139.4	350	5-120 5-80	2
	G-d	−49.5	0.8×2.890=2.312	2.890	2∟505	9.6	100.9	150	—	3
	H-d	−75.6	0.8×3.395=2.716	3.395	2∟70×5	13.74	99.5	150	6-60 5-60	3
	H-e	15.9	0.8×3.385=2.708	3.385	2∟50×5	9.6	16.6	350	—	3
	I-e	−74.3	0.8×3.190=2.552	3.190	2∟63×5	12.3	119.6	150	—	3
	I-g	32.3	0.8×2.079=1.662	2.079	2∟50×5	9.6	33.65	150	—	1
	J-g	−49.5	0.8×1.595=1.276	1.595	2∟50×5	9.6	66.6	150	—	2
	K-g	114.9	2.306	4.611	2∟70×5	13.74	83.6	150	5-100 5-80	2
	g-e	79.2	2.305	4.611	2∟70×5	13.74	57.6	150	5-100 5-80	2
	K-f	0	0.9×3.490=3.141		2∟63×5	12.3	0	200	—	5

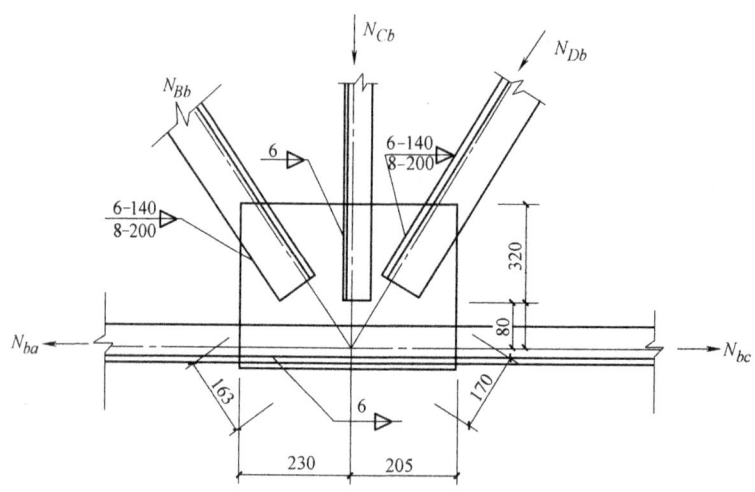

图 2-31 下弦"b"节点

肢尖焊缝承担弦杆内力差 $\Delta N = N_{BC} - N_{BA} = 565.9\text{kN} - 0 = 565.9\text{kN}$，偏心距 $e = 10\text{cm} - 2.43\text{cm} = 7.57\text{cm}$

偏心力矩 $M = \Delta Ne = 565.9\text{kN} \times 7.57\text{cm} = 4284\text{kN} \cdot \text{cm}$，采用 $h_{f2} = 10\text{mm}$，$l_{w2} = 46.5\text{cm} - 2\text{cm} = 44.5\text{cm}$，则

对 ΔN 　　$\tau_f = \dfrac{565.9\text{kN} \times 10^3}{2 \times 0.7 \times 10\text{mm} \times 445\text{mm}} = 90.8\text{N/mm}^2$

对 M 　　$\sigma_f = \dfrac{6 \times 4284\text{kN} \times 10^4}{2 \times 0.7 \times 10\text{mm} \times (445\text{mm})^2} = 92.7\text{N/mm}^2$

$$\sqrt{\left(\dfrac{\sigma_f}{\beta_f}\right)^2 + \tau_f^2} = \sqrt{\left(\dfrac{92.7\text{N/mm}^2}{1.22}\right)^2 + (90.8\text{N/mm}^2)^2}$$

$$= 118.4\text{N/mm}^2 < f_f^w = 160\text{N/mm}^2$$

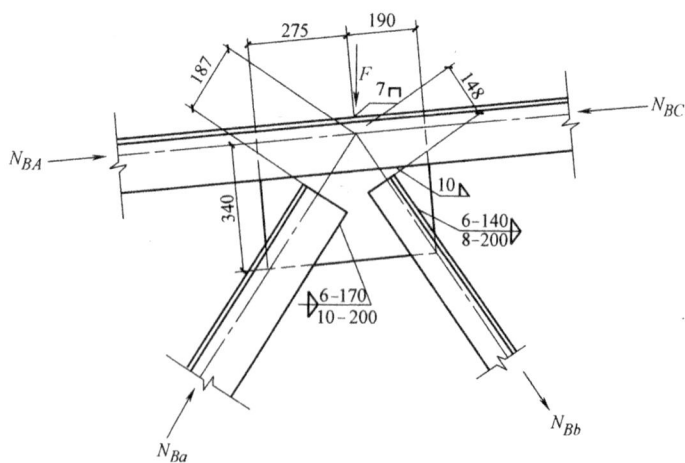

图 2-32 上弦"B"节点

(3) 屋脊"K"节点（图 2-33） 腹杆杆端焊缝计算从略。弦杆和节点板的连接计算方法同上，应注意的是，公式中的 ΔN 应取弦杆最大内力的 15%，竖向集中荷载应取 $F/2$。一般而言，弦杆与节点板的连接焊缝受力不大，可按构造要求决定焊缝尺寸，可不计算。

拼接计算：拼接角钢采用与弦杆截面相同的 $2 \llcorner 160\text{mm} \times 100\text{mm} \times 14\text{mm}$，焊脚尺寸 h_f 取 10mm，则拼接角钢除到角外，竖肢需切去 $\Delta = t + h_f + 5\text{mm} = 14\text{mm} + 10\text{mm} + 5\text{mm} = 29\text{mm}$，取 $\Delta = 30\text{mm}$，并按上弦坡度热弯。拼接角钢与上弦连接焊缝在接头一侧的总长度

$$\sum l_w = \frac{N}{0.7 h_f f_f^w} = \frac{1124.7\text{kN} \times 10^3}{0.7 \times 10\text{mm} \times 160\text{N}/\text{mm}^2} = 1004\text{mm}$$

共四条焊缝，认为平均受力，每条焊缝实际长度为

$$l_w = \frac{1004}{4}\text{mm} + 2 \times 10\text{mm} = 271\text{mm}$$

拼接角钢总长度为

$$l = 2l_w + 10\text{mm} = 2 \times 271\text{mm} + 10\text{mm} = 552\text{mm}$$

取拼接角钢长度为 700mm。

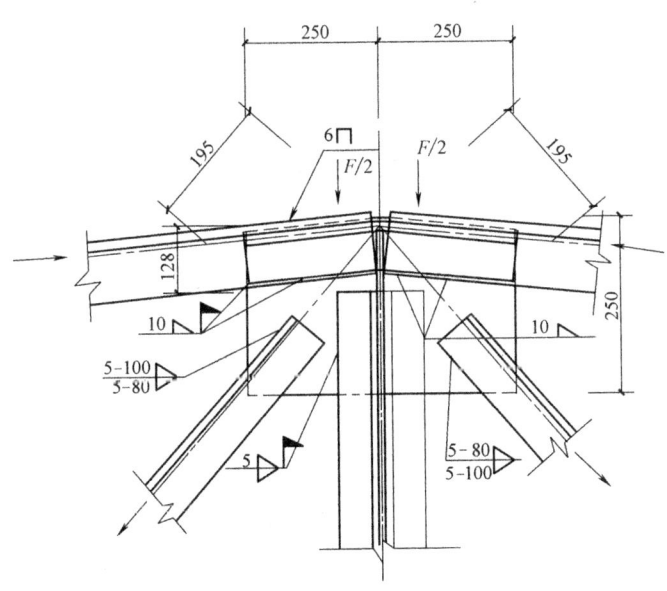

图 2-33 屋脊"K"节点

(4) 支座节点"a"（图 2-34） 腹杆和弦杆杆端焊缝计算从略。以下给出底板等的计算。

1) 底板计算。支座反力 $R_d = 495.3\text{kN}$，$f_c = 10\text{N}/\text{mm}^2$，所需底板净面积为

$$A_n = \frac{495.3\text{kN} \times 10^3}{10\text{N/mm}^2} = 49530\text{mm}^2 = 495.3\text{cm}^2$$

取锚栓直径 $d=24\text{mm}$，锚栓孔直径为 50mm，则所需底板面积为

$$A = A_n + A_0 = 495.3\text{cm}^2 + 2 \times 5\text{cm} \times 5\text{cm} + \frac{3.14 \times (5\text{cm})^2}{4} = 564.9\text{cm}^2$$

按构造要求采用底板面积为 $a \times b = 28\text{cm} \times 28\text{cm} = 784\text{cm}^2 > 564.9\text{cm}^2$，底板净面积为

$$A_n = 784\text{cm}^2 - 2 \times 5\text{cm} \times 5\text{cm} + \frac{3.14 \times (5\text{cm})^2}{4} = 714.4\text{cm}^2$$

垫板采用 $-100\text{mm} \times 100\text{mm} \times 20\text{mm}$，孔径 26mm。底板实际应力为

$$q = \frac{495.3\text{kN} \times 10^3}{714.4\text{cm}^2 \times 10^2} = 6.93\text{N/mm}^2$$

$$a_1 = \sqrt{\left(14\text{cm} - \frac{1.2\text{cm}}{2}\right)^2 + \left(14\text{cm} - \frac{1.4\text{cm}}{2}\right)^2} = 18.9\text{cm}$$

$$b_1 = 13.3\text{cm} \times \frac{13.4\text{cm}}{18.9\text{cm}} = 9.43\text{cm}$$

$\frac{b_1}{a_1} = \frac{9.43\text{cm}}{18.9\text{cm}} = 0.5$，查文献 [13] 表 6-5-2，$\beta = 0.056$，则

$$M = \beta q a_1^2 = 0.056 \times 6.93\text{N/mm} \times (189\text{mm})^2 = 13862\text{N} \cdot \text{mm}$$

所需底板厚度

$$t \geq \sqrt{\frac{6M}{f}} = \sqrt{\frac{6 \times 13862\text{N} \cdot \text{mm}}{215\text{N/mm}^2}} = 19.67\text{mm}$$

用 $t = 24\text{mm}$，底板尺寸为 $-280\text{mm} \times 280\text{mm} \times 24\text{mm}$。

2) 加劲肋与底板连接焊缝计算。一个加劲肋的连接焊缝所承受的内力为

$$V = \frac{R}{4} = \frac{495.3\text{kN}}{4} = 123.8\text{kN}$$

$$M = Ve = 123.8\text{kN} \times 6.4\text{cm} = 792.3\text{kN} \cdot \text{cm}$$

加劲肋高度与支座节点板高度相同，厚度取与中间节点板相同（即 $-140\text{mm} \times 495\text{mm} \times 12\text{mm}$）。采用 $h_f = 6\text{mm}$，验算焊缝应力

对 V $\quad \tau_f = \dfrac{123.8\text{kN} \times 10^3}{2 \times 0.7 \times 6\text{mm} \times (495\text{mm} - 12\text{mm})} = 30.5\text{N/mm}^2$

对 M $\quad \sigma_f = \dfrac{6 \times 792.3\text{kN} \times 10^4}{2 \times 0.7 \times 6\text{mm} \times (495\text{mm} - 12\text{mm})^2} = 24.3\text{N/mm}^2$

$$\sqrt{\left(\frac{\sigma_f}{\beta_f}\right)^2 + \tau_f^2} = \sqrt{\left(\frac{24.3\text{N/mm}^2}{1.22}\right)^2 + (30.5\text{N/mm}^2)^2}$$

$$= 36.4\text{N/mm}^2 < f_f^w = 160\text{N/mm}^2$$

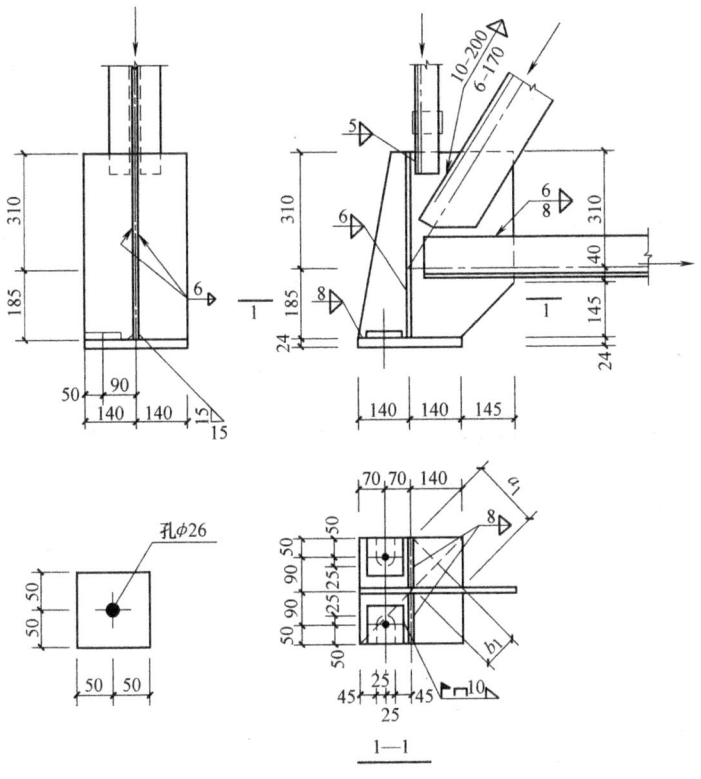

图 2-34 支座节点"a"

3) 节点板、加劲肋与底板的连接焊缝计算。

取 $h_f=8$mm,实际焊缝总长度

$$\sum l_w = 2\times(28\text{cm}+11.8\text{cm}\times 2)-12\times 0.8\text{cm}=93.6\text{cm}$$

焊缝设计应力

$$\sigma_f = \frac{495.3\text{kN}\times 10^3}{0.7\times 8\text{mm}\times 936\text{mm}} = 94.5\text{N/mm}^2 < \beta_f f_f^w$$
$$= 1.22\times 160\text{N/mm}^2 = 195.2\text{N/mm}^2$$

其余节点计算略。

2.6.2 三角形钢屋架设计实例

1. 设计资料

某厂房屋架跨度18m,屋架间距6m,屋面坡度1/3,抗震设防烈度为7度,屋面材料为石棉水泥中波或小波瓦、油毡、木望板。薄壁卷边Z形钢檩条,檩条斜距为0.778m,基本风压为0.35kN/m²,雪荷载为0.20kN/m²。钢材采用Q235-B,焊条采用E43型。

2. 屋架形式、几何尺寸及支撑布置

屋架形式、几何尺寸及支撑布置如图2-35所示，上弦节间长度为两个檩距，有节间荷载。

上弦横向水平支撑设置在房屋两端及伸缩缝处的第一开间内，并在相应开间屋架跨中设置垂直支撑，在其余开间屋架下弦跨中设置一道通长的水平系杆。上弦横向水平支撑在交叉点处与檩条相连。为此，上弦杆在屋架平面外的计算长度等于其节间几何长度；下弦杆在屋架平面外的计算长度为屋架跨度的一半。

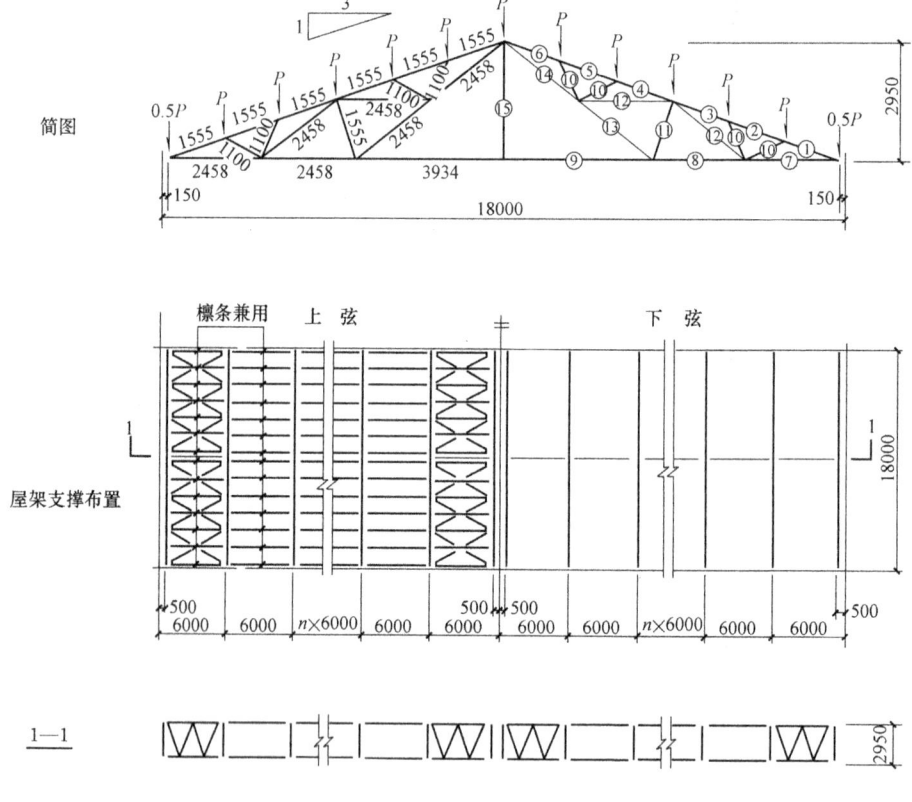

图2-35 屋架形式、几何尺寸及支撑布置

3. 荷载（对水平投影面）

(1) 恒载   标准值

    石棉瓦 $0.2kN/m^2/0.949=0.21kN/m^2$

    油毡、木望板 $0.18kN/m^2/0.949=0.19kN/m^2$

    檩条、屋架及支撑 $0.20kN/m^2$

    合计 $0.6kN/m^2$

(2) 活载

活载与雪荷载中取大值　　　　　0.30kN/m²

因屋架受荷水平投影面积超过60m²，故屋面均布活载可取为（水平投影面）0.30kN/m²。

(3) 风荷载

基本风压　　　　　　　　　　　0.35kN/m²

计算中未考虑风压高度变化系数。

(4) 荷载组合

1) 恒载＋活载。

2) 恒载＋半跨活载。

3) 恒载＋风荷载。

(5) 上弦的集中荷载及节点荷载　见表2-6及图2-36、图2-37。

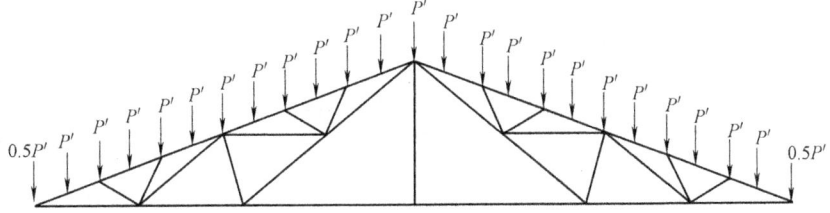

图2-36　上弦集中荷载

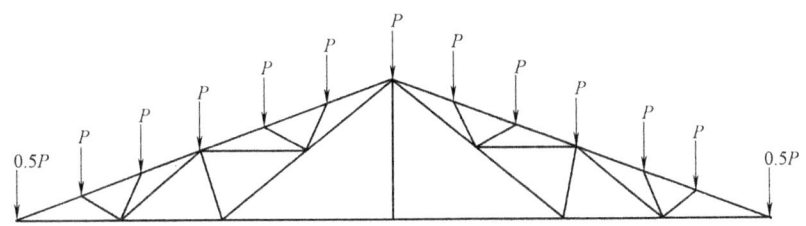

图2-37　上弦节点荷载

表2-6　上弦集中荷载及节点荷载表

荷载形式 荷载分类	集中荷载（设计值）P'/kN	节点荷载（设计值）$P=2P'$/kN	备注
恒载	3.189	6.378	$P'=1.2\times0.6\text{kN/m}^2\times0.778\text{m}\times\dfrac{3}{\sqrt{10}}\times6\text{m}=3.189\text{kN}$
活载	1.860	3.720	$P'=1.4\times0.3\text{kN/m}^2\times0.778\text{m}\times\dfrac{3}{\sqrt{10}}\times6\text{m}=1.860\text{kN}$
恒载＋活载	5.049	10.098	$P'=3.189\text{kN}+1.860\text{kN}=5.049\text{kN}$

(6) 上弦节点风荷载设计值 如图 2-38 所示。

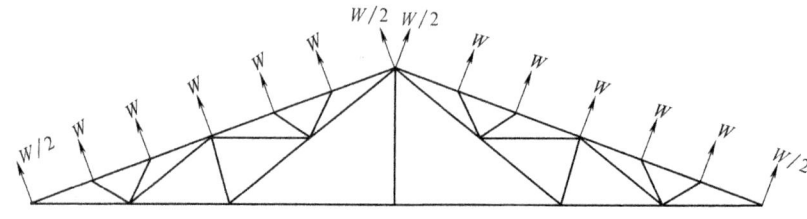

图 2-38 上弦节点风荷载

1) 风荷载体型系数

　　背风面　　　　$\mu_s = -0.5$

　　迎风面　　　　$\mu_s = -0.47 \approx -0.5$（见《建筑结构荷载规范》）

2) 上弦节点风荷载

$$W = 1.4 \times (-0.5) \times 0.35 \text{kN/m}^2 \times 1.556 \text{m} \times 6 \text{m} = -2.287 \text{kN}$$

4. 内力计算

1) 内力及内力组合见表 2-7。

表 2-7 屋架杆件内力组合

杆件名称	杆件编号	恒载及活载			半跨活载		风荷载		内力组合/kN		
		内力系数	恒载内力/kN	活载内力/kN	内力系数	半跨活载内力/kN	内力系数	风荷载内力/kN	恒载+活载	恒载+半跨活载	恒载+风荷载
		1	2	3	4	5	6	7	2+3	2+5	2+7
上弦杆	1	−17.39	−110.91	−64.69	−12.65	−47.06	16.55	37.85	−175.6	−157.97	−73.06
	2	−16.13	−102.88	−60.00	−11.40	−42.41	15.50	35.45	−162.88	−145.29	−67.43
	3	−16.76	−106.90	−62.35	−12.05	−44.83	16.55	37.85	−169.25	−151.73	−69.05
	4	−16.44	−104.85	−61.16	−11.70	−43.52	16.55	37.85	−166.01	−148.37	−67.00
	5	−15.18	−96.82	−56.47	−10.45	−38.87	15.50	35.45	−153.29	−135.69	−61.37
	6	−15.81	−100.84	−58.81	−11.10	−41.29	16.55	37.85	−159.65	−142.13	−62.99
下弦杆	7	16.50	105.24	61.38	12.00	44.64	−17.34	−39.66	166.62	149.88	65.58
	8	13.50	86.10	50.22	9.00	33.48	−14.32	−32.75	136.32	119.58	53.35
	9	9.00	57.40	33.48	4.50	16.74	−9.48	−21.68	90.88	74.14	35.72
腹杆	10	−1.34	−8.55	−4.98	−1.34	−4.98	1.41	3.22	−13.53	−13.53	−5.33
	11	−2.85	−18.18	−10.60	−2.85	−10.60	3.00	6.86	−28.78	−28.78	−11.32
	12	3.00	19.13	11.16	3.00	11.16	−3.16	−7.23	30.29	30.29	11.90
	13	4.50	28.70	16.74	4.50	16.74	−4.47	−10.22	45.44	45.44	18.48
	14	7.50	47.84	27.90	7.50	27.90	−7.9	−18.07	75.74	75.74	29.77
	15	0.00	0.00	0.00	0.00	0.00	0.00	0.00	0.00	0.00	0.00

2) 上弦杆弯矩计算。端节间跨中正弯矩

$$M_1 = 0.8M_0 = 0.8 \times \frac{P'l}{4} = 0.8(\frac{1}{4} \times 5.049\text{kN} \times \frac{3}{\sqrt{10}} \times 1.555\text{m})$$

$$= 0.8 \times 1.862\text{kN} \cdot \text{m}$$

$$= 1.49\text{kN} \cdot \text{m}$$

中间节间跨中正弯矩和中间节点负弯矩

$$M_2 = 0.6M_0 = 0.6 \times 1.862\text{kN} \cdot \text{m} = 1.12\text{kN} \cdot \text{m}$$

5. 杆件截面选择

(1) 上弦杆 整个上弦不改变截面,按最大内力计算。杆 1 内力 $N = -175.6\text{kN}$, $M_{1x} = 1.49\text{kN} \cdot \text{m}$, $M_{2x} = 1.12\text{kN} \cdot \text{m}$。选用 2∟70mm×6mm, $A = 16.32\text{cm}^2$, $W_{1x} = 38.74\text{cm}^3$, $W_{2x} = 14.96\text{cm}^3$, $i_x = 2.15\text{cm}$, $i_y = 3.11\text{cm}$。

长细比
$$\lambda_x = \frac{l_{0x}}{i_x} = \frac{155.5\text{cm}}{2.15\text{cm}} = 72.3 < [\lambda] = 150$$

$$\lambda_y = \frac{l_{0y}}{i_y} = \frac{155.5\text{cm}}{3.11\text{cm}} = 50 < [\lambda] = 150$$

$$\frac{b}{t} = \frac{70\text{mm}}{6\text{mm}} = 11.7 < 0.58 \times \frac{l_{0y}}{b} = 0.58 \times \frac{155.5\text{cm}}{7\text{cm}} = 12.9$$

$$\lambda_{yz} = \lambda_y \left(1 + \frac{0.475 \times b^4}{l_{0y}^2 \times t^2}\right) = 50 \times \left(1 + \frac{0.475 \times 7^4 \text{cm}^4}{155.5^2 \text{cm}^2 \times 0.6^2 \text{cm}^2}\right) = 56.6$$

由 λ_x、λ_{yz} 查相关表得(b 类截面),$\varphi_x = 0.736$,$\varphi_y = 0.825$,则

$$N'_{Ex} = \frac{\pi^2 EA}{1.1\lambda_x^2} = \frac{\pi^2 \times 206 \times 10^3 \text{N/mm}^2 \times 16.32 \times 10^2 \text{mm}^2}{1.1 \times 72.3^2} = 577.05\text{kN}$$

塑性系数 $\gamma_{x1} = 1.05$,$\gamma_{x2} = 1.2$

1) 弯矩作用平面内的稳定性。此端节间弦杆相当于规范中两端支承的杆件,其上作用有端弯矩和横向荷载并为异号曲率的情况,故取等效弯矩系数 $\beta_{mx} = 0.85$。

用跨中最大正弯矩 $M_{x1} = 1.49\text{kN} \cdot \text{m}$ 验算,代入公式得

$$\frac{N}{\varphi_x A} + \frac{\beta_{mx} M_{x1}}{\gamma_{x1} W_{1x}\left(1 - 0.8\frac{N}{N'_{Ex}}\right)} = \frac{175.6 \times 10^3 \text{N}}{0.736 \times 1632 \text{mm}^2}$$

$$+ \frac{0.85 \times 1.49 \times 10^6 \text{N} \cdot \text{mm}}{1.05 \times 38.74 \times 10^3 \text{mm}^3 \times \left(1 - 0.8 \times \frac{175.6\text{kN}}{577.05\text{kN}}\right)}$$

$$= 187.4\text{N/mm}^2 < f = 215\text{N/mm}^2$$

对于这种组合 T 形截面压弯杆,在弯矩的效应较大时,可能在较小的翼缘一侧因受拉塑性区的发展而导致构件失稳,补充验算见下式

$$\left| \frac{N}{A} - \frac{\beta_{mx} M_{x1}}{\gamma_{x2} W_{2x} \left(1 - 1.25 \frac{N}{N'_{Ex}}\right)} \right| =$$

$$\left| \frac{175.6 \times 10^3 \text{N}}{1632 \text{mm}^2} - \frac{0.85 \times 1.49 \times 10^6 \text{N} \cdot \text{mm}}{1.2 \times 14.96 \times 10^3 \text{mm}^3 \times \left(1 - 1.25 \times \frac{175.6 \text{kN}}{577.05 \text{kN}}\right)} \right|$$

$$= 6.3 \text{N/mm}^2 < f = 215 \text{N/mm}^2$$

显然另一侧不控制构件平面内的失稳。

故平面内的稳定性得以保证。

2) 弯矩作用平面外的稳定性。由于 $\lambda_y = 50 < 120$，所以梁的整体稳定系数可由下式计算

$$\varphi_b = 1 - 0.0017 \lambda_y \sqrt{f_y/235} = 1 - 0.0017 \times 50 = 0.915$$

等效弯矩系数 $\beta_{tx} = 0.85$，用跨中最大正弯矩 $M_{x1} = 1.49 \text{kN} \cdot \text{m}$ 验算，代入公式得

$$\frac{N}{\varphi_y A} + \eta \frac{\beta_{tx} M_{x1}}{\varphi_b W_{1x}} = \frac{175.6 \times 10^3 \text{N}}{0.825 \times 16.32 \times 10^2 \text{mm}^2} + 1 \times \frac{0.85 \times 1.49 \times 10^6 \text{N} \cdot \text{mm}}{0.915 \times 38.74 \times 10^3 \text{mm}^3}$$

$$= 166.2 \text{N/mm}^2 < f = 215 \text{N/mm}^2$$

根据支撑布置情况，可知上弦节点处均有侧向支承以保证其不发生平面外失稳。因此，可不必验算节点处的平面外稳定，只需验算其强度。

3) 强度验算。上弦杆节点"2"处（图 2-39）的弯矩较大，且 W_{2x} 又比较小，因此截面上无翼缘一侧的强度，按下式验算（$A_n = A$）

$$\frac{N}{A_n} + \frac{M_x}{\gamma_x W_{x\min}} = \frac{175.6 \times 10^3 \text{N}}{16.32 \times 10^2 \text{mm}^2} + \frac{1.117 \times 10^6 \text{N} \cdot \text{mm}}{1.2 \times 14.96 \times 10^3 \text{mm}^3}$$

$$= 169.8 \text{N/mm}^2 < f = 215 \text{N/mm}^2$$

(2) 下弦杆　下弦也不改变截面，按最大内力计算。杆 7 的轴心力 $N_{\max} = 166.62 \text{kN}$。选用 2∟56mm×4mm，$A = 8.78 \text{cm}^2$，$i_x = 1.73 \text{cm}$，$i_y = 2.52 \text{cm}$。

长细比　　$\lambda_x = \dfrac{l_{0x}}{i_x} = \dfrac{393.4 \text{cm}}{1.73 \text{cm}} = 227.4 < [\lambda] = 350$

$$\lambda_y = \frac{l_{0y}}{i_y} = \frac{885 \text{cm}}{2.52 \text{cm}} = 351 < [\lambda] = 350$$

强度验算　　$\sigma = \dfrac{N_{\max}}{A_n} = \dfrac{166.62 \times 10^3 \text{N}}{8.78 \times 10^2 \text{mm}^2} = 189.8 \text{N/mm}^2 < f$

(3) 腹杆　杆 10 内力 $N = -13.54 \text{kN}$。选用∟36mm×4mm，$A = 2.756 \text{cm}^2$，$i_y = 0.7 \text{cm}$。

长细比　　$\lambda_y = \dfrac{l_{0y}}{i_y} = \dfrac{0.9l}{0.7} = \dfrac{0.9 \times 110 \text{cm}}{0.7 \text{cm}} = 141.4 < [\lambda] = 150$

$$\frac{b}{t} = \frac{36\text{mm}}{4\text{mm}} = 9 < 0.54 \times \frac{l_{0y}}{b} = 0.54 \times \frac{99\text{cm}}{3.6\text{cm}} = 14.9$$

$$\lambda_{yz} = \lambda_y \left(1 + \frac{0.85 \times b^4}{l_{0y}^2 \times t^2}\right) = 141.4 \times \left(1 + \frac{0.85 \times 3.6^4 \text{cm}^4}{99^2 \text{cm}^2 \times 0.4^2 \text{cm}^2}\right)$$

$$= 154.3 > [\lambda] = 150(略大,但考虑节点板后仍可用)$$

由 λ_{yz} 查相关表得（b类截面），$\varphi = 0.294$，则

$$\sigma = \frac{N}{\varphi A} = \frac{13.54 \times 10^3 \text{N}}{0.294 \times 2.756 \times 10^2 \text{mm}^2} = 167.1 \text{N/mm}^2 < f$$

$$= 0.812 \times 215 \text{N/mm}^2 = 174.6 \text{N/mm}^2$$

其中，0.812 为单面连接单角钢的强度折减系数，见《钢结构设计规范》第 3.4.2 条。

上述计算，也可采用表格形式进行，现将上述计算以及其他腹杆的计算一并列于表 2-8。

表 2-8 屋架杆件截面选用表

杆件名称	杆件编号	内力 N/kN	内力 M_1/kN·m M_2/kN·m	计算长度/cm l_{0x}	计算长度/cm l_{0y}	截面规格/mm	长细比 λ_x	长细比 λ_y (λ_{yz})	稳定系数 φ_x	稳定系数 φ_y	稳定系数 φ_b	计算应力/(N/mm²)
上弦杆	1	−175.6	1.49 / 1.117	155.5	155.5	2∟70×6 ⊤	72.3	50 (56.6)	0.736	0.825	0.915	187.4
下弦杆	7	166.62		245.8	885	2∟56×4 ⊤						189.8
下弦杆	8	136.32		245.8	885							
下弦杆	9	90.88		393.4	885		228	351				
腹杆	10	−13.54		0.9×110=99		∟36×4 ⊤	141 (154)		0.341	0.294		167.1
腹杆	11	−28.78		0.8×156=124	156	2∟30×4 ⊤	138	104 (105)		0.353		179.1
腹杆	12	30.29		0.8×246=197	246	2∟30×4 ⊤	219	165.1				66.5
腹杆	13	45.44		246	492	2∟30×4 ⊤	273	330				99.82
腹杆	14	75.74		246	492	2∟30×4 ⊤	273	330				166.4
腹杆	15	0.00		0.9×295=266		+2∟36×4	193					

6. 节点设计

节点编号如图 2-39 所示。

(1) 一般杆件连接焊接　设焊缝厚度 $h_f = 4\text{mm}$，焊缝长度可由相应公式计算，列于表 2-9。

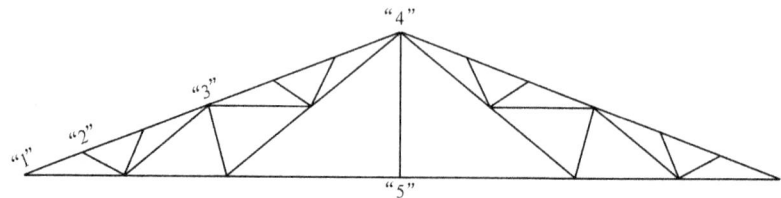

图 2-39 节点编号

表 2-9 屋架杆件连接焊缝表

杆件名称	杆件编号	杆件内力/kN	肢背焊缝		肢尖焊缝		备 注
			l_w/mm	h_f/mm	l_w/mm	h_f/mm	
下弦杆	7	166.62	150	4	70	4	焊缝长度已考虑施焊时起弧或落弧的影响；杆件10的焊缝，已按规范规定考虑了焊缝强度折减系数0.85
腹杆	10	−13.54	45	4	45	4	
	11	−28.78	45	4	45	4	
	12	30.29	45	4	45	4	
	13	45.44	50	4	45	4	
	14	75.74	75	4	45	4	

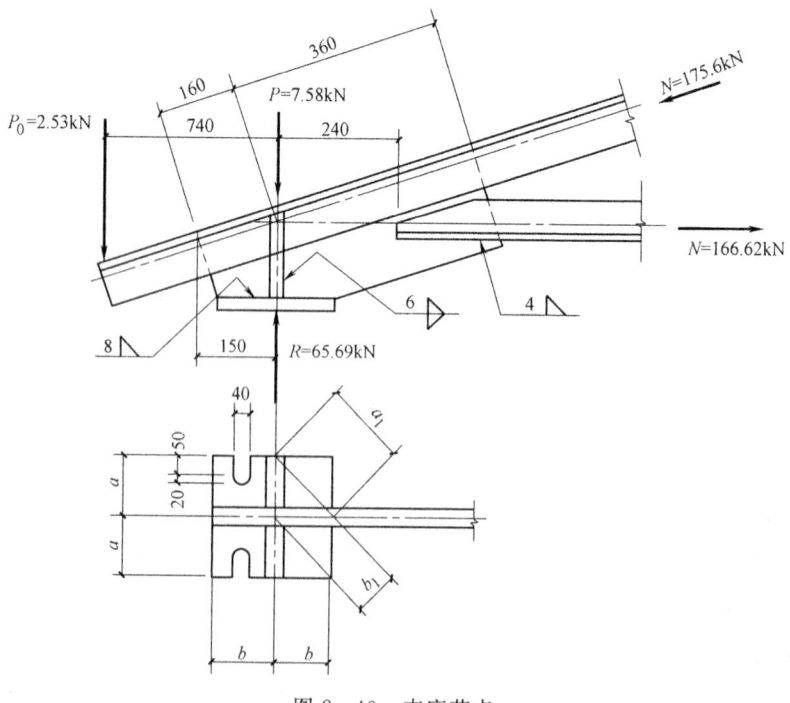

图 2-40 支座节点

(2) 节点"1"

1) 支座底板厚度。支座底板尺寸如图 2-40 所示。

支座反力

$R = 6P + 1.15 \times 0.74 \times 6 \text{kN} = (6 \times 10.098 + 1.15 \times 0.74 \times 6) \text{kN} = 65.69 \text{kN}$

设 $a = b = 12 \text{cm}$, $a_1 = \sqrt{2} \times 12 \text{cm} = 16.9 \text{cm}$, $b_1 = a_1/2 = 8.45 \text{cm}$

底板净面积

$$A_n = 24 \text{cm} \times 24 \text{cm} - 3.14 \times 2^2 \text{cm}^2 - 2 \times 4 \text{cm} \times 5 \text{cm} = 523 \text{cm}^2$$

板下压应力

$$q = \frac{R}{A_n} = \frac{65.69 \times 10^3 \text{N}}{523 \times 10^2 \text{mm}^2} = 1.26 \text{N/mm}^2$$

$b_1/a_1 = 0.5$,查文献 [13] 表 6-5-2 得 $\beta \approx 0.06$,则

$$M = \beta q a_1^2 = 0.06 \times 1.26 \times 169^2 \text{N} \cdot \text{mm} = 2159.2 \text{N} \cdot \text{mm}$$

所需底板厚度

$$t \geq \sqrt{\frac{6M}{f}} = \sqrt{\frac{6 \times 2159.2}{215}} = 7.8 \text{mm},\ 取\ t = 12 \text{mm}$$

2) 支座节点板与底板的连接焊缝。设 $h_f = 8 \text{mm}$, $l_w = (240 \text{mm} - 10 \text{mm}) \times 2 + (120 \text{mm} - 4 \text{mm} - 10 \text{mm} - 10 \text{mm}) \times 4 = 844 \text{mm}$,按下式计算

$$\tau_f = \frac{R}{0.7 h_f \sum l_w} = \frac{65.69 \times 10^3 \text{N}}{0.7 \times 8 \text{mm} \times 844 \text{mm}} = 13.9 \text{N/mm}^2 < f_f^w = 160 \text{N/mm}^2$$

支座节点板与加劲肋的连接焊缝厚度取 $h_f = 6 \text{mm}$,计算从略。

3) 上弦杆与节点板的连接焊缝。$N = 175.6 \text{kN}$,设焊缝厚度 $h_f = 4 \text{mm}$,焊缝计算长度 $l_w = (160 + 360 - 10) \text{mm} = 510 \text{mm}$,如图 2-40 所示。

杆件轴心力 N,假定全由角钢肢尖焊缝传递,并考虑传力的偏心影响,其中偏心矩 $e = (70 - 20) \text{mm} = 50 \text{mm}$,按下式计算

$$\sqrt{\left(\frac{6Ne}{\beta_f \times 2 \times 0.7 \times h_f l_w^2}\right)^2 + \left(\frac{N}{2 \times 0.7 h_f l_w}\right)^2}$$

$$= \sqrt{\left(\frac{6 \times 175.6 \times 10^3 \text{N} \times 50 \text{mm}}{1.22 \times 2 \times 0.7 \times 4 \text{mm} \times 510^2 \text{mm}^2}\right)^2 + \left(\frac{175.6 \times 10^3 \text{N}}{2 \times 0.7 \times 4 \text{mm} \times 510 \text{mm}}\right)^2}$$

$$= 68.3 \text{N/mm}^2 < f_f^w = 160 \text{N/mm}^2$$

(3) 节点"2"、"3" 如图 2-41 所示,节点荷载 P 假定由角钢肢背的塞焊缝承受,按构造要求节点板较长,故焊缝强度可以满足,计算从略。

节点两侧上弦杆轴心力之差 $\Delta N = N_1 - N_2$,假定由角钢肢尖焊缝承受,并考虑偏心力矩 $M = \Delta N e$ 的影响,计算结果见表 2-10。

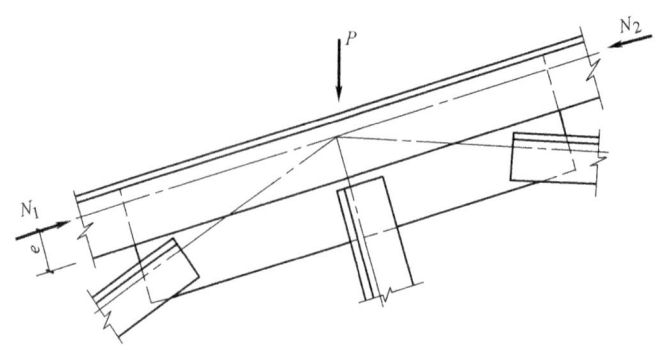

图 2-41 上弦中间节点

表 2-10 上弦节点肢尖焊缝表

节点名称	节点号	N_2/kN	N_1/kN	ΔN/kN	h_f/mm	e/mm	l_w/mm	β_f	$\sqrt{\left(\dfrac{6\Delta Ne}{1.4\beta_f h_f l_w^2}\right)^2+\left(\dfrac{N}{1.4 h_f l_w}\right)^2}$ / (N/mm²)	f_f^w/(N/mm²)
上弦节点	2	162.88	175.6	12.72	4	50	120	1.22	43.2	160
	3	166.01	169.25	3.24	4	50	530	1.22	1.21	160

(4) 节点 "4" 如图 2-42 所示,节点荷载 P,假定由角钢肢背的塞焊缝承受,同上按构造要求考虑即可满足,计算从略。

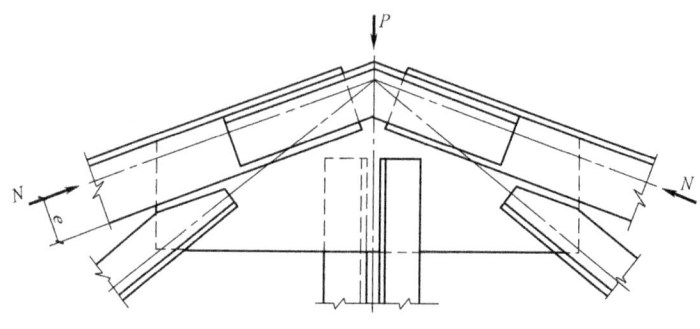

图 2-42 上弦屋脊节点

1) 上弦杆拼接角钢的连接焊缝,以该节间的最大轴力 N,设 $h_f=4$mm,按下式计算

$$l_w' = \frac{N}{4\times 0.7 h_f f_f^w}+8\text{mm} = \frac{159.65\times 10^3\text{N}}{4\times 0.7\times 4\text{mm}\times 160\text{N/mm}^2}+8\text{mm}$$

$$= 97\text{mm},取 120\text{mm}$$

2) 上弦杆角钢与节点板的连接焊缝,以上述轴心力的 15% 按下式计算,设 $h_f=4$mm,$e=50$mm,l_w' 按构造要求为 220mm,取 $l_w=(220-10)$mm =

210mm，则

$$\sqrt{\left(\frac{0.15N}{2\times 0.7h_\mathrm{f}l_\mathrm{w}}\right)^2+\left(\frac{6\times 0.15Ne}{2\times 0.7\beta_\mathrm{f}h_\mathrm{f}l_\mathrm{w}^2}\right)^2}$$

$$=\sqrt{\left(\frac{0.15\times 159.65\times 10^3\mathrm{N}}{1.4\times 4\mathrm{mm}\times 210\mathrm{mm}}\right)^2+\left(\frac{0.15\times 6\times 159.65\times 10^3\mathrm{N}\times 50\mathrm{mm}}{1.4\times 1.22\times 4\mathrm{mm}\times 210^2\mathrm{mm}^2}\right)^2}$$

$$=31.4\mathrm{N/mm^2}<f_\mathrm{f}^\mathrm{w}=160\mathrm{N/mm^2}$$

(5) 节点"5"（图2-43）

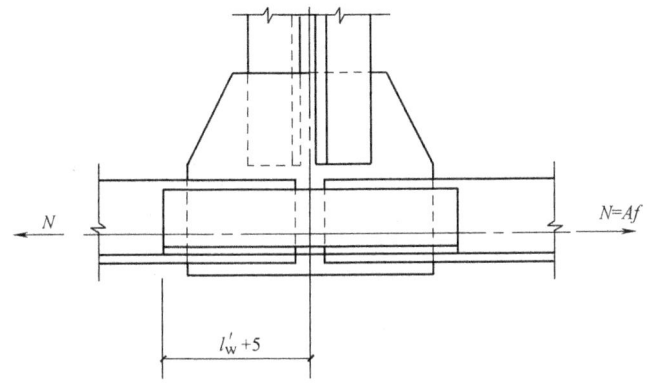

图2-43 下弦杆拼接节点

1) 下弦杆拼接角钢的连接焊缝，设 $h_\mathrm{f}=4\mathrm{mm}$，按下式计算

$$l'_\mathrm{w}=\frac{A_\mathrm{n}f}{4\times 0.7h_\mathrm{f}f_\mathrm{f}^\mathrm{w}}+2h_\mathrm{f}=\frac{8.78\times 10^2\mathrm{mm}^2\times 215\mathrm{N/mm^2}}{4\times 0.7\times 4\mathrm{mm}\times 160\mathrm{N/mm^2}}+8\mathrm{mm}$$

$$=113\mathrm{mm}，取120\mathrm{mm}$$

拼接角钢选用∟56mm×4mm切成，长度为 $2l'_\mathrm{w}+10\mathrm{mm}=250\mathrm{mm}$。接头的位置视材料长度而定，最好设在跨中节点处；当接头不在节点时，应增设垫板。

2) 下弦杆角钢与节点板的连接焊缝，以该节间的最大轴力 N 的15%计算，设 $h_\mathrm{f}=4\mathrm{mm}$，则

$$l'_\mathrm{w}=\frac{0.15N}{4\times 0.7h_\mathrm{f}f_\mathrm{f}^\mathrm{w}}+8\mathrm{mm}=\frac{0.15\times 90.88\times 10^3\mathrm{N}}{4\times 0.7\times 4\mathrm{mm}\times 160\mathrm{N/mm^2}}+8\mathrm{mm}$$

$$=15.6\mathrm{mm}<8h_\mathrm{f}+8\mathrm{mm}=40\mathrm{mm}\quad 取50\mathrm{mm}$$

三角形钢屋架施工图如图2-44（见文后插页）和图2-45（见文后插页）所示。

2.7 屋架设计任务书

2.7.1 设计资料

某厂房总长度为90m，跨度为24m，纵向柱距为6m。

1. 结构形式

梯形钢屋架，钢筋混凝土柱。柱的混凝土强度等级为C30；屋面坡度 $i=L/10$，L 为屋面跨度；屋面结构采用 $1.5×6.0m$ 预应力混凝土屋面（考虑屋面板起系杆作用）；地区计算温度高于 $-20°$，无侵蚀性介质；地震设防烈度为6度，屋架下弦标高为15m；厂房内设有两台150/30t（中级工作制）桥式起重机及两台5t锻锤。

2. 屋架形式及荷载

屋架形式、几何尺寸及杆力系数（节点荷载 $P=1.0$ 作用下杆件的内力）如图2-46、图2-47所示。

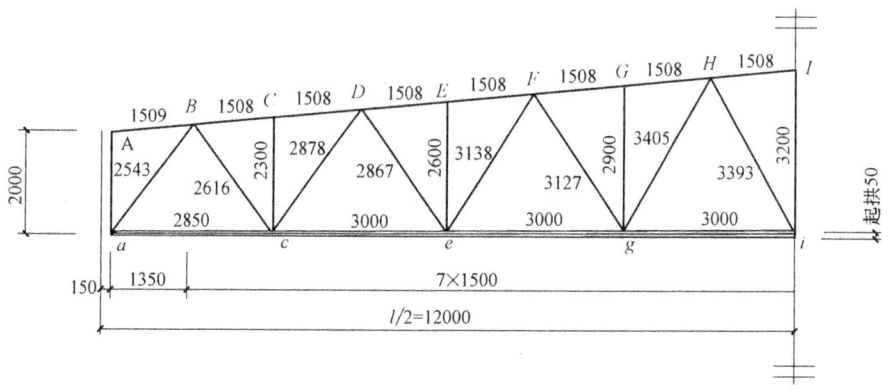

图2-46 24m跨梯形钢屋架几何尺寸

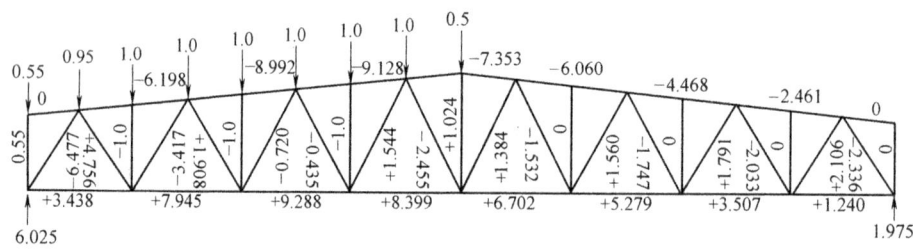

图2-47 24m跨梯形钢屋架半跨单位荷载作用下的内力

2.7.2 荷载标准值（水平投影面计）

1. 永久荷载

三毡四油（上铺绿豆砂）防水层	$0.4kN/m^2$
水泥砂浆找平层	$0.4kN/m^2$
保温层	_____ kN/m^2

	（按表 2-11 取）
一毡二油隔气层	$0.05 kN/m^2$
水泥砂浆找平层	$0.3 kN/m^2$
预应力混凝土大型屋面板	$1.4 kN/m^2$
屋架及支撑自重（按经验公式 $q=0.12+0.11L$ 计算）：	_____ kN/m^2
悬挂管道	$0.15 kN/m^2$

2. 可变荷载

屋面活载标准值	$0.7 kN/m^2$
雪荷载标准值	$0.35 kN/m^2$
积灰荷载标准值	_____ kN/m^2
	（按表 2-11 取）

表 2-11 屋面保温层及积灰荷载的取值

学号	1～5	6～10	11～15	16～20	21～25
保温层/（kN/m^2）	0.4	0.45	0.5	0.55	0.6
积灰荷载/（kN/m^2）	0.7	0.8	0.9	1.0	1.1
学号	26～30	31～35	36～40	41～45	
保温层/（kN/m^2）	0.65	0.7	0.65	0.55	
积灰荷载/（kN/m^2）	1.2	1.3	1.3	1.2	

2.7.3 设计内容

1. 计算书

完成计算书一份，内容包括：

1）材料选择。

2）屋架及屋盖支撑的布置。说明屋盖支撑布置的原则，并画出屋盖上、下弦支撑布置图及竖向支撑布置。

3）钢屋架内力计算。列表求出使用和施工阶段各杆件在全跨恒载和半跨活载作用时的杆力及杆力组合。

4）杆件截面设计。在计算书中应详细写出部分杆件（上弦杆、下弦杆、端斜杆、中竖杆各 1）的设计过程，其余杆件截面的计算结果可列入截面选择表内。

5）屋架节点设计。设计 3～4 个典型节点，并画出其节点构造图。

2. 施工图

使用 A1 图纸手工绘制钢屋架施工图一张（不得用计算机绘制）。图面内容包括：

1) 屋架单线图，比例1∶100，要求注明杆件的几何长度及截面形式。

2) 屋盖上弦或下弦支撑布置图、垂直支撑布置图，比例1∶400，要求标出主要尺寸。

3) 屋架正面施工图（对称的半榀），轴线比例1∶20或1∶30，杆件比例1∶10或1∶15。

4) 画出3~4个典型节点详图，比例1∶50，图上注明焊缝形式及焊脚尺寸，并标出主要的构件尺寸。

5) 施工图说明及材料表。

2.7.4 设计要求

1) 计算的全过程应符合规范及国家标准，计算书须用钢笔书写，插图用铅笔按一定比例绘制，做到线条清晰，文图配合。

2) 图样线型、线条清晰，螺栓、焊缝及尺寸全面，字迹工整，图面清晰、整洁。

第 3 章

起重机梁课程设计

3.1 起重机梁系统的截面组成

根据起重机梁所受的荷载，必须将起重机梁上翼缘加强或设置制动系统以承担起重机的横向水平力。当跨度及荷载很小时，可采用型钢梁（工字钢或 H 型钢加焊钢板、角钢或槽钢）。当起重机额定起重量 $Q \leqslant 300\text{kN}$，跨度 $l \leqslant 6\text{m}$ 时，可以将起重机梁的上翼缘加强，使它在水平面内具有足够的抗弯强度和刚度。对于跨度或起重量较大的起重机梁，应设置制动梁或制动桁架。图 3-1a 所示是一个边列柱的起重机梁，设置有钢板和槽钢组成的制动梁；起重机梁的上翼缘为制动梁的内翼缘，槽钢则为制动梁的外翼缘。制动梁的宽度不宜小于 $1.0 \sim 1.5\text{m}$，宽度较大时宜采用制动桁架，如图 3-1b 所示。制动桁架是用角钢组成的平行弦桁架。起重机梁的上翼缘兼作制动桁架的弦杆。制动梁和制动桁架统称为制动结构。制动结构不但用以承受横向水平荷载，保证起重机梁的整体稳定，并且可作为检修走道。制动梁腹板（兼作走道板）宜用花纹钢板以防行走滑倒，其厚度一般为 $6 \sim 10\text{mm}$，走道的活荷载一般按 2kN/m^2 考虑。

A6～A8 级起重机梁，当其跨度 $\geqslant 12\text{m}$，或 A1～A5 级起重机梁，跨度 $\geqslant 18\text{m}$，为了增加起重机梁和制动结构的整体刚度和抗扭性能，对边列柱的起重机梁宜设置与起重机梁平行的垂直辅助桁架，并在辅助桁架和起重机梁之间设置水平支撑和垂直支撑，如图 3-1b 所示。垂直支撑虽然对增加整体刚度有利，但在起重机梁竖向变位的影响下，容易受力过大而破坏，因此应避免设置在靠近梁的跨度中央处。对柱的两侧均有起重机梁的中列柱，则应在两起重机梁间设置制动结构、水平支撑和垂直支撑。

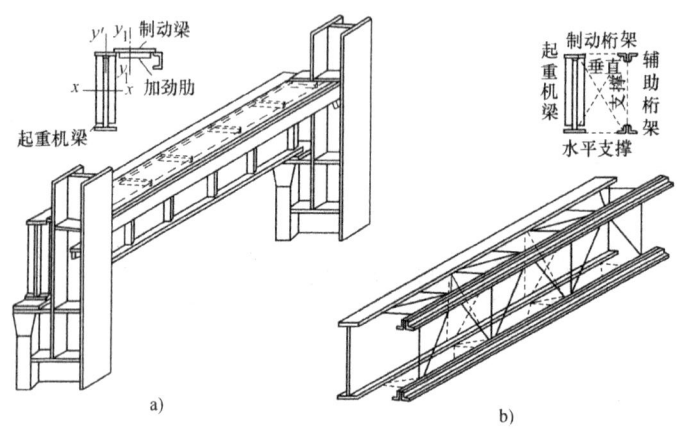

图 3-1 焊接起重机梁的截面形式和制动结构

3.2 起重机梁系统的荷载及内力计算

起重机梁直接承受由起重机产生的三个方向的荷载：竖向荷载、横向水平荷载和纵向水平荷载。竖向荷载包括起重机系统和起重物的自重以及起重机梁系统的自重。当起重机沿轨道运行、起吊、卸载等时，将引起起重机梁的振动；且当起重机越过轨道接头处的空隙时，还将发生撞击，这些振动和撞击都将对梁产生动力效应，使梁受到的起重机轮压值大于静荷轮压值。设计中将竖向轮压的动力效应用加大轮压值的方法加以考虑。

1. 起重机最大轮压

起重机的竖向标准荷载为起重机的最大轮压标准值，可在起重机产品规格中直接查得。计算起重机梁的强度时，应乘以荷载分项系数 $\gamma_Q = 1.4$；同时还应考虑起重机的动力作用，乘以动力系数。对悬挂起重机（包括电动葫芦）及工作级别为 A1～A5 的软钩起重机，动力系数取 1.05；对工作级别为 A6～A8 的软钩起重机、硬钩起重机和其他特种起重机，动力系数可取 1.1。

2. 起重机横向水平力

《建筑结构荷载规范》规定，起重机的横向水平荷载可取起重机上横行小车重量 g 与额定起重量 Q 的总和，并乘以下列百分数：

1) 软钩起重机：额定起重量 $Q \leqslant 100\text{kN}$ 时，取 12%；额定起重量 $Q = 150\text{kN} \sim 500\text{kN}$ 时，取 10%；额定起重量 $Q \geqslant 750\text{kN}$ 时，取 8%；

2) 硬钩起重机：取 20%。

横向水平荷载应等分于桥架的两端，分别由轨道上的车轮平均传至轨道，其方向与轨道垂直,并考虑正反两个方向的刹车情况。

悬挂起重机的水平荷载应由支撑系统承受,可不计算;手动起重机及电动葫芦可不考虑水平荷载。

对工作级别为 A6~A8 的起重机,由于起重机梁轨道容易磨损,卡轨力应予加大,因此《钢结构设计规范》规定在计算工作级别为 A6~A8 的起重机梁(起重机桁架)及其制动结构的强度、稳定以及连接强度时,应考虑由起重机摆动引起的横向水平力(此水平力不与荷载规范规定的横向水平荷载同时考虑),作用于每个轮压处的此水平力标准值可由下式进行计算

$$H_k = \alpha P_{k,max} \qquad (3-1)$$

式中 $P_{k,max}$——起重机最大轮压标准值;

α——系数,对一般软钩起重机 $\alpha=0.1$,抓斗或磁盘起重机宜采用 $\alpha=0.15$,硬钩起重机宜采用 $\alpha=0.2$。

起重机梁的内力计算应根据弯矩、剪力影响线原理找出荷载的最不利位置。具体计算时,可参考有关钢结构设计手册进行。

3.3 起重机梁的截面设计

求出起重机梁最不利的内力之后,焊接起重机梁的初选截面方法与普通焊接梁相似,但起重机梁的上翼缘同时受有起重机横向水平荷载的作用,需注意两点:

1) 起重机梁所需抗弯截面系数按下式计算

$$W_{nx} = \frac{M_{xmax}}{\alpha f} \qquad (3-2)$$

式中 α——考虑横向水平荷载作用的系数,取 0.7~0.9(工作级别为 A6~A8 的起重机取偏小值,A1~A5 的起重机取偏大值);

M_{xmax}——两台起重机竖向荷载产生的最大弯矩设计值;

f——钢材的设计强度;

W_{nx}——起重机梁对 x 轴的抗弯净截面系数。

2) 起重机梁的最小高度由下式确定

$$h_{min} = \frac{\sigma_k l^2}{5E[v_T]} \qquad (3-3)$$

式中 σ_k——竖向荷载标准值产生的应力,可用 $\sigma_k = \frac{M_{xk1}}{W_{nx}}$ 进行估算,M_{xk1} 为起重机梁在自重和一台起重机竖向荷载标准值作用下的最大弯矩,W_{nx} 为由式(3-2)计算的抗弯净截面系数。

$[v_T]$——挠度的允许值。

制动结构的截面可参考钢结构设计手册预先假定。

3.3.1 强度验算

上翼缘的正应力按下列公式计算：
无制动结构

$$\sigma = \frac{M_{x\max}}{W_{nx1}} + \frac{M_{y\max}}{W_{ny}} \leqslant f \tag{3-4}$$

有制动梁时

$$\sigma = \frac{M_{x\max}}{W_{nx1}} + \frac{M_{y\max}}{W_{ny1}} \leqslant f \tag{3-5}$$

有制动桁架

$$\sigma = \frac{M_{x\max}}{W_{nx1}} + \frac{M_{y\max}}{W_{ny}} + \frac{N}{A_{nf}} \leqslant f \tag{3-6}$$

下翼缘的正应力按下列计算

$$\sigma = \frac{M_{x\max}}{W_{nx2}} \leqslant f \tag{3-7}$$

式中 W_{nx1}、W_{nx2}——起重机梁对 x 轴的上部及下部纤维的抗弯净截面系数；

W_{ny}——起重机梁上翼缘截面（包括加强板、角钢或槽钢）对 y 轴的抗弯净截面系数；

W_{ny1}——制动梁截面对 y_1 轴起重机梁上翼缘外边缘纤维的抗弯截面系数；

A_{nf}——起重机梁上翼缘及 $15t_w$ 腹板的净截面面积之和；

$M_{x\max}$、$M_{y\max}$——起重机竖向荷载及横向水平力产生的计算弯矩；

N——横向水平荷载或摇摆力在起重机梁上翼缘所产生的轴向压力，按下式计算

$$N = \frac{M}{b} \tag{3-8}$$

式中 b——起重机梁与辅助桁架或起重机梁与制动梁轴线间水平距离；

M——起重机横向水平荷载或摇摆力对制动桁架在起重机梁上翼缘产生的局部弯矩，可近似地按 $M = (1/3 \sim 1/4) Ta$ 计算，T 为作用于一个起重机轮上的横向水平荷载或摇摆力，a 为制动桁架节间长度。

切应力按下式计算

$$\tau = \frac{V_{\max} S}{I t_w} \leqslant f_v \tag{3-9}$$

式中 $V_{\max}$——梁支座处最大剪力；

S——梁中和轴以上毛截面对中和轴的面积矩；

I——梁毛截面惯性矩；

t_w——腹板厚度。

腹板计算高度上边缘的局部承压强度 σ_c 应按下式计算

$$\sigma_c = \frac{\psi F}{t_w l_z} \leqslant f \qquad (3-10)$$

式中　F——考虑动力系数的起重机最大轮压的设计值；

　　　ψ——集中荷载增大系数，对工作级别为 A6～A8 的起重机梁取 1.35，其他情况取 1.0；

　　　l_z——集中荷载在腹板计算高度上边缘的假定分布长度。

l_z 按下式计算

$$l_z = a + 5h_y + 2h_R \qquad (3-11)$$

式中　a——集中荷载沿梁跨度方向的支承长度，对钢轨上的起重机车轮可取 50mm；

　　　h_y——自梁顶面至腹板计算高度上边缘的距离（对焊接梁即翼缘板厚度）；

　　　h_R——轨道的高度。

此外，还应按下式验算起重机梁上翼缘与腹板交界处的折算应力

$$\sqrt{\sigma^2 + \sigma_c^2 - \sigma\sigma_c + 3\tau^2} \leqslant \beta_1 f \qquad (3-12)$$

$$\sigma = \frac{M_{max}}{W_{nx1}} \times \frac{h}{h_w}, \tau = \frac{VS_2}{It_w}$$

式中　β_1——系数，当 σ 与 σ_c 异号时，$\beta_1 = 1.2$，当 σ 与 σ_c 同号时，$\beta_1 = 1.1$；

　　　h——梁的高度；

　　　h_w——腹板高度；

　　　S_2——计算点以上毛截面（起重机梁上翼缘）对中和轴的面积矩。

3.3.2　整体稳定验算

无制动结构时，按下式验算梁的整体稳定性

$$\frac{M_{xmax}}{\varphi_b W_x} + \frac{M_{ymax}}{W_y} \leqslant f \qquad (3-13)$$

式中　W_x——按起重机梁受压纤维确定的对 x 轴的抗弯毛截面系数；

　　　W_y——上翼缘对 y 轴的抗弯毛截面系数；

　　　φ_b——梁的整体稳定系数。

当采用制动梁或制动桁架时，梁的整体稳定能够保证，可不必验算。

3.3.3　局部稳定验算

1. 起重机梁受压翼缘的局部稳定验算

起重机梁的上翼缘受到分布不均匀的弯曲压应力，当宽厚比超过某一限值时，

上翼缘就会产生凸凹变形丧失稳定。为保证其局部稳定，《钢结构设计规范》规定：起重机梁受压翼缘自由外伸宽度 b 与其厚度 t 之比，应符合下式要求

$$\frac{b}{t} \leqslant 15\sqrt{\frac{235}{f_y}} \qquad (3-14a)$$

箱形截面梁受压翼缘板在两腹板之间的无支承宽度 b_0 与其厚度 t 之比。应符合下式要求

$$\frac{b_0}{t} \leqslant 40\sqrt{\frac{235}{f_y}} \qquad (3-14b)$$

当箱形截面梁受压翼缘板设有纵向加劲肋时，则式（3-14b）中的 b_0 取为腹板与纵向加劲肋之间的翼缘板无支承宽度。

2. 起重机梁腹板的局部稳定验算

（1）起重机梁腹板加劲肋的布置和构造要求　加劲肋的布置有图 3-2 所示的几种形式，图 3-2a 中仅布置横向加劲肋，图 3-2b、c 中，同时布置纵向加劲肋和横向加劲肋，图 3-2d 中同时布置纵向加劲肋、横向加劲肋和短加劲肋。纵向加劲肋对提高腹板的弯曲临界应力特别有效；横向加劲肋能提高腹板临界应力并作为纵向加劲肋的支承；短加劲肋常用于局部压应力较大的情况。

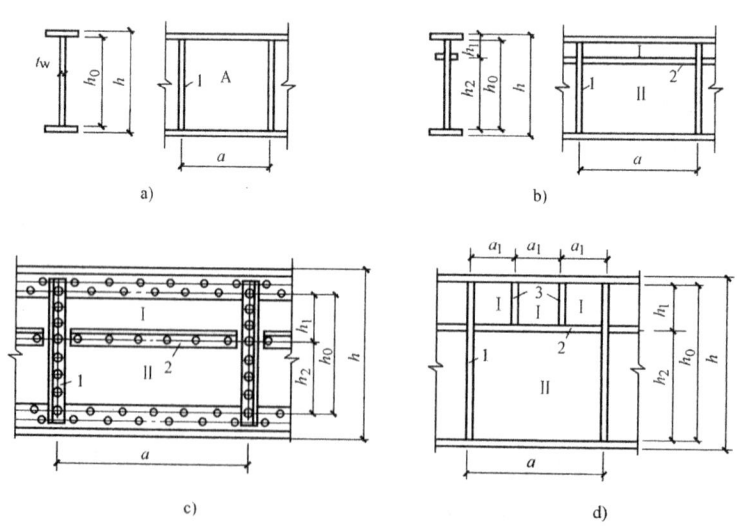

图 3-2　加劲肋布置
1—横向加劲肋　2—纵向加劲肋　3—短加劲肋

《钢结构设计规范》规定：

1) 当 $h_0/t_w \leqslant 80\sqrt{235/f_y}$ 时，因有移动的局部压应力（$\sigma_c \neq 0$），应按构造配置横向加劲肋。

2) 当 $170\sqrt{235/f_y} \geqslant h_0/t_w > 80\sqrt{235/f_y}$ 时，应配置横向加劲肋，并计算腹板的局部稳定性。

3) 当 $h_0/t_w > 170\sqrt{235/f_y}$（受压翼缘扭转受到约束，如连有刚性铺板、制动板或焊有钢轨时）或 $h_0/t_w > 150\sqrt{235/f_y}$（受压翼缘扭转未受到约束时），或按计算需要时，应在弯曲应力较大区格的受压区不但要配置横向加劲肋，还要配置纵向加劲肋。局部压应力很大的梁，必要时尚宜在受压区配置短加劲肋。

4) 梁的支座处，宜设置支承加劲肋。

任何情况下，h_0/t_w 均不应超过 250。此处 h_0 为腹板的计算高度（对单轴对称梁，当确定是否要配置纵向加劲肋时，h_0 应取腹板受压区高度 h_0 的 2 倍），t_w 为腹板的厚度。

加劲肋的布置要求：加劲肋宜在腹板两侧成对配置。横向加劲肋的最小间距应为 $0.5h_0$，最大间距应为 $2h_0$。纵向加劲肋至腹板计算高度受压边缘的距离应在 $h_c/2.5 \sim h_c/2$ 范围内，h_c 为梁腹板弯曲受压区高度，对双轴对称截面 $2h_c = h_0$。

加劲肋的构造要求：在腹板两侧成对配置的钢板横向加劲肋，其截面尺寸应符合下列公式要求：

外伸宽度
$$b_s \geqslant \frac{h_0}{30} + 40\text{mm} \tag{3-15}$$

厚度
$$t_s \geqslant \frac{b_s}{15} \tag{3-16}$$

在同时用横向加劲肋和纵向加劲肋加强的腹板中，横向加劲肋的截面尺寸除应符合上述规定外，其截面惯性矩 I_z 尚应符合下式要求

$$I_z \geqslant 3h_0 t_w^3 \tag{3-17}$$

纵向加劲肋的截面惯性矩 I_y，应符合下列公式要求

当 $a/h_0 \leqslant 0.85$ 时

$$I_y \geqslant 1.5h_0 t_w^3 \tag{3-18a}$$

当 $a/h_0 > 0.85$ 时

$$I_y \geqslant \left(2.5 - 0.45\frac{a}{h_0}\right)\left(\frac{a}{h_0}\right)^2 h_0 t_w^3 \tag{3-18b}$$

短加劲肋的最小间距为 $0.75h_1$（h_1 见图 3-2）。短加劲肋外伸宽度应取横向加劲肋外伸宽度的 $0.7 \sim 1.0$ 倍，厚度不应小于短加劲肋外伸宽度的 1/15。

注意：

1) 用型钢（H 型钢、工字钢、槽钢、肢尖焊于腹板的角钢）做成的加劲肋，其截面惯性矩不得小于相应钢板加劲肋的惯性矩。

2) 在腹板两侧成对配置的加劲肋，其截面惯性矩应按梁腹板中心线为轴线进行计算。

(2) 仅设横向加劲肋梁腹板的局部稳定计算 仅配置横向加劲肋的腹板（图 3-2a），其区格 A 的局部稳定应按下式计算

$$\left(\frac{\sigma}{\sigma_{cr}}\right)^2 + \left(\frac{\tau}{\tau_{cr}}\right)^2 + \frac{\sigma_c}{\sigma_{c,cr}} \leqslant 1 \tag{3-19}$$

式中 σ——所计算腹板区格内，由平均弯矩产生的腹板计算高度边缘的弯曲压应力；

τ——所计算腹板区格内，由平均剪力产生的腹板平均剪应力，应按 $\tau = V/(h_w t_w)$ 计算，h_w 为腹板高度；

σ_c——腹板计算高度边缘的局部压应力，按式（3-10）计算，取 $\psi=1.0$；

σ_{cr}、τ_{cr}、$\sigma_{c,cr}$——各种应力单独作用下的临界应力。

1) σ_{cr} 按下列公式计算：

当 $\lambda_b \leqslant 0.85$ 时

$$\sigma_{cr} = f \tag{3-20a}$$

当 $0.85 < \lambda_b \leqslant 1.25$ 时

$$\sigma_{cr} = [1 - 0.75(\lambda_b - 0.85)]f \tag{3-20b}$$

当 $\lambda_b > 1.25$ 时

$$\sigma_{cr} = 1.1f/\lambda_b^2 \tag{3-20c}$$

当梁受压翼缘扭转受到约束时

$$\lambda_b = \frac{2h_c/t_w}{177}\sqrt{\frac{f_y}{235}} \tag{3-20d}$$

当梁受压翼缘扭转未受到约束时

$$\lambda_b = \frac{2h_c/t_w}{153}\sqrt{\frac{f_y}{235}} \tag{3-20e}$$

式中 f——钢材的设计强度；

h_c——梁腹板弯曲受压区高度，对双轴对称截面 $2h_c = h_0$；

λ_b——用于腹板受弯计算时的通用高厚比，按下列情况分别计算

2) τ_{cr} 按下列公式计算：

当 $\lambda_s \leqslant 0.8$ 时

$$\tau_{cr} = f_v \tag{3-21a}$$

当 $0.8 < \lambda_s \leqslant 1.2$ 时

$$\tau_{cr} = [1 - 0.59(\lambda_s - 0.8)]f_v \tag{3-21b}$$

当 $\lambda_s > 1.2$ 时

$$\tau_{cr} = 1.1f_v/\lambda_s^2 \tag{3-21c}$$

式中 λ_s——用于腹板受剪计算时的通用高厚比，按下列情况分别计算

当 $a/h_0 \leqslant 1.0$ 时

$$\lambda_s = \frac{h_0/t_w}{41\sqrt{4+5.34(h_0/a)^2}}\sqrt{\frac{f_y}{235}} \qquad (3-21d)$$

当 $a/h_0 > 1.0$ 时

$$\lambda_s = \frac{h_0/t_w}{41\sqrt{5.34+4(h_0/a)^2}}\sqrt{\frac{f_y}{235}} \qquad (3-21e)$$

3) $\sigma_{c,cr}$ 按下列公式计算：

当 $\lambda_c \leqslant 0.9$ 时

$$\sigma_{c,cr} = f \qquad (3-22a)$$

当 $0.9 < \lambda_c \leqslant 1.2$ 时

$$\sigma_{c,cr} = [1 - 0.79(\lambda_c - 0.9)]f \qquad (3-22b)$$

当 $\lambda_c > 1.2$ 时

$$\sigma_{c,cr} = 1.1f/\lambda_c^2 \qquad (3-22c)$$

式中 f——钢材的设计强度；

λ_c——用于腹板受局部压力计算时的通用高厚比，按下列情况分别计算

当 $0.5 \leqslant a/h_0 \leqslant 1.5$ 时

$$\lambda_c = \frac{h_0/t_w}{28\sqrt{10.9+13.4(1.83-a/h_0)^3}}\sqrt{\frac{f_y}{235}} \qquad (3-22d)$$

当 $1.5 < a/h_0 \leqslant 2.0$ 时

$$\lambda_c = \frac{h_0/t_w}{28\sqrt{18.9-5a/h_0}}\sqrt{\frac{f_y}{235}} \qquad (3-22e)$$

提高板抵抗凹凸变形能力是提高板局部稳定性的关键．当板的支承条件已经确定时，其主要措施是增加板的厚度，减小板的周界尺寸（a、b），即限制板件的宽厚比，或设置加劲肋。

（3）同时设纵、横加劲肋腹板的局部稳定 当腹板 $h_0/t_w > 170\sqrt{235/f_y}$，应同时设置横向和纵向加劲肋（图 3-2b、c），纵向加劲肋设在离受压边缘 $h_1 = (1/4 \sim 1/5h_0)$ 位置，设受压翼缘与加劲肋间的区格为Ⅰ，受拉翼缘与纵向加劲肋间的区格为Ⅱ（图 3-2c），应分别计算其局部稳定性。

1) 受压翼缘与纵向加劲肋之间的区格Ⅰ的稳定计算公式。区格Ⅰ的特点是：高度尺寸 h_1 较小，压应力大，对稳定不利，剪应力仍假定均匀分布。同时用横向加劲肋和纵向加劲肋加强的腹板（图 3-2b、c），其局部稳定性应按下列公式计算

$$\frac{\sigma}{\sigma_{cr1}} + \left(\frac{\tau}{\tau_{cr1}}\right)^2 + \left(\frac{\sigma_c}{\sigma_{c,cr1}}\right)^2 \leqslant 1 \qquad (3-23)$$

式中 σ_{cr1}、τ_{cr1}、$\sigma_{c,cr1}$ 分别按下列方法计算：

①σ_{cr1} 按式（3-20）计算，但式中的 λ_b 改用下列 λ_{b1} 代替。

当梁受压翼缘扭转受到约束时

$$\lambda_{b1} = \frac{h_1/t_w}{75}\sqrt{\frac{f_y}{235}} \qquad (3-24a)$$

当梁受压翼缘扭转未受到约束时

$$\lambda_{b1} = \frac{h_1/t_w}{64}\sqrt{\frac{f_y}{235}} \qquad (3-24b)$$

式中 h_1——纵向加劲肋至腹板计算高度受压边缘的距离。

②τ_{cr1} 按式（3-21）计算，将式中的 h_0 改为 h_1。

③$\sigma_{c,cr1}$ 按式（3-20）计算，但式中的 λ_b 改用下列 λ_{c1} 代替。

当梁受压翼缘扭转受到约束时

$$\lambda_{c1} = \frac{h_1/t_w}{56}\sqrt{\frac{f_y}{235}} \qquad (3-25a)$$

当梁受压翼缘扭转未受到约束时

$$\lambda_{c1} = \frac{h_1/t_w}{40}\sqrt{\frac{f_y}{235}} \qquad (3-25b)$$

2）受拉翼缘与纵向加劲肋之间的区格Ⅱ的稳定计算公式。区格Ⅱ的特点是弯曲应力以受拉为主，对稳定有利。最大压应力在纵向加劲肋部位，其值比区格Ⅰ小得多，规范规定的计算公式如下

$$\left(\frac{\sigma_2}{\sigma_{cr2}}\right)^2 + \left(\frac{\tau}{\tau_{cr2}}\right)^2 + \frac{\sigma_{c2}}{\sigma_{c,cr2}} \leqslant 1 \qquad (3-26)$$

式中 σ_2——所计算区格内由平均弯矩产生的腹板在纵向加劲肋处的弯曲压应力；

σ_{c2}——腹板在纵向加劲肋处的横向压应力，取 $0.3\sigma_c$。

①σ_{cr2} 按式（3-20）计算，但式中的 λ_b 改用下列 λ_{b2} 代替。

$$\lambda_{b2} = \frac{h_2/t_w}{194}\sqrt{\frac{f_y}{235}} \qquad (3-27)$$

②τ_{cr2} 按式（3-21）计算，将式中的 h_0 改为 h_2（$h_2=h_0-h_1$）。

③$\sigma_{c,cr2}$ 按式（3-22）计算，但式中的 h_0 改为 h_2，当 $a/h_2>2$ 时，取 $a/h_2=2$。

（4）支承加劲肋 支承加劲肋一般由成对布置的钢板做成（图3-3a），也可以用凸缘式加劲肋，其凸缘长度不得大于其厚度的两倍（图3-3b）。支承加劲肋除保证腹板局部稳定外，还要将支反力或固定集中力传递到支座或梁截面内，因此支承加劲肋的截面除满足加劲肋的各项要求外，还应按传递支反力或集中力的轴心压杆进行计算，其截面常常比一般加劲肋截面稍大一些。

支承加劲肋的设计主要包括下面三个方面：

1) 腹板平面外的稳定性。为了保证支承加劲肋能安全地传递支反力或集中荷载 F，梁的支承加劲肋，应按承受梁支座反力或固定集中荷载的轴心受压构件计算其在腹板平面外的稳定性。此受压构件的截面应包括加劲肋和加劲肋每侧 $15t_w\sqrt{235/f_y}$ 范围内的腹板面积，计算长度取 h_0（梁端处若腹板长度不足时，按实际长度取值）。

2) 端面承压强度。支承加劲肋的端部一般刨平顶紧于梁翼缘或支座，应按下式计算端面承压应力

$$\sigma_{ce} = F/A_{ce} \leqslant f_{ce} \tag{3-28}$$

式中 A_{ce}——端面承压面积（接触处净面积，见图 3-3）；

f_{ce}——钢材端面承压强度设计值（$f_{ce} \approx 1.5f$，f 为钢材的设计强度）。

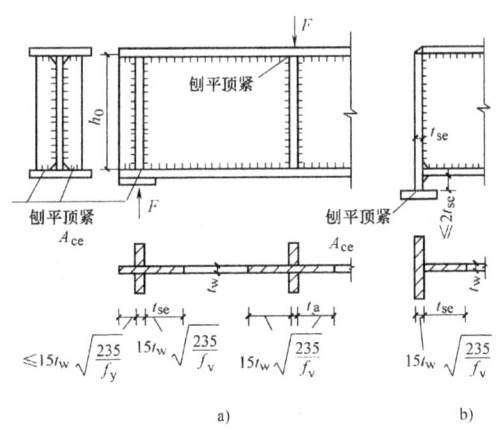

图 3-3 支承加劲肋

3) 支承加劲肋与腹板的连接焊缝。可假定 F 力沿焊缝全长均匀分布进行计算。支承加劲肋与腹板的连接焊缝应按承受全部支座反力或集中荷载 F 计算。通常采用角焊缝连接，焊脚尺寸应满足构造要求。

(5) 短加劲肋 在受压翼缘与纵向加劲肋之间设有短加劲肋的区格（图 3-2d），其局部稳定性按式（3-23）计算。该式中的 σ_{cr1} 仍按式（3-20）和式（3-24）计算；τ_{cr1} 按式（3-21）计算，但将 h_0 和 a 改为 h_1 和 a_1（a_1 为短加劲肋间距）；$\sigma_{c,cr1}$ 按式（3-20）计算，但式中 λ_b 改用下列 λ_{c1} 代替。

当梁受压翼缘扭转受到约束时

$$\lambda_{c1} = \frac{a_1/t_w}{87}\sqrt{\frac{f_y}{235}} \tag{3-29a}$$

当梁受压翼缘扭转未受到约束时

$$\lambda_{c1} = \frac{a_1/t_w}{73}\sqrt{\frac{f_y}{235}} \tag{3-29b}$$

对 $a_1/h_1 > 1.2$ 的区格，式（3-29）右侧应乘以 $1/\left(0.4+0.5\dfrac{a_1}{h_1}\right)^{\frac{1}{2}}$。

3.3.4 刚度验算

验算起重机梁的刚度时，应按效应最大的一台起重机的荷载标准值计算，且不乘以动力系数。起重机梁在竖向的挠度可按下式近似计算

$$v = \frac{M_{xkmax}l^2}{10EI_x} \leqslant [v_T] \tag{3-30}$$

对工作级别为 A6～A8 的起重机梁除计算竖向的刚度外，还应按下式验算其水平方向的刚度

$$u = \frac{M_{ykmax}l^2}{10EI_{y1}} \leqslant \frac{l}{2200} \tag{3-31}$$

式中 M_{xkmax}——竖向荷载标准值作用下梁的最大弯矩；

M_{ykmax}——跨内一台起重量最大起重机横向水平荷载标准值作用下所产生的最大弯矩；

I_{y1}——制动结构截面对形心轴 y_1 的毛截面惯性矩。对制动桁架应考虑腹杆变形的影响，I_{y1} 乘以 0.7 的折减系数；

$[v_T]$——挠度的允许值。

3.4 起重机梁的连接和构造

起重机梁下翼缘与框架柱的连接，一般采用 M20～M26 的普通螺栓固定。螺栓上的垫板厚度约取 16～18mm。

当起重机梁位于设有柱间支撑的框架柱上时（图 3-4），下翼缘与柱肩梁间应另加连接板用焊缝或高强度螺栓连接，按承受起重机纵向水平荷载和山墙传来的风力进行计算。

起重机梁上翼缘与柱的连接应能传递全部支座处的水平反力。同时，对工作级别为 A6～A8 的起重机梁应注意采取适宜的构造措施，减少对起重机梁的约束，以保证起重机梁在简支状态下工作。上翼缘与柱宜通过连接板用大直径销钉连接，如图 3-4 所示。板铰连接较好地体现了不改变起重机梁简支条件的设计思想。板铰宜按传递全部支座水平反力的轴心受力构件计算（对工作级别为 A6～A8 的起重机梁应考虑增大系数）。板铰直径按抗剪和承压计算，一般在 36～80mm 之间。

对于工作级别为 A6～A8 的起重机梁，其上翼缘与制动结构的连接应首选高强螺栓连接，可将制动结构作为水平受弯构件，按传递剪力的要求确定螺栓间距。不过一般可按 100～150mm 等间距布置。对于轻、中级工作制起重机梁，其上翼缘与

制动结构的连接可采取工地焊接方式，一般可用6～8mm焊脚尺寸的焊缝沿全长搭接焊，仰焊部分可为间断焊缝。

起重机梁之间的纵向连接通常在梁端高度下部加设调整填板，并用普通螺栓连接。

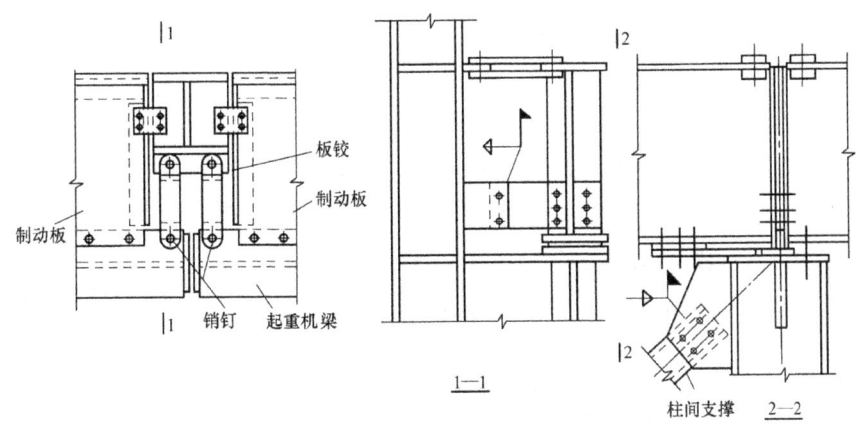

图3-4 起重机梁与柱的连接

计算翼缘与腹板连接焊缝时，上翼缘焊缝除承受水平切应力外，还承受由起重机轮压引起的竖向应力；下翼缘焊缝仅承受翼缘和腹板间的水平切应力。对于工作级别为A6～A8的起重机梁上翼缘与腹板的连接应采用焊透的T形连接焊缝，焊缝质量不低于二级焊缝标准，可认为与腹板等强而不再验算其强度。

3.5 起重机梁的疲劳验算

起重机梁在动态荷载的反复作用下，可能产生疲劳破坏。在设计起重机梁时，首先应采用塑性、韧性好的钢材，并尽量避免截面的急剧变化，以免产生过大的应力集中。

钢材的冷作硬化也会加速疲劳破坏，因此起重机梁尽量避免冷弯、冷压等冷作加工。凡冲成孔应进行扩钻，以消除孔周边的硬化区。对于工作级别为A6～A8的起重机梁的受拉翼缘的边缘，当用手工气割或剪切机切割时，应沿全长刨边，以消除其硬化边缘和表面不平现象。焊接对结构的疲劳性能有很大影响，尤其对桁架式构件的影响更为显著，所以对起重机桁架或制动桁架，应优先采用高强度螺栓连接。焊接工字形起重机梁，其翼缘和腹板的拼接应采用加引弧板的焊透对接焊缝，割除引弧板后应用砂轮打磨使之平整。试验证明，疲劳现象在结构的受拉区特别敏感。因此《钢结构设计规范》规定，起重机梁的受拉翼缘，除与腹板焊接外，不得焊接其他任何零件，且不得在受拉翼缘打火等。对工作级别为

A6~A8 的起重机梁和工作级别为 A1~A8 的起重机桁架,除以上构造措施外,还要验算其疲劳强度,焊接起重机梁应对受拉翼缘与腹板连接处的主体金属、受拉区加劲肋的端部和受拉翼缘与支撑的连接等处的主体金属以及角焊缝连接处进行疲劳验算。

3.6 起重机梁设计实例

1. 设计资料

简支起重机梁,跨度 12m,2 台 500/100kN 工作级别为 A6~A8 的(A7 级)桥式起重机,起重机跨度 $L=28.5$m,横行小车重 $g=165$kN,起重机轮压简图如图 3-5 所示,最大轮压标准值 $F_k=448$kN。轨道型号 QU80(轨高 130mm,底宽 130mm)。

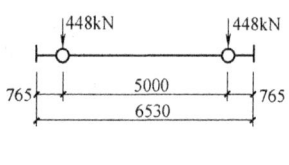

图 3-5 轮压简图

起重机梁材料采用 Q345 钢,腹板与翼缘连接焊缝采用自动焊。制动梁宽度为 1.0m。

2. 内力计算

1) 两台起重机作用下的内力。竖向轮压在支座 A 处产生的最大剪力,最不利轮位可能如图 3-6a 所示,但也可能如图 3-6b 所示。

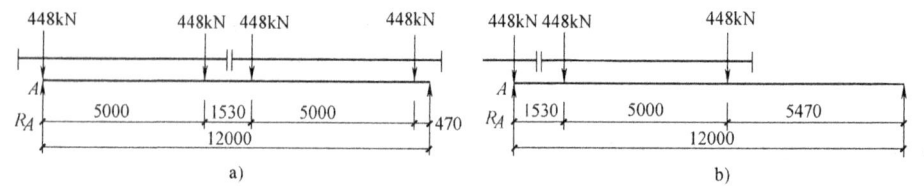

图 3-6 最大剪力轮压

由图 3-6a 有

$$V_{k,A} = R_A = 448\text{kN} \times \frac{1}{12} \times (0.47 + 5.47 + 7.00 + 12) = 931\text{kN}$$

由图 3-6b 有

$$V_{k,A} = 448\text{kN} \times \frac{1}{12} \times (5.47 + 10.47 + 12) = 1043\text{kN}$$

最大剪力标准值为

$$V_{kmax} = 1043\text{kN}$$

竖向轮压产生的绝对最大弯矩轮压如图 3-7 所示,最大弯矩在 C 点处,其值为

$$R_A = 3 \times 448\text{kN} \times \frac{6.578}{12} = 736.7\text{kN}$$

$$M_{kC} = 736.7\text{kN} \times 6.578\text{m} - 448\text{kN} \times 5\text{m} = 2606\text{kN} \cdot \text{m}$$

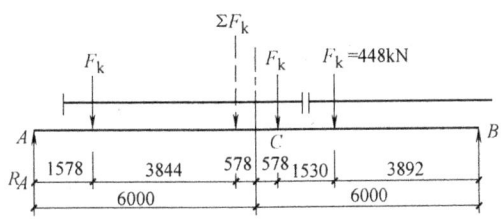

图 3-7 最大弯矩轮压

计算起重机梁及制动结构的强度时应考虑由起重机摆动引起的横向水平力 H_k，此处 $H_k = 0.1 F_k$，产生的最大水平弯矩为

$$M_{yk} = 0.1 M_{kC} = 260.6 \text{kN} \cdot \text{m}$$

2）一台起重机作用下的内力。

最大剪力（图 3-8a）为

$$V_{k1} = 448\text{kN} \times \frac{1}{12} \times (7+12) = 709.3 \text{kN}$$

最大弯矩（图 3-8b）为

$$R_A = 2 \times 448\text{kN} \times \frac{4.75}{12} = 354.7 \text{kN}$$

$$M_{kC1} = 354.7\text{kN} \times 4.75\text{m} = 1685 \text{kN} \cdot \text{m}$$

在 C 点处的相应剪力为

$$V_{kC1} = R_A = 354.7 \text{kN}$$

计算制动结构的水平挠度时，应采用由一台起重机横向水平荷载标准值 T_k（按荷载规范取值）所产生的挠度。T_k 按下式计算

$$T_k = \frac{10}{100} \times \frac{Q+g}{n} = \frac{10}{100} \times \frac{500\text{kN} + 165\text{kN}}{4} = 16.6 \text{kN}$$

水平荷载最不利轮位与图 3-8b 相同，产生的最大水平弯矩为

$$M_{yk1} = 1685\text{kN} \cdot \text{m} \times \frac{16.6\text{kN}}{448\text{kN}} = 62.44 \text{kN} \cdot \text{m}$$

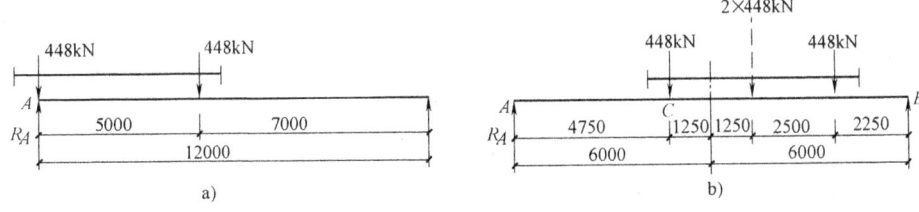

图 3-8 一台起重机的最大剪力和最大弯矩轮位

3）内力汇总，见表 3-1。

表 3-1 起重机梁内力汇总表

两台起重机时			一台起重机时			
计算强度和稳定（设计值）			计算竖向挠度（标准值）	计算疲劳（标准值）		计算水平挠度（标准值）
$M_{x\max}/\text{kN}\cdot\text{m}$	$M_y/\text{kN}\cdot\text{m}$	$V_{x\max}/\text{kN}$	$M_{xk}/\text{kN}\cdot\text{m}$	$M_{xk1}/\text{kN}\cdot\text{m}$	V_{k1}/kN	$M_{yk1}/\text{kN}\cdot\text{m}$
$1.1\times1.4\times2606+1.1\times1.2\times0.05\times2606=4185$	$1.4\times260.6=364.8$	$1.1\times1.4\times1043+1.1\times1.2\times0.05\times1043=1675$	$1.05\times1685=1769$	1685	709	62.44

注：1. 起重机梁和轨道等自重设为竖向荷载的 0.05 倍。
2. 竖向荷载动力系数为 1.1；恒荷载分项系数为 1.2；起重机荷载分项系数为 1.4。
3. 与 $M_{x\max}$ 相应的剪力设计值为 $V_c=1.1\times1.4\times288.7\text{kN}+1.1\times1.2\times0.05\times288.7\text{kN}=463.7\text{kN}$

3. 截面选择

钢材为 Q345，其强度设计值为：

抗弯

$$f_1=310\text{N/mm}^2 \quad (t\leqslant16\text{mm}); f_2=295\text{N/mm}^2 \quad (t=17\sim35\text{mm})$$

抗剪

$$f_v=180\text{N/mm}^2 \quad (t\leqslant16\text{mm})$$

估计翼缘板厚度超过 16mm，故抗弯强度设计值取为 295N/mm²；而腹板厚度不超过 16mm，故抗剪强度取为 $f_v=180\text{N/mm}^2$。

1）梁高 h。需要的抗弯截面系数

$$W_{nx}=\frac{M_{x\max}}{\alpha f}=\frac{4185\times10^6\text{N}\cdot\text{mm}}{0.7\times295\text{N/mm}^2}=20270\times10^3\text{mm}^3$$

由一台起重机竖向荷载标准值产生的弯曲应力为

$$\sigma_k=\frac{M_{xk1}}{W_{nx}}=\frac{1769\times10^6\text{N}\cdot\text{mm}}{20270\times10^3\text{mm}^3}=87.3\text{N/mm}^2$$

由刚度条件确定的梁截面最小高度：

$$h_{\min}=\frac{\sigma_k}{5E}\frac{l}{[v_T]}l=\frac{87.3\text{N/mm}^2}{5\times206\times10^3\text{N/mm}^2}\times1200\times12000\text{mm}=1221\text{mm}$$

梁的经济高度

$$h_s=2W_{nx}^{0.4}=2\times(20270\times10^3)^{0.4}\text{mm}=1674\text{mm}$$

取腹板高度 $h_w=1600\text{mm}$。

2）腹板高度 t_w。由抗剪要求

$$t_w\geqslant1.2\frac{V_{x\max}}{h_wf_v}=\frac{1675\times10^3\text{N}}{1600\text{mm}\times180\text{N/mm}^2}\times1.2=7.0\text{mm}$$

由经验公式得

$$t_w = \sqrt{h_w}/3.5 = \sqrt{1600}/3.5\,\text{mm} = 11.4\,\text{mm}$$

取 $t_w = 12\,\text{mm}$。

3) 翼缘板厚度 b 和厚度 t。需要的翼缘板截面积约为

$$A_{f1} = \frac{W_{nx}}{h_w} - \frac{1}{6}t_w h_w = \left(\frac{20270}{160} - \frac{1}{6} \times 1.2 \times 160\right)\text{cm}^2 = 94.7\,\text{cm}^2$$

因起重机钢轨用压板与起重机梁上翼缘连接，故上翼缘在腹板两侧均有螺栓孔。另外，本设计是跨度为 12m 的工作级别为 A6~A8 的起重机梁，应设置辅助桁架和水平、垂直支撑系统，因此下翼缘也应有连接水平支撑的螺栓孔（图 3-9），设上、下翼缘的螺栓孔直径为 $d_0 = 24\,\text{mm}$。

$$b = \left(\frac{1}{5} \sim \frac{1}{3}\right)h = 33 \sim 55\,\text{cm}$$

取上翼缘宽度 500mm（留两个螺栓孔），下翼缘宽度 500mm（留一个螺栓孔）。

$$t = \frac{94.7\,\text{cm}^2}{50\,\text{cm} - 2 \times 2.4\,\text{cm}} = 2.1\,\text{cm}, \text{取 } t = 22\,\text{mm}$$

$$\frac{b_1}{t} = \frac{25\,\text{cm}}{2.2\,\text{cm}} = 11.4 < 15\sqrt{\frac{235}{345}} = 12.4\,(\text{满足局部稳定要求})$$

4) 制动板选用 8mm 厚花纹钢板，制动梁外侧翼缘（即辅助桁架的上弦）选用 2∟90mm×8mm（$A = 27.9\,\text{cm}^2$，$I_y = 467\,\text{cm}^4$）。

5) 截面几何特性（图 3-9）。起重机梁毛截面惯性矩为

$$I_x = \frac{1}{12} \times (50\,\text{cm} \times 164.4^3\,\text{cm}^3 - 48.8\,\text{cm} \times 160^3\,\text{cm}^3)$$
$$= 1857000\,\text{cm}^4$$

净截面惯性矩（假设中和轴 $x-x$ 与毛截面的相同）：

$$I_{nx} = 1857000\,\text{cm}^4 - 3 \times 2.4\,\text{cm} \times 2.2\,\text{cm} \times 82.2^2\,\text{cm}^2$$
$$= 1750000\,\text{cm}^4$$

起重机梁抗弯净截面系数

$$W_{nx} = \frac{1750000\,\text{cm}^4}{82.2\,\text{cm}} = 21290\,\text{cm}^3$$

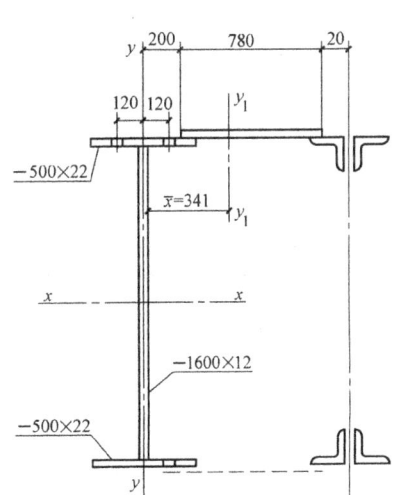

图 3-9 梁截面

制动梁净截面积

$$A_n = (50\,\text{cm} - 2 \times 2.4\,\text{cm}) \times 2.2\,\text{cm} + 78\,\text{cm} \times 0.8\,\text{cm} + 27.9\,\text{cm}^2 = 189.7\,\text{cm}^2$$

制动梁截面重心至起重机梁腹板中心之间的距离

$$\bar{x} = \frac{1}{189.7\,\text{cm}^2} \times (78\,\text{cm} \times 0.8\,\text{cm} \times 59\,\text{cm} + 27.9\,\text{cm}^2 \times 100\,\text{cm}) = 34.1\,\text{cm}$$

制动梁对 y_1-y_1 轴的毛截面惯性矩

$$I_{y1} = \frac{1}{12} \times 2.2\text{cm} \times 50^3\text{cm}^3 + 2.2\text{cm} \times 50\text{cm} \times 34.1^2\text{cm}^2 + 467\text{cm}^4 +$$

$$27.9\text{cm}^2 \times 65.9^2\text{cm}^2 + \frac{1}{12} \times 0.8\text{cm} \times 78^3\text{cm}^3 + 78\text{cm} \times 0.8\text{cm} \times$$

$$24.9^2\text{cm}^2 = 343000\text{cm}^4$$

制动梁对起重机梁上翼缘外边缘点的抗弯净截面系数

$$W_{ny1} = \frac{343000\text{cm}^4 - 2.4\text{cm} \times 2.2\text{cm} \times (46.1^2\text{cm}^2 + 22.1^2\text{cm}^2)}{59.1\text{cm}} = 5570\text{cm}^3$$

4. 截面验算

1) 验算强度。上翼缘正应力

$$\frac{M_x}{W_{nx}} + \frac{M_y}{W_{ny1}} = \frac{4185 \times 10^6 \text{N} \cdot \text{mm}}{21290 \times 10^3 \text{mm}^3} + \frac{364.8 \times 10^6 \text{N} \cdot \text{mm}}{5570 \times 10^3 \text{mm}^3} = 262.1\text{N/mm}^2 < f_2$$
$$= 295\text{N/mm}^2$$

切应力

$$\tau = \frac{V_x S}{I_x t_w} = \frac{1675 \times 10^3 \text{N}}{1857000 \times 10^4 \text{mm}^4 \times 12\text{mm}}(500\text{mm} \times 22\text{mm} \times 811\text{mm} + 800\text{mm}$$

$$\times 12\text{mm} \times \frac{800\text{mm}}{2}) = 96\text{N/mm}^2 < f_v = 180\text{N/mm}^2$$

腹板局部压应力

$$\sigma_c = \frac{\psi F}{t_w l_z} = \frac{1.35 \times 448\text{kN} \times 10^3 \times 1.4 \times 1.1}{12\text{mm} \times (50\text{mm} + 2 \times 130\text{mm} + 5 \times 22\text{mm})}$$
$$= 184.8\text{N/mm}^2 < f_1 = 310\text{N/mm}^2$$

2) 整体稳定验算。因有制动梁,不需验算起重机梁的整体稳定性。

3) 刚度验算。起重机梁的竖向相对挠度

$$\frac{v}{l} = \frac{M_{rk1} l}{10 E I_x} = \frac{1769 \times 10^6 \text{N} \cdot \text{mm} \times 12000\text{mm}}{10 \times 206 \times 10^3 \text{N/mm}^2 \times 1857000 \times 10^4 \text{mm}^4}$$

$$= \frac{1}{1802} < \left[\frac{v_T}{l}\right] = \frac{1}{1200}$$

制动梁的水平相对挠度

$$\frac{u}{l} = \frac{M_{yk1} l}{10 E I_{y1}} = \frac{62.44 \times 10^6 \text{N} \cdot \text{mm} \times 12000\text{mm}}{10 \times 206 \times 10^3 \text{N/mm}^2 \times 343000 \times 10^4 \text{mm}^4} = \frac{1}{9430} < \frac{1}{2200}$$

由于跨度不大,梁截面沿长度不予改变。

5. 翼缘与腹板的连接焊缝

1) 腹板与上翼缘的连接采用焊透的 T 形对接焊缝,焊缝质量不低于二级。不必计算。

2) 腹板与下翼缘的连接采用角焊缝,需要的焊脚尺寸为

$$h_f \geq \frac{1}{1.4 f_f^w} \cdot \frac{V_x S_1}{I_x} = \frac{1}{1.4 \times 200\text{N/mm}^2} \times$$

$$\frac{1675 \times 10^3 \text{N} \times 500\text{mm} \times 22\text{mm} \times 811\text{mm}}{1857000 \times 10^4 \text{mm}^4} = 2.9\text{mm}$$

采用 $h_f = 8\text{mm} \geqslant 1.5\sqrt{t} = 1.5\sqrt{22}\text{mm} = 7.04\text{mm}$

6. 腹板加劲肋设计

因受压翼缘连有制动板，可以认为扭转受到完全约束。

因 $\dfrac{h_0}{t_w} = \dfrac{1600\text{mm}}{12\text{mm}} = 133 \leqslant 170\sqrt{\dfrac{235}{345}} = 140$，只需设置横向加劲肋。设间距 $a = 1200\text{mm}$，全跨有10个板段。

1) 靠近跨中的板段，在最大弯矩附近的应力为

$$\tau = \frac{V_c}{h_0 t_w} = \frac{463.7 \times 10^3 \text{N}}{1600\text{mm} \times 12\text{mm}} = 24.2\text{N/mm}^2$$

$$\sigma = \frac{M_{\max}}{W_{nx}} \cdot \frac{h_0}{h} = \frac{4185 \times 10^6 \text{N} \cdot \text{mm}}{21290 \times 10^3 \text{mm}^3} \times \frac{1600\text{mm}}{1644\text{mm}} = 191.3\text{N/mm}^2$$

$$\sigma_c = \frac{F}{t_w l_z} = \frac{448 \times 10^3 \text{N} \times 1.4 \times 1.1}{12\text{mm} \times (50\text{mm} + 2 \times 130\text{mm} + 5 \times 22\text{mm})} = 136.9\text{N/mm}^2$$

各自的临界应力为：由 $\lambda_b = \dfrac{h_0/t_w}{177}\sqrt{\dfrac{345}{235}} = 0.91 > 0.85$ 但小于1.25得

$$\sigma_{cr} = [1 - 0.75(\lambda_b - 0.85)]f = 296\text{N/mm}^2$$

由 $\lambda_s = \dfrac{h_0/t_w}{41\sqrt{4 + 5.34 \times (h_0/a)^2}}\sqrt{\dfrac{345}{235}} = 1.07 > 0.8$ 但小于1.2得

$$\tau_{cr} = [1 - 0.59(\lambda_s - 0.8)]f_v = 151\text{N/mm}^2$$

由 $\lambda_c = \dfrac{h_0/t_w}{28\sqrt{10.9 + 13.4 \times (1.83 - a/h_0)^3}}\sqrt{\dfrac{345}{235}} = 1.09 > 0.9$ 但小于1.2得

$$\sigma_{c,cr} = [1 - 0.79(\lambda_c - 0.9)]f = 263.5\text{N/mm}^2$$

验算稳定

$$\left(\frac{\sigma}{\sigma_{cr}}\right)^2 + \frac{\sigma_c}{\sigma_{c,cr}} + \left(\frac{\tau}{\tau_{cr}}\right)^2 = \left(\frac{191.3}{296}\right)^2 + \frac{136.9}{263.5} + \left(\frac{24.2}{151}\right)^2 = 0.963 < 1.0，通过。$$

2) 靠近支座的端部板段，可假定 $\sigma = 0$，$V = V_{\max}$，则

$$\tau = \frac{1675 \times 10^3 \text{N}}{1600\text{mm} \times 12\text{mm}} = 87.2\text{N/mm}^2$$

σ_c 不变，验算稳定

$$\left(\frac{\sigma}{\sigma_{cr}}\right)^2 + \frac{\sigma_c}{\sigma_{c,cr}} + \left(\frac{\tau}{\tau_{cr}}\right)^2 = \frac{136.9}{263.5} + \left(\frac{87.2}{151}\right)^2 = 0.85 < 1.0，通过。$$

3) 中间横向加劲肋截面（腹板两侧成对配置）。

外伸宽度

$$b_s \geqslant \frac{h_0}{30} + 40\text{mm} = \frac{1600\text{mm}}{30} + 40\text{mm} = 93.3\text{mm}，取 120\text{mm}$$

厚度

$$t_s = \frac{1}{15}b_s = \frac{1}{15} \times 120\text{mm} = 8\text{mm}$$

选用截面—120mm×8mm。

4）支座加劲肋。支座处设用突缘加劲板（图 3-10），其截面选用—500mm×20mm。

稳定性验算：按承受能力最大支座反力 $R = V_{\max} = 1675\text{kN}$ 的轴心压杆，验算在腹板平面外的稳定。

$$A = 50\text{cm} \times 2\text{cm} + 18\text{cm} \times 1.2\text{cm}$$
$$= 121.6\text{cm}^2$$

$$I_z = \frac{1}{12} \times 2.0\text{cm} \times 50^3\text{cm}^3 = 20800\text{cm}^4$$

$$i_x = \sqrt{\frac{20800\text{cm}^4}{121.6\text{cm}^2}} = 13.1\text{cm}$$

$$\lambda = \frac{h_0}{i_x} = \frac{160\text{cm}}{13.1\text{cm}} = 12.2$$

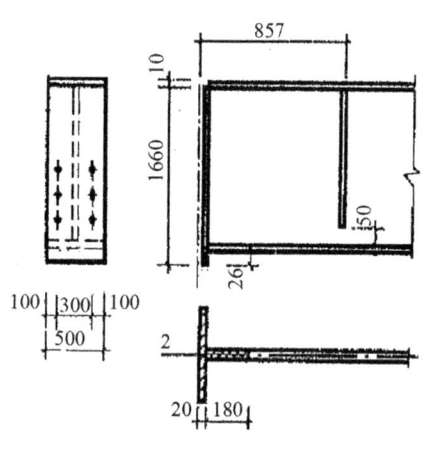

图 3-10 支座加劲肋

由 $\lambda\sqrt{\frac{345}{235}} = 14.8$，查钢结构设计手册得 $\varphi = 0.98$（b 类截面，不考虑扭转效应）。

整体稳定

$$\frac{R}{\varphi A} = \frac{1676 \times 10^3\text{N}}{0.98 \times 121.6 \times 10^2\text{mm}^2} = 141\text{N/mm}^2 < f_z = 295\text{N/mm}^2$$

验算端面承压应力

$$\sigma_{ce} = \frac{R}{A_{ce}} = \frac{1675 \times 10^3\text{N}}{500\text{mm} \times 20\text{mm}} = 167.5\text{N/mm}^2 < f_{ce} = 400\text{N/mm}^2$$

支承加劲肋与腹板的连接焊缝计算：焊缝长度 $\sum l_w = 2 \times (160\text{cm} - 1\text{cm}) = 318\text{cm}$，需要的焊脚尺寸为

$$h_f = \frac{R}{0.7f_f^w \sum l_w} = \frac{1675 \times 10^3\text{N}}{0.7 \times 200\text{N/mm}^2 \times 3180\text{mm}} = 3.8\text{mm}$$

取 $h_f = 8\text{mm}$，大于最小焊脚尺寸 $1.5\sqrt{20}\text{mm} = 6.7\text{mm}$

7. 起重机梁的拼接

由钢板规格，翼缘板（厚 22mm，宽 0.5m）和腹板（厚 12mm，宽 1.6m）的长度均可达 12m，且运输也无困难，故不需进行拼接。

8. 起重机梁的疲劳强度验算

1）下翼缘与腹板连接处的主体金属。由于应力幅 $\Delta\sigma = \sigma_{\max} - \sigma_{\min}$，其中 $\sigma_{\max}$ 为恒载与起重机荷载产生的应力，$\sigma_{\min}$ 为恒载产生的应力，故 $\Delta\sigma$ 为起重机竖向荷载产生的应力，即

$$\Delta\sigma = \frac{M_{xk1}}{W_{nx}} \cdot \frac{h_0}{h} = \frac{1685 \times 10^6 \text{N} \cdot \text{mm}}{21290 \times 10^3 \text{mm}^3} \times \frac{1600\text{mm}}{1640\text{mm}} = 77\text{N/mm}^2$$

由钢结构设计手册查得此类连接为第 3 类，再由手册查得 $[\Delta\sigma]_{2\times10^6} = 118\text{N/mm}^2$

验算公式为

$$\alpha_f \Delta\sigma = 0.8 \times 77\text{N/mm}^2 = 61.6\text{N/mm}^2 < [\Delta\sigma]_{2\times10^6} = 118\text{N/mm}^2$$

2）下翼缘连接支撑的螺栓孔处。设一台起重机最大弯矩截面处正好有螺栓孔，则

$$\Delta\sigma = \frac{M_{xk1}}{W_{nx}} = \frac{1685 \times 10^6 \text{N} \cdot \text{mm}}{21290 \times 10^3 \text{mm}^3} = 79.1\text{N/mm}^2$$

3）横向加劲肋下端的主体金属（截面沿长度不改变的梁，可只验算最大弯矩截面处）。此类连接为第 5 类，由钢结构设计手册查得 $[\Delta\sigma]_{2\times10^6} = 90\text{N/mm}^2$。

最大弯矩为 $M_{xk1} = 1685\text{kN} \cdot \text{m}$，相应的剪力 $V = 354.7\text{kN}$。

$$\Delta\tau = \frac{VS}{I_x t_w} = \frac{354.7 \times 10^3 \text{N}}{1857000 \times 10^4 \text{mm}^4 \times 12\text{mm}} \times$$
$$(500\text{mm} \times 22\text{mm} \times 811\text{mm} + 50\text{mm} \times 12\text{mm} \times 775\text{mm})$$
$$= 15\text{N/mm}^2$$

$$\Delta\sigma = \frac{M_{xk1}}{W_{nx}} \times \frac{750}{822} = \frac{1685 \times 10^6 \text{N} \cdot \text{mm}}{21290 \times 10^3 \text{mm}^3} \times \frac{750\text{mm}}{822\text{mm}} = 72.2\text{N/mm}^2$$

主拉应力幅为

$$\Delta\sigma_0 = \frac{\Delta\sigma}{2} + \sqrt{\left(\frac{\Delta\sigma}{2}\right)^2 + (\Delta\tau)^2} = \frac{72.2}{2}\text{N/mm}^2 + \sqrt{\left(\frac{72.2}{2}\right)^2 + 15^2} \text{N/mm}^2$$
$$= 75.2\text{N/mm}^2$$

验算式为

$$\alpha_f \Delta\sigma_0 = 0.8 \times 75.2\text{N/mm}^2 = 60.2\text{N/mm}^2 < [\Delta\sigma]_{2\times10^6} = 90\text{N/mm}^2$$

4）下翼缘与腹板连接的角焊缝。此角焊缝 $h_f = 8\text{mm}$，疲劳类别为 8 类，$[\Delta\tau]_{2\times10^6} = 59\text{N/mm}^2$，角焊缝的应力幅为

$$\Delta\tau_f = \frac{V_{k1}S_1}{2 \times 0.7 h_f I_x} = \frac{709 \times 10^3 \text{N} \times 500\text{mm} \times 22\text{mm} \times 811\text{mm}}{1.44 \times 8\text{mm} \times 1857000 \times 10^4 \text{mm}^4} = 30.4\text{N/mm}^2$$

$$\alpha_f \Delta \tau_f = 0.8 \times 30.4 \text{N/mm}^2 = 24.3 \text{N/mm}^2 < [\Delta \tau]_{2 \times 10^6} = 59 \text{N/mm}^2$$

5）支座加劲肋与腹板连接的角焊缝。此角焊缝 $h_f=8\text{mm}$，疲劳类别为8类。角焊缝应力幅为

$$\Delta \tau_f = \frac{V_{k1}}{2 \times 0.7 h_f l_w} = \frac{709 \times 10^3 \text{N}}{1.4 \times 8\text{mm} \times (1600\text{mm} - 10\text{mm})} = 39.8 \text{N/mm}^2$$

$$\alpha_f \Delta \tau_f = 0.8 \times 39.8 \text{N/mm}^2 = 31.9 \text{N/mm}^2 < [\Delta \tau]_{2 \times 10^6} = 59 \text{N/mm}^2$$

3.7 起重机梁设计任务书

1）起重机资料见表 3-2。

表 3-2 起重机资料

台数 起重量	级别 钩别	起重机跨度 L_k/m	起重机总重 G/t	小车重 g/t	最大轮压 $P_{k.max}$/t	轨道型号	简图
4台 $Q=20\text{t}$	（A8）特重级起重机	28.0	168.5	63.72	35.5	QU120	950 1060　6600　1060 950

2）起重机梁跨度 18m，制动结构采用 8mm 的制动板，在边列其宽度 1800mm，制动梁外弦（辅助桁架上弦）采用 2∠160 mm×12mm。

3）起重机梁材质采用 Q345B 钢，车间室内采暖温度不低于 10℃，要求常温冲击韧性合格保证。腹板与上翼缘采用焊透 T 形接头对接与角接组合焊缝，腹板与下翼缘采用角焊缝连接，并均为自动埋弧焊焊接，焊丝采用 H08MnA。其余焊缝为焊条电弧焊焊接，焊条型号为 E5015 型。

4）梁端部采用突缘支座和平板支座两种构造。

5）绘制起重机梁的施工图。

第 4 章

工作平台课程设计

4.1 平台结构布置

4.1.1 平台结构的布置原则

1）满足工艺生产操作的要求，保证通行和操作的净空。一般通行净空高度不应小于1.8m，宽度不宜小于0.9m。平台四周一般均应设置防护栏杆，栏杆高度一般为1m。当平台高度≥2m时，尚应在防护栏杆下设置高度为100~150mm的踢脚板。平台应设置供上下通行的梯子，梯子的宽度不宜小于600mm。

2）确定平台结构的平面尺寸、标高、梁格及柱网布置时除满足使用要求外，梁、柱的布置尚应考虑平台上的设备荷载和其他较大的集中荷载的位置以及大直径工业管道的吊挂等。

3）平台结构的布置，应力求做到经济合理，传力直接明确。梁格的布置应与其跨度相适应。当梁的跨度较大时，其间距也宜增大。充分利用铺板的允许跨距，合理布置梁格，以求得较好的经济效果。

4）平台的梁格有三种类型，即

①单向梁格，仅有一个方向的梁；

②双向梁格，有两种不同体系的梁，即主梁和次梁；

③复式梁格，有三种体系的梁，即主梁、横次梁和纵次梁。

一般应尽量采用较为简单的梁格。

5）在可能条件下，平台的梁、板应尽量直接支承在厂房柱、大型设备或其他结构上，以达到经济的目的。

6）为便于制造，使构件简单，平台结构的主梁、次梁和柱，一般应优先采用热轧型钢，对于梁构件，以采用热轧工字钢或H型钢最为经济。当梁的受力或跨度较大以致采用型钢梁不能满足构件的承载能力和刚度要求时，通常采用组合工字形截面焊接梁。

4.1.2 平台结构的荷载

1) 构件等自重。
2) 平台活荷载,对一般工作平台可按 $2.0kN/m^2$ 计算,对于检修、安装时的堆料活荷载,可根据实际情况合理分区考虑。
3) 设备荷载,按实际情况考虑;对于一般机械动力设备,其动力影响可采用将设备荷载乘以动力系数 1.1~1.2 的方法来考虑。
4) 对于室外平台,尚应考虑风荷载和雪荷载的作用。
5) 计算平炉、转炉、电炉等工作平台(或其他类似平台)的主梁和柱时,由于堆积检修材料而产生的活荷载,可按下列系数予以折减:主梁,0.85;柱(包括基础),0.75。

4.1.3 平台结构的计算内容

1) 平台结构应计算铺板、主梁、次梁和柱的强度。对直接承受动力荷载的平台梁(或桁架)及其连接,尚应满足疲劳强度的要求。
2) 平台结构的主梁、次梁和柱应满足稳定性要求,为此:铺板宜尽可能密铺在平台梁受压翼缘上并与其牢固连接,使能阻止梁受压翼缘的侧向位移,保证梁的整体稳定性。
3) 平台结构的刚度应满足下列要求:①平台柱及格构柱的缀条,长细比不应超过 $[\lambda]=150$;②平台梁、平台板的挠度不应超过表 4-1 的数值。

表 4-1 平台梁、平台板的允许挠度

项次	类型	允许挠度	
		$[u_T]$	$[u_Q]$
1	有轨道的工作平台 (1) 有重轨(质量≥38kg/m)轨道时 (2) 有轻轨(质量≤24kg/m)轨道时	$l/600$ $l/400$	
2	一般工作平台梁(第1项除外) (1) 主梁(包括设有悬挂起重设备的梁) (2) 次梁(包括楼梯梁) (3) 有抹灰顶棚的次梁	$l/400$ $l/250$ $l/250$	$l/500$ $l/300$ $l/350$
3	平台板 (1) 压型钢板 (2) 平钢板	$l/300$ $l/150$	

注:1. l 为梁或板的跨度(对悬伸梁,为悬伸长度的2倍)
2. $[u_T]$ 为全部荷载标准值产生的挠度(如有起拱应减去拱度)的允许值。
3. $[u_Q]$ 为可变荷载标准值产生的挠度允许值。

4.1.4 平台结构的支撑

未与厂房柱等承重结构相联系的独立平台,或平台结构的独立部分,应在某些柱列设置柱间支撑，使整个平台结构成为稳定体系。支撑宜布置在柱列中部，如因工艺生产条件限制也可布置在边部。

4.2 平台板设计

4.2.1 平台铺板的形式和计算

1. 铺板形式

1) 钢筋混凝土铺板，如图 4-1a 所示。
2) 平钢板，如图 4-1b 所示。
3) 压型钢板，如图 4-1c 所示。
4) 篦条式铺板，如图 4-1d 所示。

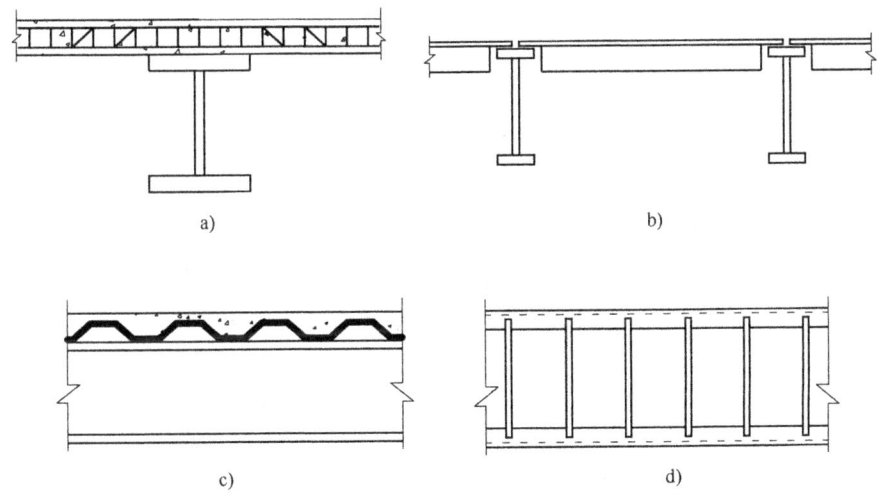

图 4-1 平台铺板的形式

2. 平钢板截面形式

铺板的截面形式可分为无肋铺板和有肋铺板。无肋铺板宜按构造配置加劲肋，肋的间距一般为板厚的 100 倍或短跨度 2~2.5 倍的较小值。有肋铺板中的板肋常采用扁钢或角钢做成。当加劲肋采用扁钢时，加劲肋的高度一般为跨度的 1/12~1/15，且不宜小于 60mm，厚度不宜小于 5mm；当加劲肋采用角钢时，一般不宜采用截面小于∟45mm×4mm 或∟56mm×36mm×4mm 的角钢，并应将角钢肢与钢板焊接，对于不等肢角钢，应将长肢与钢板焊接。加劲肋与钢板的连接通常采用间断焊缝连接，间断焊缝的净距受压时≤15t，受拉时≤30t（t 为较薄焊件厚度）。

3. 板的内力计算

平台铺板一般均按均布荷载计算。周边与梁上翼缘以构造间断焊缝连接的无肋平板，可近似地按四边简支无拉力受弯板计算（仅按构造配置加劲肋的铺板，仍按无肋铺板计算）。在均布荷载作用下，四边简支无肋铺板的弯矩、强度和挠度可按下列公式计算：

弯矩
$$M_x = \alpha_1 q a^2 \quad (4-1a)$$
$$M_y = \alpha_2 q a^2 \quad (4-1b)$$
$$M_{xy} = \alpha_3 q a^2 \quad (4-1c)$$

强度
$$\sigma_{\max} = \frac{6M_{\max}}{\gamma_x t^2} \leqslant f \quad (4-2)$$

挠度
$$v_{\max} = \beta \frac{q_k a^4}{E t^3} \leqslant [v] \quad (4-3)$$

式中　　q、q_k——单位板带上的均布荷载（包括自重）设计值和标准值；

　　　　a——四边简支板之短边边长；

　　　　t——铺板厚度；

　　　　M_x、M_y、M_{xy}——四边简支板在 x、y 方向和板角 $45°$ 方向的弯矩；

　　　　$M_{\max}$——M_x、M_y、M_{xy} 中的最大值；

　　　　γ_x——截面塑性发展系数，取 1.2；

　　　　α_1、α_2、α_3、β——系数，按表 4-2 采用。

表 4-2　四边简支无肋铺板的弯矩和挠度计算系数值

简图	b/a	α_1	α_2	α_3	β
	1.0	0.0479	0.0479	0.065	0.0433
	1.1	0.0553	0.0494	0.070	0.0530
	1.2	0.0626	0.0501	0.074	0.0616
	1.3	0.0693	0.0504	0.079	0.0697
	1.4	0.0753	0.0506	0.083	0.0770
	1.5	0.0812	0.0499	0.085	0.0843
	1.6	0.0862	0.0493	0.086	0.0906
	1.7	0.0908	0.0486	0.088	0.0964
	1.8	0.0948	0.0479	0.090	0.1017
	1.9	0.0985	0.0471	0.091	0.1064
	2.0	0.1017	0.0464	0.092	0.1106
	>2.0	0.1250	0.0375	0.095	0.1422

设计带肋铺板时,可将平板部分和加劲肋部分分开考虑,并按下列要求计算在均布荷载作用下的弯矩、强度和挠度。

1)在进行平板部分的计算时,将加劲肋视为平板的支承点,当平板的宽度 b 与加劲肋的间距 a 之比 $b/a \leqslant 2.0$ 时,宜按四边简支的双向板计算,见式(4-1)~式(4-3)。

当平板为两边支承或宽度 b 与加劲肋的间距 a 之比 $b/a > 2.0$ 时,仍按式(4-1)~式(4-3)计算,但系数 α、β 取为:对单跨简支板或双跨连续板 $\alpha = 0.125$,$\beta = 0.140$;三跨或三跨以上连续板 $\alpha = 0.10$,$\beta = 0.110$。

2)有肋铺板的加劲肋应按两端简支的 T 形截面(用扁钢作加劲肋)或丁字形截面(用角钢作加劲肋)梁计算其强度和挠度,截面中包括加劲肋每侧各 15 倍平板厚度在内(图 4-2)。作用于加劲肋的荷载应取两加劲肋之间范围的总荷载。

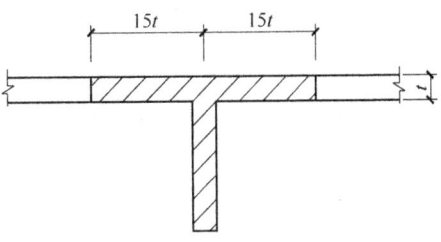

图 4-2 加劲肋的计算截面

加劲肋计算跨度 l,可取图 4-3 中的 $l_2 + l_1$。加劲肋的强度、挠度按下式计算

强度

$$\frac{M}{\gamma_x W_{nx}} \leqslant f \qquad (4-4)$$

挠度

$$v = \frac{5}{384} \frac{q_k l^4}{EI_x} \leqslant [v] \qquad (4-5)$$

式中 I_x、W_{nx}——图 4-2 中阴影部分的截面惯性矩和抗弯净截面系数;

γ_x——塑性发展系数,对 T 形截面,上边缘取 1.05,下边缘取 1.2;对丁字形截面,上、下翼缘均为 1.05。

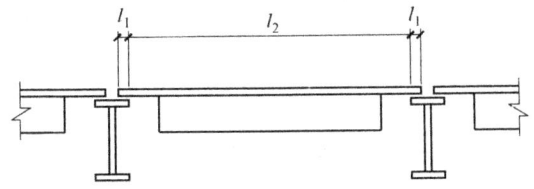

图 4-3 加劲肋的计算跨度

4.2.2 平台铺板的构造

1)人行走道平台和经常操作的平台,铺板宜用花纹钢板。当采用普通平钢板时,板的表面宜电焊花纹或加冲泡防滑;对室外的平钢板宜设漏水孔。

2）分单元安装的平台铺板，如单元板块的面积较大时，宜沿板的周边设置构造加劲肋，以增强板块在吊装过程中的刚度。要求经常拆装的活动铺板，应设置吊环或挂钩孔洞。

3）根据使用需要，平台铺板还可设有孔洞。当为圆孔且直径 $\phi \geqslant 500mm$，或当为矩形孔且短边 $a \geqslant 500mm$ 时，一般宜在孔洞边设置构造加劲肋予以加强。

4.3 平台梁设计

4.3.1 平台梁的形式和计算

平台梁宜尽量采用轧制截面（普通工字钢、H型钢或槽钢）。当轧制截面尺寸不满足要求时，宜采用焊接截面；在特殊情况下（如跨度很大而荷载较小时），可采用桁架梁。

1. 单向弯曲的型钢梁计算

（1）强度计算

1）抗弯强度应按下式计算

$$\frac{M}{\gamma_x W_{nx}} \leqslant f \tag{4-6}$$

式中 γ_x——截面塑性发展系数，受静力荷载或间接受动力荷载的梁，$\gamma_x = 1.05$；受压翼缘的自由外伸宽度 b 与厚度 t 之比，$\frac{b}{t} > 13\sqrt{\frac{235}{f}}$ 的梁，直接受动力荷载的梁，$\gamma_x = 1.0$。

2）抗剪强度。型钢梁的腹板较厚，抗剪强度一般均能满足要求，因此只在最大剪力处的截面有较大削弱时，才按下式计算抗剪强度

$$\tau = \frac{VS}{It_w} \leqslant f_v \tag{4-7}$$

（2）整体稳定验算　当梁的受压翼缘上无密铺连牢的铺板，或工字形截面简支梁受压翼缘侧向支撑点间距离 l_1 与其宽度 b_1 之比超过表4-3的数值时，应按下式计算整体稳定

表4-3　H型钢或工字形截面简支梁不需计算整体稳定时 l_1/b_1 的最大值

钢材牌号	跨中无侧向支撑点		跨中有侧向支撑点 无论荷载作用何处
	荷载作用在上翼缘	荷载作用在下翼缘	
Q235	13.0	20.0	16.0
Q345	10.5	16.5	13.0
Q390	10.0	15.5	12.5
Q420	9.5	15.0	12.0

$$\frac{M_x}{\varphi_b W_x} \leqslant f \qquad (4-8)$$

式中 φ_b——整体稳定系数。

(3) 挠度计算

简支梁：

受均布荷载

$$v = \frac{5}{384} \frac{q_k l^4}{EI_x} \leqslant [v] \qquad (4-9)$$

跨中一个集中荷载

$$v = \frac{F_k l^3}{48 EI_x} \leqslant [v] \qquad (4-10)$$

跨间多个集中荷载

$$v = \frac{M_X l^2}{10 EI_x} \leqslant [v] \qquad (4-11)$$

连续梁

$$v = \left(\frac{M_x}{10} - \frac{M_1 + M_2}{16}\right) \frac{l^2}{EI_x} \leqslant [v] \qquad (4-12)$$

式中 M_x——梁跨中最大弯矩（标准值）；

M_1、M_2——与 M_x 同时产生的两端支座负弯矩（标准值），带入公式时取正号。

2. 焊接组合工字梁计算

计算焊接组合工字梁时，可按下列方法确定截面的初步尺寸：

(1) 截面高度

按经济条件，
$$h_w \approx 3 W_x^{0.4} \qquad (4-13)$$

式中 W_x——需要的截面抵抗矩（单位 cm³），$W_x = \frac{M_x}{\alpha f}$，无孔眼时，取 $\alpha = 1.05$，有孔眼时，取 $\alpha = 0.95$，对直接受动力荷载的梁 α 值应分别取为 1.0 和 0.9。

按刚度条件，梁的最小高度与跨度之比 $h_{\min}/l$，可按表 4-4 确定。

表 4-4 等截面简支梁的最小高跨比

	相对允许挠度 $[v]/l$	1/250	1/400	1/600
$\frac{h_{\min}}{l}$	Q235 钢	1/24	1/15	1/10
	Q345 钢	1/16	1/10	1/6.5
	Q390 钢	1/14.5	1/9	1/6

实际采用的梁截面高度 h，应大于按刚度条件确定的 $h_{\min}$，并大于等于按经

济条件确定的 h_w，并应使不超过建筑净空所允许的尺寸。一般宜使腹板高度 h_w 为 50mm 或 100mm 的倍数。

（2）梁的腹板厚度 t_w

按抗剪要求

$$t_w \geqslant \frac{1.2V_{\max}}{h_w f_v} \qquad (4-14)$$

按经验公式

$$t_w \approx \sqrt{h_w}/11 \qquad (4-15)$$

实际采用腹板厚度应考虑钢板的现有规格，并不宜小于 6mm。

（3）一个翼缘的截面积　按下式计算

$$A_f = \frac{W_x}{h_w} - \frac{1}{6} t_w h_w \qquad (4-16)$$

翼缘板的厚度 $t = A_f/b_f$，b_f 为翼缘板厚度，一般可取 $b_f = (0.2 \sim 0.4)h$，通常 t 不宜小于 8mm。此外受压翼缘板外伸宽度与厚度之比不应超过 $15\sqrt{\dfrac{235}{f_y}}$。

单向弯曲的焊接组合梁，按上述确定了初步尺寸后，应进行下列验算：

1）抗弯强度，按式（4-6）进行。当受压翼缘板外伸宽度与厚度之比超过 $13\sqrt{235/f_y}$（但不得超过 $15\sqrt{235/f_y}$）时，应取 $\gamma_x = 1.0$。

2）切应力计算，按式（4-7）进行。

为保证组合梁腹板的局部稳定性，应根据不同情况设置加劲肋。

1）对 $\sigma_c = 0$ 梁（一般梁），应按下列规定配置腹板加劲肋：

①当 $h_0/t_w \leqslant 80\sqrt{235/f_y}$ 时，可不配置加劲肋。

②当 $80\sqrt{235/f_y} < h_0/t_w < 170\sqrt{235/f_y}$ 时，应配置横向加劲肋，其中 $h_0/t_w \leqslant 100\sqrt{235/f_y}$ 时，加劲肋间距 a 按构造确定（$a \leqslant 2.5h_0$），其他情况先设加劲肋间距 a 后按《钢结构设计规范》所列公式计算。

2）梁的支座处和上翼缘受有较大固定集中荷载处，宜设支承加劲肋。如果不设支承加劲肋，或梁上翼缘受有移动的集中荷载时，则加劲肋的间距应按有局部压应力（即 $\sigma_c \neq 0$）的梁进行计算。

3）加劲肋通常采用钢板作成，宜在腹板两侧成对配置，也允许单侧配置。

4）用角钢作加劲肋时，应将角钢肢尖焊于腹板，其截面惯性矩不得小于相应钢板加劲肋的惯性矩。

5）梁的支承加劲肋应在腹板两侧成对配置，并应按承受支座反力 R 或固定集中荷载 F 的轴心受压构件计算其在腹板平面外的稳定性，其计算公式为

$$\frac{R}{\varphi A} \leqslant f \qquad (4-17)$$

式中 A——加劲肋和加劲肋每侧各 $15t_w\sqrt{235/f_y}$ 范围内的截面面积;

φ——轴心受压构件稳定系数,按 $\lambda=h_0/i_z$ 查得(b类截面)。

支承加劲肋的端部一般刨平顶紧于梁的翼缘,并应按下式计算其端面承压应力

$$\sigma_{ce}=\frac{R}{A_{ce}}\leqslant f_{ce} \qquad (4-18)$$

式中 A_{ce}——端面承压面积;

f_{ce}——钢材承压强度设计值。

焊接组合工字梁腹板与翼缘的连接焊缝,通常采用连续的双面角焊缝(焊脚尺寸 $h_f\geqslant 0.5t_w$ 和 6mm),并按下式计算其强度

$$\frac{1}{2h_e}\sqrt{\left(\frac{VS_1}{I}\right)^2+\left(\frac{F}{\beta_f l_z}\right)^2}\leqslant f_f^w \qquad (4-19)$$

式中 h_e——角焊缝的有效厚度,$h_e=0.7h_f$;

S_1——翼缘毛截面对梁中和轴的面积矩;

β_f——系数,直接承受动力荷载的梁,$\beta_f=1.0$,其他情况,$\beta_f=1.22$。

当梁上翼缘的固定集中荷载处有顶紧上翼缘的支承加劲肋时,式(4-19)中的 $F=0$。

在平台梁上受有相当于重级工作制起重机的动力荷载时,则上翼缘与腹板的连接焊缝宜采用焊透的对接焊缝。此时,可不必计算其强度。

4.3.2 平台梁的连接构造及其计算特点

次梁与主梁最简单的连接方法是叠接,即把次梁直接搁在主梁上,并用焊缝或螺栓加以连接。叠接所需的建筑净空大,采用这种连接方法常会受到限制。次梁与主梁采用最普遍的是等高连接。在这些连接中,也可作成铰接和刚接,铰接如图 4-4~图 4-6 所示。刚接如图 4-7 所示。

1)次梁与主梁为铰接连接时,其连接螺栓或焊缝应按次梁支座反力计算,但由于这种连接并非理想铰接,实际上在连接处将会有弯矩作用。因此,可将反力增加 20%~30%来计算螺栓或焊缝。

图 4-4 左的连接形式为,次梁支承在连接于主梁腹板的悬挑牛腿上,次梁的支座反力 R 全部由悬挑牛腿承受。此时,悬挑牛腿及其连接应按承受剪力 $V=R$ 和弯矩 $M=Re$ 进行计算。

悬挑牛腿顶板除满足强度要求外,尚应保证有必要的刚度。因此,顶板的厚度不宜小于 16mm,肋的厚度不宜小于 8mm,连接焊缝的厚度不宜小于 6mm。

图 4-4 右的连接形式则为,次梁采用焊缝连接于主梁的横向加劲肋上,次梁的支座反力 R 全部由焊缝承受,此时,焊缝应按承受 $V=(1.2~1.3)R$ 进行计算。

2) 图 4-5 左的连接形式为，次梁直接用安装连接焊缝与主梁腹板相连。为方便安装，在主梁腹板相应的位置上设置安装支托。此时，次梁与主梁腹板的连接焊缝，应按承受剪力 $V=(1.2\sim1.3)R$ 来进行计算。

图 4-5 右的连接形式为次梁借助于连接角钢与主梁腹板连接。此时，次梁与连接角钢的连接焊缝按承受剪力 $V=R$ 和弯矩 $M=Re$ 来进行计算。

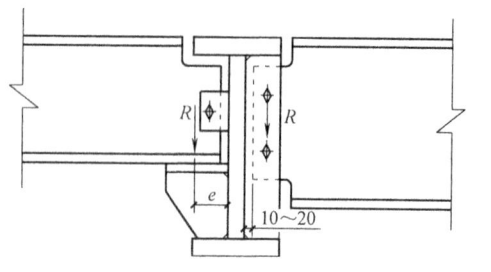
图 4-4 铰接连接方式一

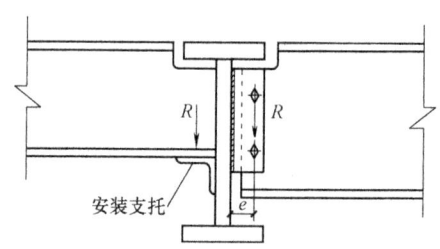
图 4-5 铰接连接方式二

3) 如图 4-6 所示，次梁的支反力由连接于主梁腹板的支托承受。此时，支托与主梁腹板的连接焊缝应按剪力 $V=(1.2\sim1.3)R$ 来进行计算。次梁与主梁腹板的螺栓按安装螺栓设置。

4) 整体制作并整体安装的平台部分，梁与梁的连接可采用整体对焊的平接。

5) 在连续梁中，可采用图 4-7 的连接办法；也就是把次梁与主梁作成刚性连接。

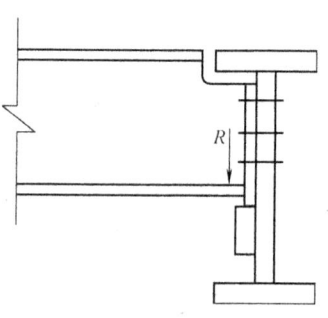
图 4-6 铰接连接方式三

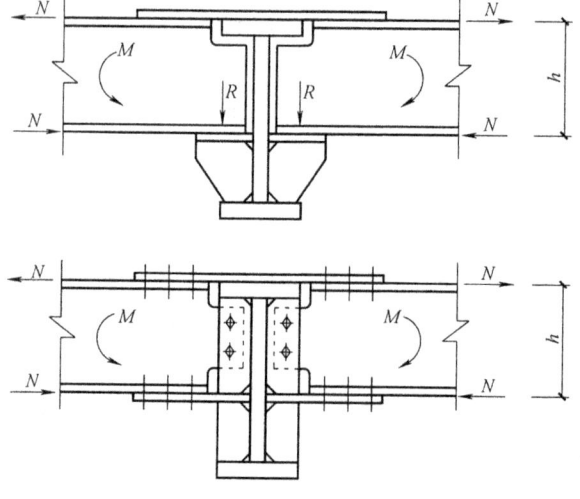
图 4-7 刚性连接方式

次梁上翼缘的连接盖板厚度 t 应按等强度或 $t=N/bf$ 来计算；此处 $N=M/h$，b 为连接盖板的宽度，可根据次梁上翼缘板的宽度和布置焊缝的条件来确定。连接盖板与次梁上翼缘板的连接焊缝以及次梁下翼缘板与支托顶板的连接焊缝，应按水平力 N 来计算；支托可参照图 4-4 左的要求确定。

次梁与主梁采用不等高刚性连接，也可按上述要求确定。当次梁与主梁采用不等高铰接连接时，可取消次梁上下翼缘与主梁的连接，改成次梁与主梁的腹板间用角钢的螺栓连接。

4.4 平台柱设计

4.4.1 平台柱的形式和计算

平台柱一般设计为等截面的实腹柱。实腹柱的常用截面为普通工字形钢、H型钢、焊接工字形截面，有时也采用方管或圆管截面以及钢板、槽钢、T 型钢与工字形钢的组合截面。内力很小的柱可用双角钢十字形截面。格构式柱可用于长度较大的平台柱。

一般的平台柱通常设计成上下铰接，对于承受较大荷载的平台柱，应设计成上端为铰接，下端为刚接，或上下端均为刚接。

平台柱的计算长度，应按下列情况确定：

1) 当平台上部无侧移（如上部与刚度大的设备或建筑物相连，或布置有柱间支撑）时，对上、下端设计为铰接的柱，其计算长度取为 $l_0 = H$。H 为柱长度方向不动支撑点间的距离（柱脚底面和梁的支承处均作为不动支撑点）。

2) 当平台上部有侧移时，平台柱的计算长度应按下式计算

$$l_0 = \mu H \tag{4-20}$$

式中　H——柱高，对隅撑柱为隅撑以下的柱高；

　　　μ——计算长度系数。

柱的板件宽厚比应满足局部稳定要求。

轴心受压平台柱截面尺寸的选择，可按下列情况确定。

1) 对采用型钢的实腹式柱，可先假定长细比 $\lambda = 80 \sim 120$，然后求出所需的回转半径来确定截面。

2) 对组合工字形截面柱，其截面尺寸可在下列范围内采用：

①截面高度可取 $h \approx (1/50 \sim 1/70) H$；当荷载较大而柱高度较小时，应取较大值，反之取较小值。

②截面宽度可取 $b \approx 0.7h$。

③翼缘板厚度 $t \geqslant b/30$ 且小于 8mm。

④腹板厚度 $t_w \approx (1/50 \sim 1/70) H$。

3) 格构式柱的截面尺寸，可先按实轴（x 轴）假定柱的长细比，通常取 $\lambda_x = 60\sim 90$，以求所需的回转半径和截面面积，选择柱肢截面。

4) 确定轴心受压柱的截面形式时，应尽量使柱的两个方向的长细比相等，对于组合截面的板件，应在满足表 4-3 宽厚比的要求下，尽可能薄些。

5) 根据上述原则和实际经验初选截面尺寸后，按下式计算长细比和稳定性

$$\lambda_x = \frac{l_{0x}}{i_x} \leqslant [\lambda] \qquad (4-21)$$

$$\lambda_y = \frac{l_{0y}}{i_y} \leqslant [\lambda] \qquad (4-22)$$

$$\frac{N}{\varphi A} \leqslant f \qquad (4-23)$$

轴心受压稳定系数 φ 应由 λ_x 和 λ_y 的较大值查得。对格构柱，虚轴的长细比应取换算长细比。

6) 当柱有孔洞削弱时，尚应计算其净截面处（面积为 A_n）的强度

$$\sigma = \frac{N}{A_n} \leqslant f \qquad (4-24)$$

格构式轴心受压柱的缀件（缀条或缀板），应满足下列要求：

1) 缀条一般用单角钢做成，与柱的分肢应组成完整的桁架形式（图 4-8）。分肢的长细比应满足 $\lambda_1 = l_1/i_1 \leqslant 0.7\lambda_{max}$，$i_1$ 为分肢截面对弱轴 1—1 的回转半径，λ_{max} 为柱长细比（对虚轴为换算长细比）的较大者。在满足上述要求的前提下，缀条形式宜采用无横杆的三角式。

缀板柱是一种多层框架形式（图 4-9）。一般缀板沿柱纵向的宽度取 $h \geqslant 2a/3$，厚度 $t \geqslant a/40$，柱端部缀板宜取 $h \approx a$（a 为两分肢轴线间的距离）。同一截面处缀板线刚度之和 $\left(2\times \dfrac{b^3 t}{12a}\right)$ 不得小于一个分肢线刚度（I_1/l_1）的 6 倍。

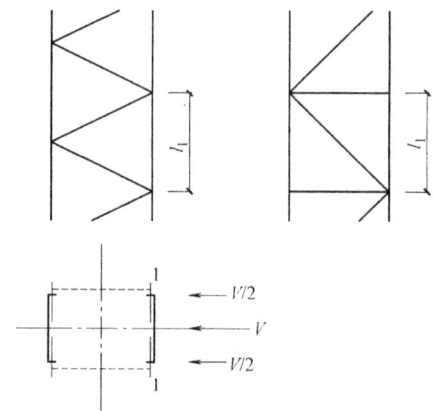

图 4-8 缀条式柱

缀板柱的分肢长细比 λ_1 应满足 $\lambda_1 = l_1/i_1 \leqslant 40$ 和 $0.5\lambda_{max}$（当 $\lambda_{max} < 50$ 时，取 $\lambda_{max} = 50$）。

2) 格构式轴心受压柱的缀件应能承受按下式计算的剪力

$$V = \frac{Af}{85}\sqrt{\frac{f_y}{235}} \qquad (4-25)$$

剪力 V 值可认为沿柱全长不变，且由两缀件而分担。

3）图 4-8 的斜缀条的内力 N_S 应按下式计算

$$N_S = \frac{V}{2\cos\alpha} \quad (4-26)$$

斜缀条应按轴心受压杆件计算其稳定性，并控制其长细比 $[\lambda] = 150$。横缀条可采用与斜缀条相同截面或略小些，只控制其长细比。

4）缀板与柱分肢的连接焊缝应考虑下列内力的共同作用：

剪力

$$T = \frac{Vl}{2a} \quad (4-27)$$

弯矩

$$M = \frac{Vl}{4} \quad (4-28)$$

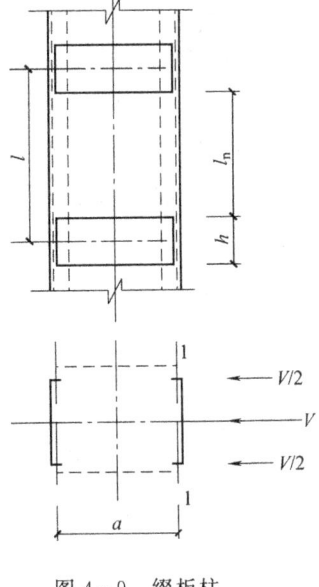

图 4-9 缀板柱

连接角焊缝应按下式计算

$$\sqrt{\left(\frac{T}{h_e l_w}\right)^2 + \left(\frac{6M}{\beta_f h_e l_w^2}\right)^2} \leqslant f_f^w \quad (4-29)$$

受压受弯柱（压弯柱）通常使弯矩绕强轴作用，其强度和稳定性应按压弯构件公式计算。

4.4.2 平台柱的构造

当实腹式柱的腹板计算高度与厚度之比 $h_0/t_w > 80$ 时，应采用间距不大于 $3h_0$ 的横向加劲肋加强。

格构式柱和组合实腹式柱应设置横隔。横隔间距不得大于柱截面较大宽度的 9 倍和 8m。在受有较大水平力处和运送单元的端部应设置横隔。

4.5 梁柱连接节点及构造

1. 梁与柱铰接的构造形式

1）将梁直接设置在柱顶上，则连接的构造比较简单。图 4-10a 所示为梁与实腹式柱柱顶的连接构造，梁的支座总反力 R 由顶板经顶板与柱加劲肋的连接焊缝或通过梁加劲肋端面承压传给柱加劲肋，再经过柱加劲肋与柱腹板竖向连接焊缝将力传给柱腹板。柱加劲肋可近似按承受荷载 R/2 的矩形截面悬臂梁计算，计算时通常先假定肋高 h_t 和厚度 t_s ($t_s \geqslant b_s/15$, 且不宜小于 8mm), 然后验算其抗弯强度和抗剪强度。加劲肋与顶板的连接焊缝按承受荷载 $R/2$ 计算, 当计算的焊缝过大时, 可将加劲肋刨平, 顶紧于柱顶板, 并进行端面承压强度验算。加劲肋与柱腹板的连接焊缝按承受剪力 $V=R/2$ 和弯矩 $M=Rb_s/4$ 计算。当梁的反力很大时, 加劲肋宜做成整块, 而在柱腹板开槽并用焊缝焊成整体, 然后将其端面刨平并与顶板顶紧焊接, 以直接传递梁的反力。柱顶板的厚度一般取不小于 16mm; 当采用加劲肋将梁反力传给柱腹板的传力方案时, 柱的腹板不宜太薄。

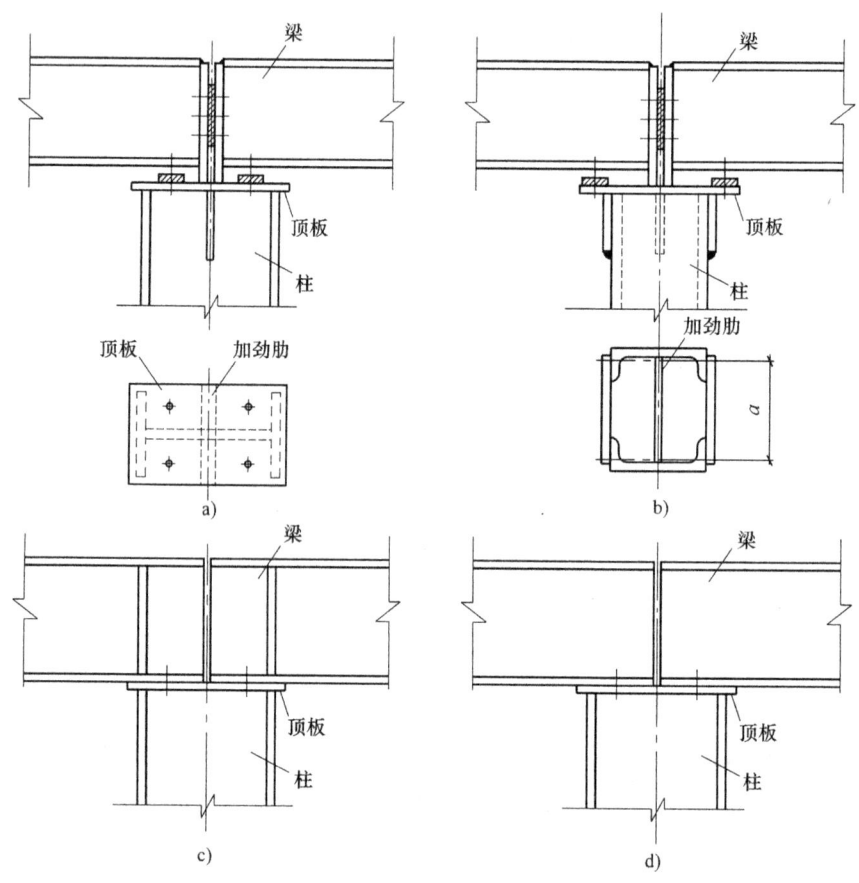

图 4-10 梁柱顶面连接节点

图 4-10b 所示为梁与格构式柱柱顶的连接构造, 柱加劲肋可近似地按承受均布荷载 $q=R/a$ 的简支梁计算, 其高度和厚度应根据抗弯强度和抗剪强度来确定, 并且肋的厚度不宜小于 $a/50$ 及 8mm。加劲肋与顶板的连接焊缝及加劲肋与柱肢腹板的连接焊缝均按承受剪力 $V=R$ 来计算。

图 4-10c 所示的梁柱连接构造形式是将梁端的加劲肋正对着柱的翼缘板, 因此可近似的认为, 梁对支座的压力是由梁端加劲肋传至顶板, 后经顶板与柱翼

缘板的连接焊缝传至柱身，此时，其连接焊缝可近似的按承受剪力 $V=R/2$ 来计算。

图 4-10d 所示的梁柱连接构造形式适用于梁支座反力很小的情况。此时，根据梁承受荷载大小梁端可设置加劲肋也可不设加劲肋。当不设端加劲肋时，可近似的认为每个梁端的支座压力呈三角形分布，此时，顶板与柱翼缘的连接焊缝可近似的按承受剪力 $V=3R/2$（R 为每个梁端的支座反力）来计算。

2）将梁连接于柱侧面上，如图 4-11 所示。

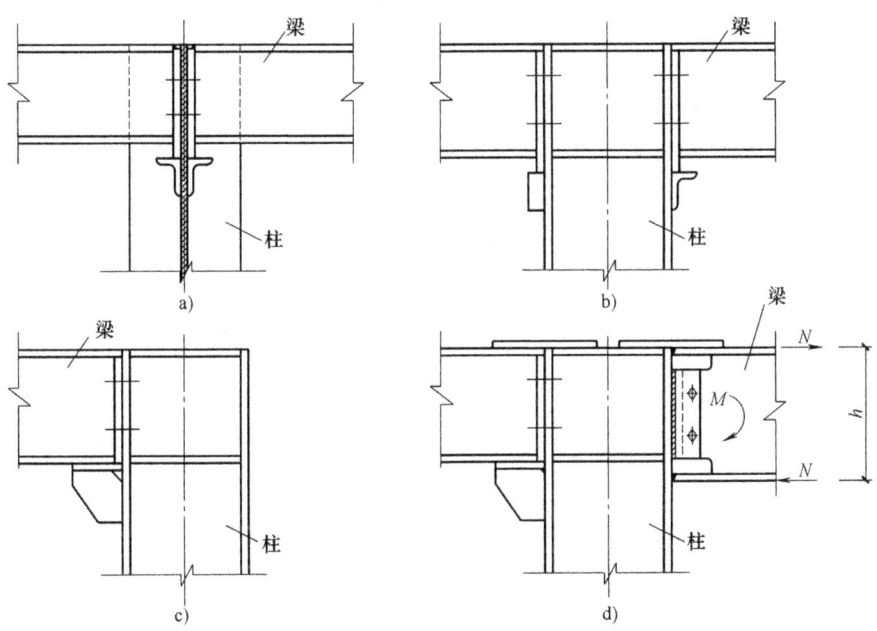

图 4-11 梁柱侧面连接节点

图 4-11a、b 所示的连接构造形式，是由支托传递梁的支座反力，支托与柱的连接焊缝按承受剪力 $V=(1.2\sim1.3)R$ 来计算，梁与柱的连接螺栓按构造设置。

图 4-11c 所示的连接构造形式是由悬挑牛腿传递梁的支座反力，悬挑牛腿及其与柱的连接按承受剪力 $V=R$ 和弯矩 $M=Re$ 计算。

2. 平台梁与柱刚接的构造形式

图 4-11d 左的连接形式，梁端弯矩 M 由梁翼缘承担，剪力 V 由梁腹板承担；因此，梁端处焊于柱翼缘的上下水平连接板及其连接，以及上下水平连接板与梁翼缘的连接焊缝，应分别按承受水平力 $N=M/h$ 来计算。梁端处的肋板与柱翼缘的连接焊缝，以及梁腹板与肋板的连接焊缝，应分别按承受剪力 V 来计算。

对于图 4-11d 右的连接形式，仍可按以上要求确定。

当梁与柱的刚性连接采用高强度螺栓连接时，其计算原则和力的分配与焊缝计算的要求相同。

对承受较大荷载的梁与柱的连接，尚应对连接处的柱腹板及加劲肋等进行等强度计算。

4.6 工作平台设计实例

【设计资料】：某厂一操作平台，平台尺寸 19.700m × 8.100m，标高 4.000m。按生产工艺要求，需在平台上开孔，位置及尺寸如图 4-12 所示，图中涂黑圆孔直径为 600mm，其余均为 800mm。该平台位于室内，平台上活载按 2.0kN/m² 考虑。

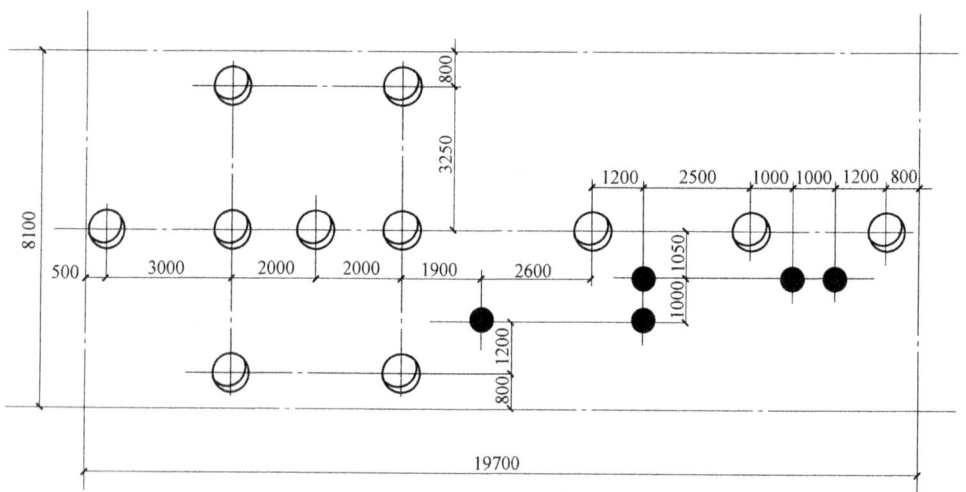

图 4-12 平台开孔示意图

首先根据开孔位置布置梁柱，如图 4-13 所示，然后分别进行板、梁、柱及节点的设计。

1. 板的设计

(1) 板的初选 根据图 4-13，梁格的最大跨度 1.5m，板初选厚度 6mm 的压花钢板，设置横向加劲肋 4×100mm，间距 1000mm。

恒载标准值 $g_k = 0.006\text{m} \times 78\text{kN/m}^3 = 0.468\text{kN/m}^2$

活载标准值 $q_k = 2.0\text{kN/m}^2$

(2) 强度验算

1) 板强度验算。根据加劲肋分格属三跨以上连续板，由式 (4-1) 有
$$M_{max} = 0.1qa^2 = 0.1 \times (1.2 \times 0.468\text{kN/m}^2 + 1.4 \times 2.0\text{kN/m}^2) \times (1.0\text{m})^2$$
$$= 0.336\text{kN} \cdot \text{m}$$

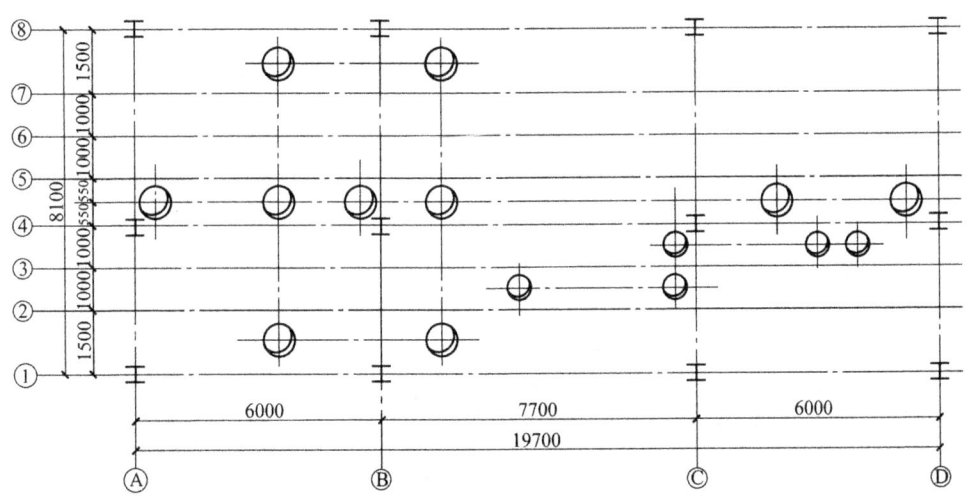

图 4-13 平台梁柱布置图

由式（4-2）有

$$\sigma_{\max} = \frac{6M_{\max}}{\gamma_x t^2} = \frac{6 \times (0.336 \times 10^6) \text{N} \cdot \text{mm}}{1.2 \times (6\text{mm})^2 \times 1000\text{mm}} = 56\text{N/mm}^2 \leqslant f = 215\text{N/mm}^2$$

板强度满足要求。

2）加劲肋强度验算。加劲肋间距取 1000mm，则

$$q = (1.2 \times 0.468\text{kN/m}^2 + 1.4 \times 2.0\text{kN/m}^2) \times 1.0\text{m} + 1.2 \times 78\text{kN/m}^3$$
$$\times 0.1\text{m} \times 0.004\text{m} = 3.4\text{kN/m}$$

根据式（4-4），W_{nx} 按图 4-2 计算得

截面形心距离钢板上表面为 17mm，

$$I_x = 180\text{mm} \times 6\text{mm} \times (14\text{mm})^2 + 4\text{mm} \times (100\text{mm})^3/12 + 4\text{mm} \times 100\text{mm} \times (39\text{mm})^2$$
$$= 1153413.3 \text{mm}^4$$

$$W_{nx} = \frac{1153413.3 \text{mm}^4}{89\text{mm}} = 12960\text{mm}^3$$

$$\frac{M}{\gamma_x W_{nx}} = \frac{0.125 \times 3.4\text{kN/m} \times (1.5\text{m})^2 \times 10^6}{1.2 \times 12960\text{mm}^3} = 61.5\text{N/mm}^2 < f = 215\text{N/mm}^2$$

加劲肋强度满足要求。

（3）挠度验算

1）板的挠度，由式（4-3）有

$$q_k = (0.468\text{kN/m}^2 + 2.0\text{kN/m}^2) \times 1.0\text{m} = 2.468\text{kN/m}$$

$$v_{\max} = \beta \frac{q_k a^4}{Et^3} = 0.0843 \times \frac{2.468\text{N/mm} \times (1000\text{mm})^4}{(206 \times 10^3)\text{N/mm}^2 \times (6\text{mm})^3}$$
$$= 4.7\text{mm} < [v] = l/150 = 1000/150 = 6.7\text{mm}$$

2）加劲肋的挠度，由式（4-5）有

$$q_k = (0.468 \text{kN/m}^2 + 2.0 \text{kN/m}^2) \times 1.0\text{m} + 0.1\text{m} \times 0.004\text{m} \times 78\text{kN/m}^3 = 2.5\text{kN/m}$$

$$v = \frac{5}{384} \frac{q_k l^4}{EI_x} = \frac{5}{384} \times \frac{2.5\text{N/mm} \times (1500\text{mm})^4}{(206 \times 10^3)\text{N/mm}^2 \times 1153413.3\text{mm}^4}$$

$$= 0.7\text{mm} < [v] = l/150 = 10\text{mm}$$

挠度满足要求。

2. 梁的设计

由于梁上有刚性铺板,所以只计算梁的强度。

1) 次梁设计。以 2 轴 B—C 为例,进行次梁荷载计算。

恒载标准值(考虑加劲肋等构造)$g_k = 0.8\text{kN/m}^2 \times 1.25\text{m} = 1.0\text{kN/m}$

活载标准值 $q_k = 2.0\text{kN/m}^2 \times 1.25\text{m} = 2.5\text{kN/m}$

主次梁连接按铰接考虑,弯矩为

$$M = 0.125 \times (1.2 \times 1.0\text{kN/m} + 1.4 \times 2.5\text{kN/m}) \times (7.7\text{m})^2 = 34.833\text{kN} \cdot \text{m};$$

所需截面抵抗矩为

$$W_{nx} \geq \frac{M}{\gamma_x f} = \frac{(34.833 \times 10^6)\text{N} \cdot \text{mm}}{1.05 \times 215\text{N/mm}^2} = 154299\text{mm}^3 \approx 154.3\text{cm}^3$$

初选截面为 I22a,$I_x = 3400\text{cm}^4$,$W_x = 309\text{cm}^3$,自重 $= 0.33\text{kN/m}$

截面强度校核

$$\frac{M}{\gamma_x W_{nx}} = \frac{0.125 \times (1.2 \times 1.33\text{kN/m} + 1.4 \times 2.5\text{kN/m}) \times (7.7\text{m})^2 \times 10^6}{1.05 \times (309 \times 10^3)\text{mm}^3}$$

$$= 116.4\text{N/mm}^2 < f = 215\text{N/mm}^2$$

截面刚度校核

$$v = \frac{5}{384} \frac{q_k l^4}{EI_x} = \frac{5}{384} \times \frac{(1.33\text{N/mm} + 2.5\text{N/mm}) \times (7700\text{mm})^4}{(206 \times 10^3)\text{N/mm}^2 \times (3400 \times 10^4)\text{mm}^4}$$

$$= 25\text{mm} < [v] = l/250 = 30.8\text{mm}$$

满足设计要求。

2) 主梁设计。以 B 轴为例,进行主梁荷载计算。

恒载标准值(考虑加劲肋等构造)$g_k = 0.8\text{kN/m}^2 \times 6.85\text{m} = 5.48\text{kN/m}$

活载标准值 $q_k = 2.0\text{kN/m}^2 \times 6.85\text{m} = 13.7\text{kN/m}$

梁柱连接按铰接考虑,弯矩为

$$M = 0.125 \times (1.2 \times 5.48\text{kN/m} + 1.4 \times 13.7\text{kN/m}) \times (4.6\text{m})^2$$

$$= 68.12\text{kN} \cdot \text{m}$$

所需截面抵抗矩为

$$W_{nx} \geq \frac{M}{\gamma_x f} = \frac{68.12 \times 10^6\text{N} \cdot \text{mm}}{1.05 \times 215\text{N/mm}^2} = 301749\text{mm}^3 \approx 301.7\text{cm}^3$$

初选截面为 HN300×150,$I_x = 7350\text{cm}^4$,$W_x = 490\text{cm}^3$,自重 $= 0.373\text{kN/m}$

截面强度校核

$$\frac{M}{\gamma_x W_{nx}} = \frac{0.125 \times (1.2 \times 5.48\text{kN/m} + 1.4 \times 13.7\text{kN/m}) \times (4.6\text{m})^2 \times 10^6}{1.05 \times (490 \times 10^3)\text{mm}^3}$$

$$= 132\text{N/mm}^2 < f = 215\text{N/mm}^2$$

截面刚度校核

$$v = \frac{5}{384} \frac{q_k l^4}{EI_x} = \frac{5}{384} \times \frac{(5.48+13.7)\text{N/mm} \times (4600\text{mm})^4}{(206\times 10^3)\text{N/mm}^2 \times (7350\times 10^4)\text{mm}^4}$$

$$= 7.5\text{mm} < [v] = l/400 = 11.5\text{mm}$$

满足设计要求。

3. 柱的设计

平台设十字斜支撑,考虑柱为无侧移柱,柱脚按铰接考虑,采用实腹式型钢,则柱的计算长度为

$$l_0 = \mu H = 1.0 \times 4\text{m} = 4.0\text{m}$$

1) 截面初选。假定长细比 $\lambda = 120$,则

$$i \geq \frac{l_0}{\lambda} = \frac{400\text{cm}}{120} = 3.3\text{cm}$$

初选截面为

HW200×200, $i_x = 8.61\text{cm}$, $i_y = 4.99\text{cm}$, $A = 64.28\text{cm}^2$, 自重 = 0.051kN/m

$$\lambda_{\max} = \frac{400\text{cm}}{4.99\text{cm}} = 80 < [\lambda], \varphi = 0.688,$$

2) 荷载计算。以 B-4 柱为例,进行荷载计算。

$$N = (1.2 \times 5.85\text{kN/m} + 1.4 \times 13.7\text{kN/m}) \times 4.05\text{m} + 0.051\text{kN/m} \times 4\text{m}$$

$$= 106.3\text{kN}$$

3) 整体稳定性验算。由式(4-24)有

$$\frac{N}{\varphi A} = \frac{106300\text{N}}{0.688 \times 6428\text{mm}^2} = 24\text{MPa} < f = 215\text{N/mm}^2$$

无孔洞削弱不计算强度,型钢的局部稳定性满足要求。

4. 节点设计

1) 柱脚设计。首先确定底板尺寸。基础混凝土强度按 C20 考虑,所需底板截面尺寸为

$$A \geq \frac{N}{f_c} = \frac{106300\text{N}}{9.6\text{N/mm}^2} = 11074\text{mm}^2$$

如图 4-14 所示,底板采用 300mm×300mm,

$A = 90000\text{mm}^2 > 11074\text{mm}^2$

基底反力 $q = \dfrac{N}{A} = \dfrac{106300\text{N}}{90000\text{mm}^2} = 1.18\text{N/mm}^2$

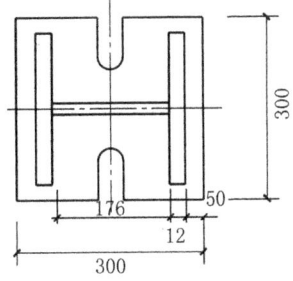

图 4-14 柱脚底板图

计算底板的厚度

$$M_3 = \beta q a_1^2 = 0.058 \times 1.18\text{N/mm}^2 \times (176\text{mm})^2 = 2120\text{N} \cdot \text{mm}$$

$$M_1 = \frac{1}{2} q c^2 = 0.5 \times 1.18\text{N/mm}^2 \times (50\text{mm})^2 = 1475\text{N} \cdot \text{mm}$$

$$t \geqslant \sqrt{\frac{6M_{max}}{f}} = \sqrt{\frac{6 \times 2120\text{N} \cdot \text{mm}}{215\text{N/mm}^2}} = 7.7\text{mm}$$

按构造底板厚度取 20mm，满足设计要求。

2) 主梁与柱的连接。采用图 4-11b 右的连接形式。螺栓起安装固定作用，采用 8 个 M12 普通螺栓，剪力全部由角钢支托承受。

$$V = (1.2 \times 5.58\text{kN/m} + 1.4 \times 13.7\text{kN/m}) \times 2.3\text{m} = 59.5\text{kN}$$

角钢选用∟ 100×80×6，采用上下双面角焊缝与柱连接，长度为 150mm，焊脚尺寸为 6mm。按下式验算角钢焊缝

$$\sigma_f = \frac{N}{h_e \sum l_w} = \frac{59500\text{N}/2}{0.7 \times 6\text{mm} \times (150-20)\text{mm}} = 54.5\text{MPa} < \beta_f f_f^w$$

$$= 1.22 \times 160\text{N/mm}^2 = 195.2\text{N/mm}^2$$

满足设计要求，连接如图 4-15 所示。

3) 主次梁的连接。采用图 4-4 右的连接形式，螺栓采用两根 8.8 级 M16 摩擦型高强螺栓，预拉力 P=80kN，接触面采用钢丝刷除锈抗滑移系数 $\mu=0.3$，验算连接强度。

次梁端剪力 $V_{次} = (1.2 \times 1.0\text{kN/m} + 1.4 \times 2.5\text{kN/m}) \times 7.7\text{m}/2 = 18.1\text{kN}$

$$N_V^b = 0.9 n_f \mu P = 0.9 \times 1 \times 0.3 \times 80\text{kN} = 21.6\text{kN} > V_{次}/2 = \frac{18.1\text{kN}}{2} = 9.05\text{kN}$$

满足设计要求。

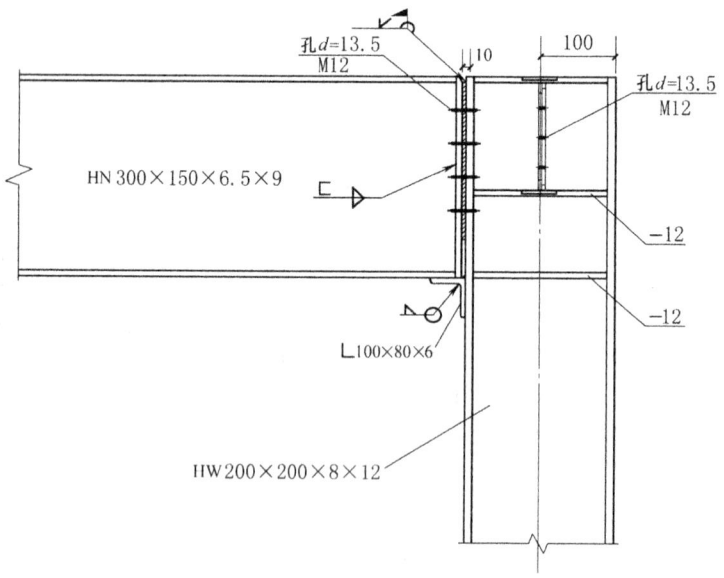

图 4-15 柱顶节点连接详图

4.7 工作平台设计任务书

1. 设计题目

钢结构工作平台

2. 设计任务

1) 材料选择。

2) 平台形式的确定。

3) 梁柱及支撑的布置。

4) 平台的结构设计。

5) 绘制平台施工图。(至少三个节点详图)

3. 设计资料

某厂房内工作平台,尺寸为 $18 \times 9m$,标高 2.000m,平台板无开洞。平台上无动荷载,作用均布载按 $2.0kN/m^2$ 考虑。

第 5 章 门式刚架课程设计

随着国民经济的发展，轻型钢结构建筑以其外形美观、施工进度快、符合环境保护和综合造价低的优势，在我国迅速发展，得到越来越广泛的应用。门式刚架是典型的轻型钢结构，也是目前国内应用最为广泛的轻型钢结构之一。本章按《冷弯薄壁型钢结构技术规范》及《门式刚架轻型房屋钢结构技术规程》编写，这里所说的轻型门式刚架结构，专指主要承重结构为单跨或多跨实腹门式刚架、具有轻型屋盖和轻型外墙、无桥式起重机或有起重量不大于20t的A1～A5工作级别桥式起重机或3t悬挂式起重机的单层房屋钢结构。

5.1 结构形式和布置

5.1.1 结构形式

在门式刚架轻型房屋钢结构体系（图 5-1）中，屋盖应采用压型钢板屋面板和冷弯薄壁型钢檩条，主刚架可采用变截面实腹刚架，外墙宜采用压型钢板墙板和冷弯薄壁型钢墙梁，也可以采用砌体外墙或底部为砌体、上部为轻质材料的外墙。主刚架斜梁下翼缘和刚架柱内翼缘的出平面稳定性，由与檩条或墙梁相连接的隅撑来保证。主刚架间的交叉支撑可采用张紧的圆钢。单层门式刚架轻型房屋可采用隔热卷材做屋盖隔热和保温层，也可以采用带隔热层的板材作屋面。

门式刚架分为单跨（图 5-2a）、双跨（图 5-2b）、多跨（图 5-2c）以及带挑檐的（图 5-2d）和带毗屋的（图 5-2e）等形式。多跨刚架中间柱与刚架斜梁的连接可采用铰接，此中间柱称为摇摆柱，刚架柱之间的摇摆柱数量不宜超过三根，同时摇摆柱不宜用于支承托架。多跨刚架宜采用双坡或单坡屋盖（图5-2f），必要时也可采用由多个双坡单跨相连的多跨刚架（图 5-2g）形式。实践表明，多跨刚架采用双坡或单坡屋顶有利于屋面排水，在多雨地区宜采用这些形式。

门式刚架的结构形式是多种多样的。按构件体系分，有实腹式和格构式；按

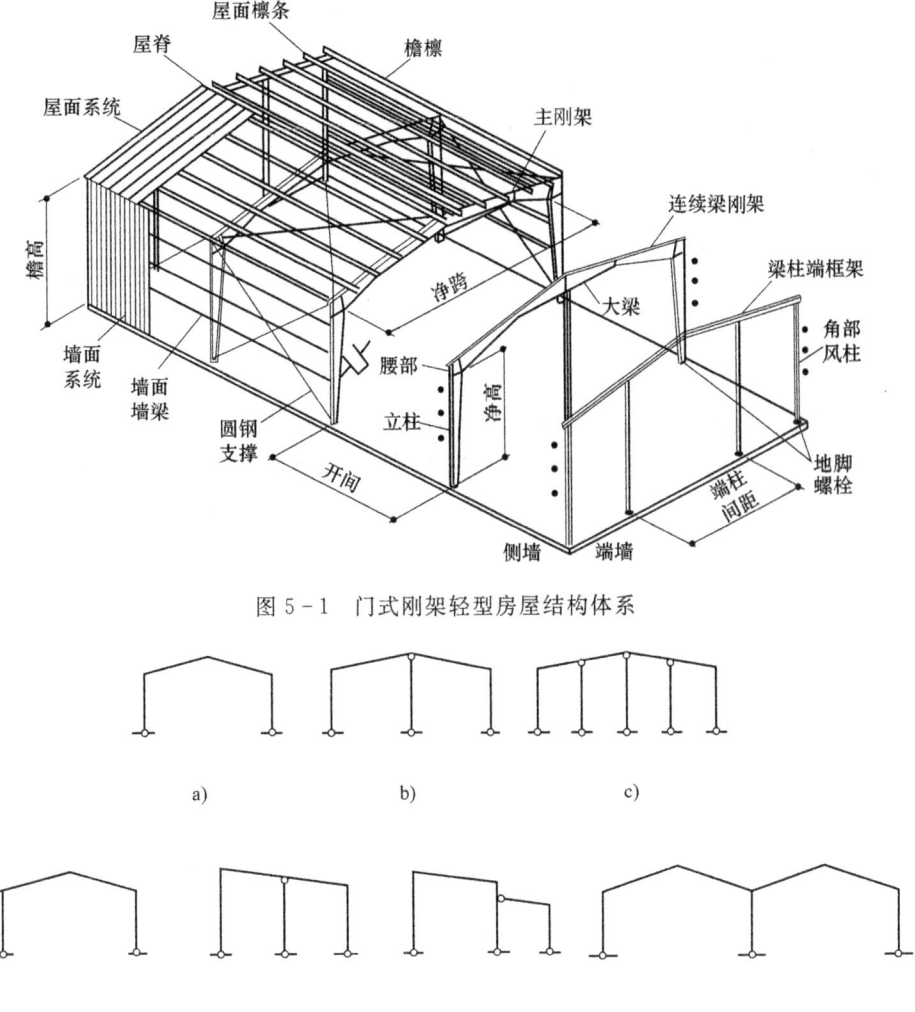

图 5-1 门式刚架轻型房屋结构体系

图 5-2 门式刚架形式示例
a) 单跨双坡刚架 b) 双跨双坡刚架 c) 多跨双坡刚架 d) 单跨双坡带挑檐刚架
e) 双跨单坡带毗屋刚架 f) 双跨单坡刚架 g) 双跨四坡刚架

截面形式分，有等截面和变截面；按结构选材分，有普通型钢、薄壁型钢和钢管等。根据跨度、高度和荷载不同，门式刚架的梁、柱可采用等截面或变截面的实腹焊接工字形截面或轧制 H 形截面。设有桥式起重机时，柱宜采用等截面构件。变截面构件通常改变腹板的高度做成楔形，必要时也可以改变腹板厚度。结构构件在安装单元内一般不改变翼缘截面，当必要时，可改变翼缘厚度；邻接的安装单元可采用不同的翼缘截面，两单元相邻截面高度宜相等。

门式刚架可由多个梁、柱单元构件组成。柱一般为单独的单元构件，斜梁可根据运输条件划分为若干个单元。单元构件本身采用焊接，单元构件之间可通过端板以高强度螺栓连接。

门式刚架的斜梁与柱为刚接，柱脚多按铰接支承设计，通常为平板支座，设一对或两对地脚螺栓。当水平荷载较大、结构刚度要求较高或用于工业厂房且有 5t 以上桥式起重机时，宜将柱脚设计成刚接。

门式刚架轻型房屋的屋面坡度宜取 1/8～1/20，在雨水较多的地区宜取其中的较大值。当屋面坡度小于 1/20 时，应校核结构变形后雨水顺利排泄的能力。校核时应考虑安装误差、支座沉降、构件挠度、侧移和起拱的影响。

5.1.2 建筑尺寸

1) 门式刚架的跨度，应取横向刚架柱轴线间的距离。

2) 门式刚架的高度，应取地坪至柱轴线与斜梁轴线交点的高度。高度应根据使用要求的室内净高确定，设有起重机的厂房应根据轨顶标高和起重机净空要求确定。

3) 柱的轴线可取通过柱下端（较小端）中心的竖向轴线；工业建筑边柱的定位轴线宜取柱外皮；斜梁的轴线可取通过变截面梁段最小端中心与斜梁上表面平行的轴线。

4) 门式刚架轻型房屋的檐口高度，应取地坪至房屋外侧檩条上缘的高度；门式刚架轻型房屋的最大高度，应取地坪至屋盖顶部檩条上缘的高度；门式刚架轻型房屋的宽度，应取房屋侧墙墙梁外皮之间的距离；门式刚架轻型房屋的长度，应取两端山墙墙梁外皮之间的距离。

5) 当门式刚架边柱柱宽不等时，其外侧应对齐。当山墙墙架或双跨结构中部分刚架的中间柱被抽掉时，常出现边柱柱宽不等的情况。

6) 门式刚架的跨度，宜为 9～36m，以 3m 为模数。必要时也可采用非模数跨度。一般经济跨度为 21～30m。门式刚架的平均高度，宜为 4.5～9.0m；当有桥式起重机时门式刚架的平均高度不宜大于 12m。门式刚架的间距，即柱网轴线间的纵向距离宜采用 6～9m，亦可采用 7.5m，最大可采用 12m，最小也可采用 4.5m。通常情况下，门式刚架的跨度越大，其间距也越大，对有起重量 10t 以上的起重机或较大的悬挂荷载的单层门式刚架轻型房屋，刚架的间距以 6m 为宜。

7) 挑檐长度可根据使用要求确定，宜采用 0.5～1.2m。其上翼缘坡度宜与斜梁坡度相同。

5.1.3 结构平面布置

门式刚架轻型房屋钢结构的温度区段（伸缩缝间距）应满足：纵向温度区段长度不大于 300m，横向温度区段长度不大于 150m。当房屋的宽度超过 150m，而在使用上又不宜设置纵向伸缩缝时，应计算温度应力对刚架的影响。当需要设置横向伸缩缝时，可采用以下两种构造方法：

1) 在搭接檩条的螺栓连接处采用长圆孔，并使该处屋面板（图5-3）在构造上允许胀缩。起重机梁与柱的连接处也采用长圆孔。

2) 通常设置双柱。

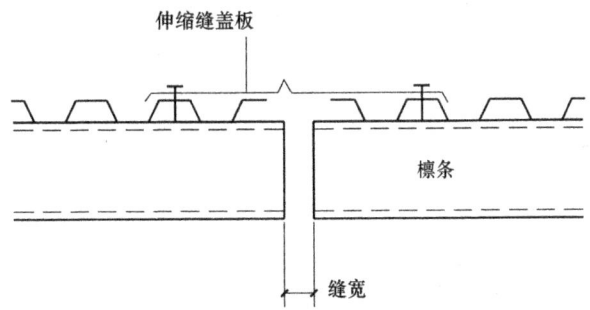

图5-3 伸缩缝处屋面板构造

在多跨刚架局部抽掉中间柱或边柱处可布置托梁或托架。此时应在其两侧（或一侧）设置纵向水平支撑，并向两端延伸一个开间（图5-4），以加强整体刚度，并保证托梁或托架的整体稳定性。

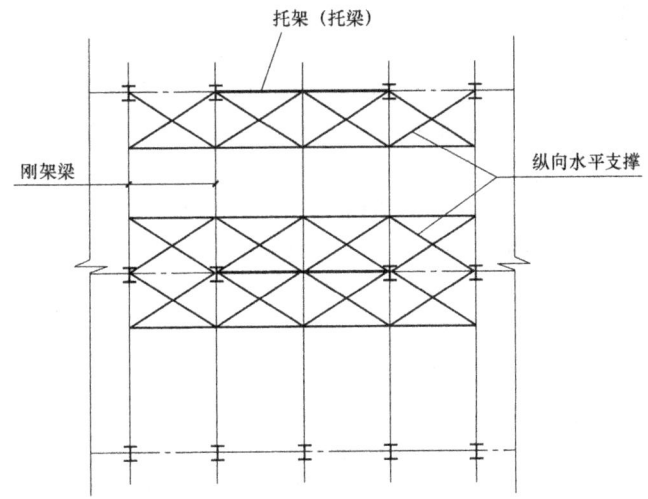

图5-4 托架（托梁）侧边布置纵向水平支撑

山墙可设置由斜梁、抗风柱、墙梁及其支撑组成的山墙墙架，或仍采用门式刚架。当建筑物考虑扩建时，扩建端宜设门式刚架。

屋面檩条的形式和布置，应考虑天窗、通风屋脊、采光带、屋面材料、檩条的供货规格等因素的影响。屋面压型钢板厚度和檩条间距应按计算确定。

5.1.4 墙架布置

门式刚架轻型房屋钢结构侧墙墙梁的布置，应考虑设置门窗、挑檐、雨篷等构件和围护材料的要求。

门式刚架轻型房屋钢结构的侧墙,当采用压型钢板作围护面时,墙梁宜布置在刚架柱的外侧,其间距随墙板板型和规格确定,且不应大于计算要求的值。

门式刚架轻型房屋的外墙,当抗震设防烈度不高于 6 度时,可采用轻型钢墙板或砌体;当抗震设防烈度为 7 度、8 度时,可采用轻型钢墙板或非嵌砌砌体;当抗震设防烈度为 9 度时,宜采用轻型钢墙板或与柱柔性连接的轻质墙板。

5.1.5 支撑布置

门式刚架属于平面结构,建筑物在长度方向的纵向结构刚度较弱,需要沿建筑物的纵向设置支撑以保证其纵向稳定性。支撑系统的主要目的是把施加在建筑物纵向上的风荷载、起重机荷载、地震作用等从其作用点传到柱基础最后传到地基。门式刚架在支撑、纵向构件和围护结构的联系下组成空间的稳定整体。支撑虽不是主要承重构件,但在结构中却是不可或缺的。所以,支撑和刚性系杆的布置应符合下列要求:

1) 在每个温度区段或分期建设的区段中,应分别设置能独立构成空间稳定结构的支撑体系。

2) 在设置柱间支撑的开间,宜同时设置屋盖横向支撑,以组成几何不变体系。若不能设置在同一开间,则应加设刚性系杆来传力。

3) 屋盖横向支撑宜设在温度区段端部的第一开间或第二开间。当端部支撑设在第二开间时,在第一开间的相应位置宜设置刚性系杆。

4) 在设有带驾驶室且起重量大于 15t 桥式起重机的跨间,应在屋盖边缘设置纵向支撑桁架。当柱距较大,边柱列采用加墙架柱的方案时,应设置纵向水平支撑。

5) 柱间支撑的间距根据纵向柱距、受力情况和安装条件确定。当厂房内无起重机时,一般取 30～45m;当有起重机时宜设在温度区段中部,或当温度区段较长时宜设在三分点处,且间距不大于 60m。当房屋高度相对柱距较大时,柱间支撑宜分层设置。当有高低跨时,宜在高低跨处分层设置柱间上柱支撑和下柱支撑。有起重机时,应以起重机梁兼作纵向系杆设置上、下两层柱间支撑。当设有起重量不小于 5t 的桥式起重机时,柱间支撑宜采用型钢支撑。在温度区段端部起重机梁以下不宜设置柱间刚性支撑,以减小起重机梁的温度应力。当出现不允许设置交叉柱间支撑的情况时,可设置其他形式的支撑;当出现不允许设置任何支撑的情况时,可设置纵向刚架。

6) 刚架转折处(如单跨房屋边柱柱顶和屋脊,多跨房屋某些中间柱柱顶和屋脊)应沿房屋全长设置刚性系杆。由支撑斜杆等组成的水平桁架,其直腹杆宜按刚性系杆考虑。刚性系杆可由檩条兼作,此时檩条应满足对压弯杆件的刚度和承载力要求;当不满足时,可在刚架斜梁间设置钢管、H 型钢或其他截面的杆件。

7) 门式刚架轻型房屋钢结构的支撑,可采用带张紧装置(图 5-5)的十字交叉圆钢支撑。圆钢与构件的夹角应在 30°～60°范围内,宜接近 45°。

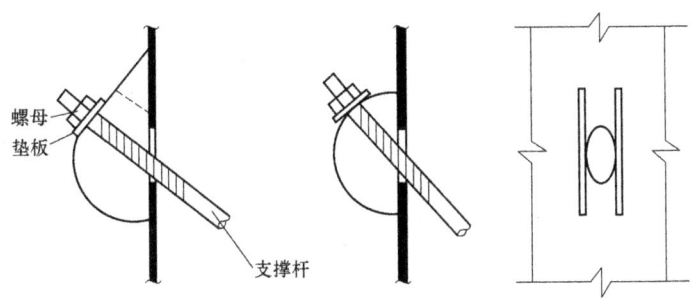

图 5-5 张紧装置的圆钢支撑

5.2 梁柱截面形式及尺寸确定

5.2.1 刚架柱

对于无起重机单层房屋：边柱及与梁刚接的中柱采用楔形柱；摇摆柱及与梁刚接的中柱采用等截面柱，如 H 型钢、圆管、方管、矩形管等。

对于有起重机单层房屋：起重机起重量<5t，采用与梁刚接的楔形柱或等截面柱；起重机起重量≥5t，采用等截面柱，与梁刚接，并采用刚接柱脚。

5.2.2 刚架梁

刚架梁有楔形梁（图 5-6a）、双楔形梁（图 5-6b）或加腋梁（图 5-6c）等多种形式。选择哪一种形式，应结合制作单位的生产工艺而定。目前国内多使用一端加腋梁或两端加腋梁（图 5-6c、d）。

刚架梁可以沿梁长度方向分段变化截面高度和腹板厚度、翼缘宽度和厚度，同一运输单元翼缘宽度不变化，不同单元连接处截面高度应相等。当翼缘宽度变

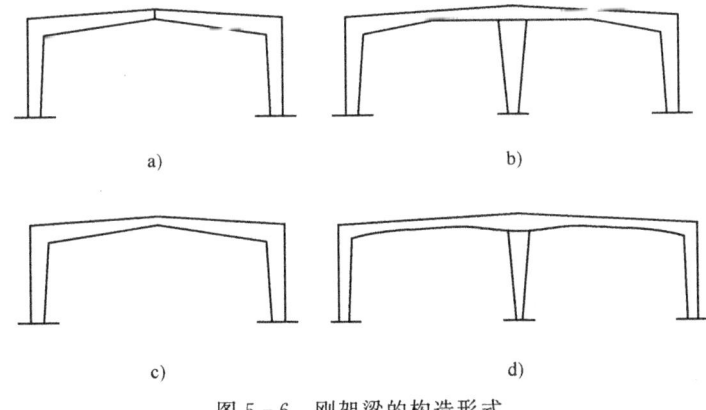

图 5-6 刚架梁的构造形式
a）楔形梁 b）双楔形梁 c）一端加腋梁 d）两端加腋梁

化明显（相差30mm以上）时，为避免产生应力集中现象，应采用梯形板或三角板（图5-7）使翼缘平缓过渡。

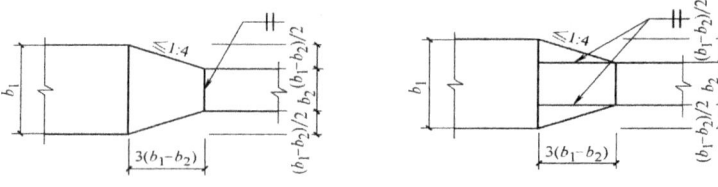

图5-7 梁翼缘变宽度的平缓过渡

确定刚架梁加腋长度时，应综合考虑以下因素：梁端截面承载力要求以及梁与柱连接处对连接高度的要求；利用腹板屈曲后强度，腹板高度变化率不超过60mm/m；梁与中柱采用柱顶平接时，应考虑运输设备对长度的限制要求。表5-1给出了梁端加腋长度的参考值。

表5-1 梁端加腋长度与梁跨度的近似比值

结构形式	跨内无桥式起重机		跨内有桥式起重机	
	与边柱相连	与中柱相连	与边柱相连	与中柱相连
单跨	0.2	—	0.25	—
多跨	0.15～0.2	0.2～0.25	0.2～0.25	0.25～0.3

5.2.3 截面尺寸确定

1) 焊接工字型截面尺寸：截面高度 h 以 10mm 为模数；截面宽度 b 以 5mm 为模数，但工程中经常以 10mm 为模数；腹板厚度 t_w 可取 4mm、5mm、6mm，大于 6mm 以 2mm 为模数；翼缘厚度 $t \geqslant 6$ mm，以 2mm 为模数，且大于腹板厚度。

2) 工字型截面的高厚比 (h/b)：通常取 $h/b=2\sim5$，承受桥式起重机荷载的柱子宜取小值；梁与柱采取侧接连接（端板竖放）时，该梁端 $h/b \leqslant 6.5$。

3) 变截面构件的工字型截面尺寸可参考表5-2粗略估算。

表5-2 变截面构件的工字型截面尺寸估算

有无起重机	单跨			多跨				
	h_{c1}	h_{b1}	h_{b0}	h_{c1}	h_{c2}	h_{b1}	h_{b2}	h_{b0}
无起重机 $Q \leqslant 5t$	$H/(10\sim15)$ $L/(30\sim40)$	$L/(30\sim35)$	$L/(55\sim65)$	$H/(10\sim15)$ $L/(30\sim40)$	$H/(10\sim15)$ $L/(30\sim40)$	$L/(30\sim40)$	$L/(30\sim45)$	$L/(45\sim55)$
$Q \geqslant 5t$	$H/(12\sim18)$ $L/(40\sim50)$	$L/(25\sim30)$	$L/(50\sim55)$	$H/(12\sim18)$ $L/(40\sim50)$	$H/(16\sim20)$ $L/(45\sim55)$	$L/(30\sim35)$	$L/(25\sim30)$	$L/(40\sim50)$

注：1. Q 为桥式起重机起重量。
   2. 表格中的符号如图5-8所示。

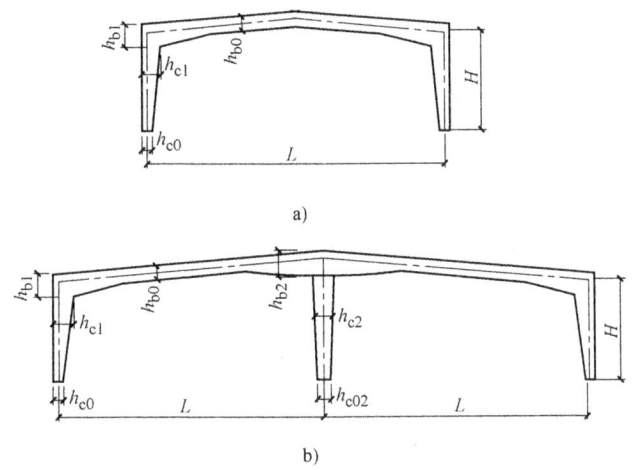

图 5-8 刚架截面尺寸示意图
a) 单跨刚架 b) 多跨刚架

注：1. 承受 $Q \geqslant 5t$ 的等截面柱，$h_{c0}=h_{c1}$，$h_{c02}=h_{c2}$，柱两端均为刚接。
    2. 楔形柱 $h_{c0} \geqslant 200mm$。

5.3 荷载及内力计算

5.3.1 荷载及荷载组合

门式刚架计算所涉及的荷载，除《门式刚架轻型房屋钢结构技术规程》有特殊规定外其余均按 GB 50009—2001《建筑结构荷载规范》（以下简称《荷载规范》）采用。

门式刚架计算所涉及的荷载包括永久荷载和可变荷载。

1. 永久荷载

永久荷载主要指结构自重，即按结构构件的设计尺寸与材料单位体积的自重（或单位面积的自重）计算确定。对于自重变异较大的材料和构件（如现场制作的保温材料、混凝土薄壁构件等），考虑到结构的可靠性，在设计中应根据该荷载对结构的不利情况取值。

永久荷载包括结构构件的自重和悬挂在结构上的非结构构件的重力荷载，如屋面、檩条、支撑、吊顶、墙面构件和刚架自身等。结构自重按《荷载规范》的规定采用。悬挂荷载还应包括建筑给水、采暖、电气、通风、空调等系统悬挂于屋面结构下的管道和设备荷载，按实际情况进行取值。

在不同情况下，施工或检修集中荷载可取跨中集中荷载 0.8kN 或 1.0kN。因轻型房屋屋面自重很小，所以施工或检修荷载取 1.0kN，刚架构件设计时不考虑施工或检修荷载。

2. 可变荷载

可变荷载包括屋面活荷载、积灰荷载、雪荷载、起重机荷载、风荷载等。其标准值应按《荷载规范》和《门式刚架轻型房屋钢结构技术规程》的相关规定采用。

(1) 屋面均布活荷载　当采用压型钢板轻型屋面时，屋面竖向均布活荷载的标准值（按水平投影面积计算）取 $0.5kN/m^2$；对受荷水平投影面积大于 $60m^2$ 的刚架构件，屋面竖向均布活荷载的标准值应不小于 $0.3kN/m^2$。

(2) 屋面雪荷载　在水平投影面上的标准值，应按下式计算

$$s_k = \mu_r s_0 \tag{5-1}$$

式中　s_k——雪荷载标准值（kN/m^2）；

μ_r——屋面积雪分布系数；

s_0——基本雪压（kN/m^2）。

基本雪压 s_0 应按《荷载规范》附录 D.4 中附表 D.4 给出的 50 年一遇的雪压采用。对雪荷载敏感的结构，基本雪压应适当提高，按有关的结构设计规范具体规定采用。屋面积雪分布系数 μ_r 按《荷载规范》中第 6.2 节规定采用。

设计屋面板和檩条时，应考虑在屋面天沟、阴角、天窗挡风板、高低跨连接处等按积雪不均匀分布系数采用。

(3) 屋面积灰荷载　设计生产中有大量排灰的厂房及其邻近建筑时，对于具有一定除尘设施和保证清灰制度的机械、冶金、水泥等的厂房屋面，其水平投影面上的屋面积灰荷载按《荷载规范》中第 4.4.1 条规定采用。对于屋面上易形成灰堆处，在设计屋面板、檩条时，积灰荷载标准值可乘以增大系数，按《荷载规范》中第 4.4.2 条规定采用。

(4) 起重机荷载　包括起重机竖向荷载、起重机纵向和横向水平荷载，按《荷载规范》中第 5 章规定采用。

(5) 水平地震作用　由于单层门式刚架轻型房屋钢结构的自重小，当抗震设防烈度为 7 度及 7 度以下时，一般不需进行抗震验算；当抗震设防烈度为 8 度及 8 度以上时，横向刚架和纵向框架均需进行抗震验算。当设有多于一层并与门式刚架相连接的附属建筑时，应进行抗震验算。

门式刚架轻型房屋钢结构应按 GB 50011—2001《建筑抗震设计规范》进行抗震验算，并符合下列要求

$$S_E \leqslant R/\gamma_{RE} \tag{5-2}$$

式中　S_E——考虑多遇地震作用时，荷载和地震作用效应组合的设计值；

R——结构构件承载力设计值；

γ_{RE}——承载力抗震调整系数，按表 5-3 选用。

表 5-3 承载力抗震调整系数 γ_{RE}

构件或连接	梁	柱	支撑	节点	螺栓	焊缝
γ_{RE}	0.75	0.75	0.80	0.85	0.85	0.90

门式刚架轻型房屋钢结构在一般情况下，符合高度不大于 40m、以剪切变形为主和近似于单质点结构等条件，其水平地震作用效应可采用底部剪力法分析确定。抗震验算时，单层钢结构房屋的阻尼比可取 0.05。

采用底部剪力法计算刚架水平地震作用时，对无起重机且高度不大的刚架可采用单质点简图（图 5-9a），假定柱上半部及以上各种竖向荷载质量均集中于质点 m_1；当有起重机荷载时，可采用三质点简图（图 5-9b），屋盖质量及上阶柱上半区段内竖向荷载集中于质点 m_1，起重机桥架、起重机梁、上阶柱下半区段和下阶柱上半段（包括墙体重量）的竖向荷载集中于质点 m_2。

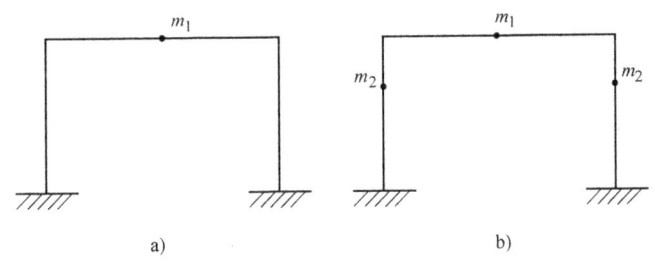

图 5-9 刚架质点的质量集中
a) 单质点简图　b) 三质点简图

（6）风荷载　垂直于建筑物表面上的风荷载标准值，按下式计算

$$\omega_k = \mu_s \mu_z \omega_0 \tag{5-3}$$

式中　ω_k——任意高度处的风荷载标准值（kN/m^2）；

　　　μ_s——风荷载体形系数；

　　　μ_z——风压高度变化系数；

　　　ω_0——基本风压（kN/m^2），应按《荷载规范》规定的风压值乘以 1.05 采用。

风压高度变化系数 μ_z 应根据建筑物离地面或海平面的高度以及地面的粗糙程度进行确定，按《荷载规范》中表 7.2.1 取值。应注意的是，此表仅适用于地形平坦或稍有起伏的情况，对于其他地形条件的建筑物，如山峰、山坡、山间盆地、谷地以及远海海面、海岛的建筑物，还应考虑地形条件的修正系数 η，可按《荷载规范》中有关规定采用。

风荷载体形系数 μ_s 主要用于描述建筑物表面在稳定风压作用下的静态压力的分布规律，与建筑物的体型、平面尺寸以及周围环境密切相关。取值时应按

《门式刚架轻型房屋钢结构技术规程》中附录 A.0.2 的规定。

须要注意,《门式刚架轻型房屋钢结构技术规程》中附录 A.0.2 的规定仅适用于以下门式刚架轻型房屋:屋面坡度不大于 10°、屋面平均高度不大于 18m、房屋高宽比不大于 1、檐口高度不大于房屋的最小水平尺寸。对不符合以上规定的建筑类型和体型,风荷载体形系数应采用《荷载规范》的规定值,则基本风压和阵风系数也应采用《荷载规范》的规定值配套使用。所以,设计时不能将以上两套规定混合使用。

3. 荷载效应组合应遵循的原则

1) 屋面均布活荷载不与雪荷载同时考虑,应取两者中较大值。
2) 积灰荷载与不上人屋面均布活荷载或雪荷载两者中较大值同时考虑。
3) 施工或检修集中荷载不与屋面材料或檩条自重以外的其他荷载同时考虑。
4) 多台起重机组合应按《荷载规范》中第 5.2 条中的规定计算。
5) 风荷载不与地震作用同时考虑。

在进行刚架的内力分析时,一般应考虑以下几种组合(含荷载分项系数):

1) $1.2\times$ 永久荷载 $+0.9\times$ [$1.4\times$ (屋面均布活荷载,雪荷载)$_{max}$ $+1.4\times$ 积灰荷载 $+1.4\times$ 风荷载 $+1.4\times$ 起重机竖向荷载 $+1.4\times$ 起重机水平荷载]。

2) $1.2\times$ 永久荷载 $+1.4\times$ [(屋面均布活荷载,雪荷载)$_{max}$ $+$ 积灰荷载 $+$ 起重机竖向荷载]。

3) $1.0\times$ 永久荷载 $+1.4\times$ 风荷载。

4) $1.0\times$ 永久荷载 $+0.9$ ($1.4\times$ 风荷载 $+1.4\times$ 邻跨起重机水平荷载);此组合仅用于多跨有起重机刚架。

上述 1)、2) 项组合主要用于计算最大弯矩及最大轴力的内力组合以进行刚架截面强度及构件稳定性计算;3)、4) 项组合主要用于计算轴力最小而相应弯矩最大内力组合以进行柱脚及锚栓的计算。

当考虑计算刚架水平地震作用及自振特性时,荷载组合采用:

永久荷载 $+0.5\times$ [(屋面均布活荷载,雪荷载)$_{max}$ $+$ 积灰荷载] $+$ 悬挂式起重机或桥式起重机自重

在进行刚架的内力分析考虑水平地震作用组合时,荷载组合采用:

$1.2\times$ 永久荷载 $+1.4\times$ {$0.5\times$ [(屋面均布活荷载,雪荷载)$_{max}$ $+$ 积灰荷载] $+$ 悬挂式起重机或桥式起重机竖向荷载} $+1.3\times$ 水平地震作用

由于门式刚架结构的自重较轻,水平地震作用产生的荷载效应一般较小。实际经验表明,当抗震设防烈度为 7 度而风荷载标准值大于 0.35 kN/m²;当抗震设防烈度为 8 度而风荷载标准值大于 0.45 kN/m² 时,水平地震作用的组合一般不起控制作用。

5.3.2 内力计算

1. 变截面门式刚架内力计算

变截面门式刚架应采用弹性分析方法确定各种内力。因变截面门式刚架构件有可能在几个截面同时出现或接近同时出现塑性铰，所以不宜利用塑性铰出现后的应力重分布。同时，变截面门式刚架构件的腹板经常用得很薄，截面发展塑性的潜力很小，故规定内力计算采用弹性分析方法。

变截面门式刚架在进行内力分析时，一般进行横向刚架计算，并取单榀刚架按平面结构分析内力，一般不考虑应力蒙皮效应。考虑应力蒙皮效应只适用于屋面板为钢板的情况，通过钢板的刚度和抗剪承载力来提高刚架结构的整体刚度和承载力，钢板的设计必须符合一定的条件，才可将其视为结构的一部分进行应力蒙皮设计，所以当有必要且有条件时，才可以考虑屋面板的应力蒙皮效应。

变截面门式刚架内力分析可采用杆系单元有限元法（直接刚度法）编制的计算程序上机计算。计算时宜将变截面构件分为若干段，每段可视为等截面，也可采用楔形单元。当需要手算时，可采用结构力学方法或利用静力计算的公式和图表进行计算。

根据不同的荷载组合进行内力计算，找出控制截面的不利内力进行构件的验算，控制截面的位置一般在柱底、柱顶、柱牛腿连接处以及梁端、梁跨中等截面。控制截面的内力组合主要有：

1) 最大轴压力 N_{max} 和相应出现的弯矩 M、剪力 V。
2) 最大弯矩 M_{max} 和相应出现的轴力 N、剪力 V。
3) 最小轴压力 N_{min} 和相应出现的弯矩 M、剪力 V。

以上 1)、2) 种情况有可能是重合的，且针对构件是双轴对称截面。如果是单轴对称截面的构件，则应区分正、负最大弯矩。第 3) 种情况出现在永久荷载和风荷载共同作用下，当柱脚铰接时 $M=0$。

2. 等截面门式刚架内力计算

门式刚架构件全部为等截面时才允许采用塑性分析方法，并按《钢结构设计规范》的相关规定进行设计，但这种情况在实际工程中应用较少。

构件全部为等截面的门式刚架，采用弹性分析方法确定其内力时，可参考上述内容进行。

5.3.3 侧移计算

变截面门式刚架的柱顶侧移应采用弹性分析方法确定。计算时荷载应取标准值，不考虑荷载分项系数。侧移计算和内力计算一样可以上机计算或手算。当采用手算时可采用以下简化公式。

1. 单跨门式刚架

当单跨变截面门式刚架斜梁上缘坡度不大于 1:5 时，在柱顶水平力作用下

的侧移 u，可按下列公式估算：

柱脚铰接刚架

$$u = \frac{Hh^3}{12EI_c}(2+\xi_t) \qquad (5-4)$$

柱脚刚接刚架

$$u = \frac{Hh^3}{12EI_c}\frac{3+2\xi_t}{6+2\xi_t} \qquad (5-5)$$

$$\xi_t = \frac{I_c L}{h I_b} \qquad (5-6)$$

式中　h、L——刚架柱高度和刚架跨度，当坡度大于 $1:10$ 时，L 应取横梁沿坡折线的总长度 $2s$，如图 5-10 所示；

I_c、I_b——柱和横梁的平均惯性矩，按式（5-7）、式（5-8）进行计算；

H——刚架柱顶等效水平力，按式（5-9）~式（5-13）进行计算；

ξ_t——刚架柱与刚架梁的线刚度比值。

对楔形柱

$$I_c = (I_{c0}+I_{c1})/2 \qquad (5-7)$$

对双楔形横梁

$$I_b = [I_{b0}+\beta I_{b1}+(1-\beta)I_{b2}]/2 \qquad (5-8)$$

式中　I_{c0}、I_{c1}——柱小头和大头的惯性矩（图 5-10）；

I_{b0}、I_{b1}、I_{b2}——楔形横梁最小截面、檐口和跨中截面的惯性矩（图 5-10）；

β——楔形横梁长度比值（图 5-10）；

当估算刚架在沿柱高度均布的水平风荷载作用下的侧移时（图 5-11），柱顶等效水平力 H 可取

柱脚铰接框架

$$H = 0.67W \qquad (5-9)$$

柱脚刚接框架

$$H = 0.45W \qquad (5-10)$$

$$W = (w_1+w_4)h \qquad (5-11)$$

当估算刚架在起重机水平荷载 P_c 作用下的侧移时（图 5-12），柱顶等效水平力 H 可取

柱脚铰接框架

$$H = 1.15\eta P_c \qquad (5-12)$$

柱脚刚接框架

$$H = \eta P_c \qquad (5-13)$$

式中　w_1、w_4——刚架两侧承受的沿柱高度均布的水平风荷载标准值（kN/m），按《门式刚架轻型房屋钢结构技术规程》附录 A 规定的标准

值计算；

η——起重机水平荷载 P_c 作用高度与柱高度之比（图 5-12）。

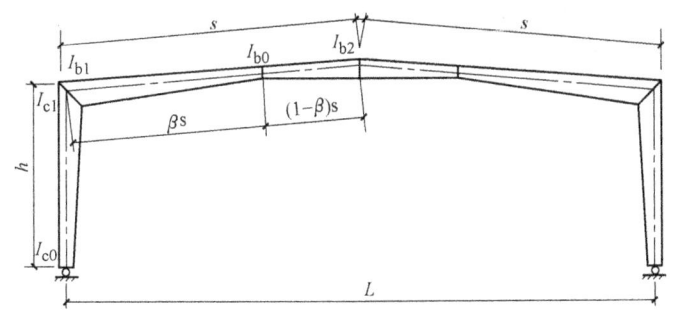

图 5-10　变截面刚架的几何尺寸

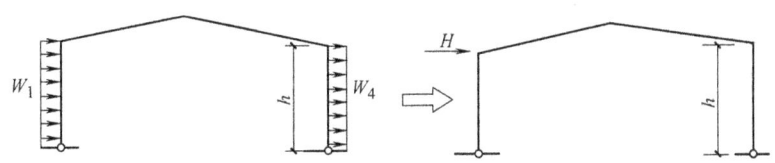

图 5-11　刚架在均布风荷载作用下柱顶的等效水平力

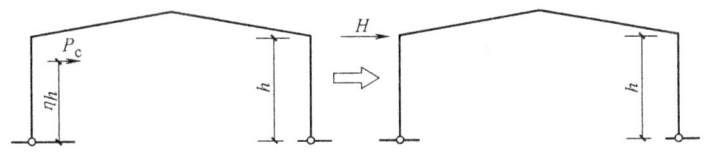

图 5-12　刚架在起重机水平荷载作用下柱顶的等效水平力

2. 两跨门式刚架

中间柱为摇摆柱的两跨（图 5-13）门式刚架，柱顶侧移可按式（5-4）或式（5-5）计算，但式（5-6）中的 L 应以 $2s$ 代替，s 为单坡面长度（图 5-13）。

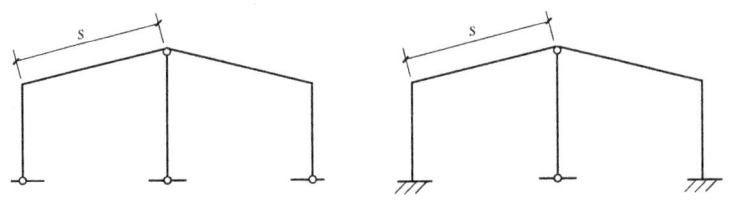

图 5-13　有摇摆柱的两跨刚架

3. 多跨门式刚架

当中间柱与横梁刚性连接时,可将多跨刚架视为多个单跨刚架(图 5-14)的组合体(每个中间柱分为两半,惯性矩各为 $I/2$),按下列公式计算整个刚架在柱顶水平荷载作用下的侧移

$$u = \frac{H}{\sum K_i} \quad (5-14)$$

$$K_i = \frac{12EI_{ei}}{h_i^3(2+\xi_{ti})} \quad (5-15)$$

$$\xi_{ti} = \frac{I_{ei}l_i}{h_i I_{bi}} \quad (5-16)$$

$$I_{ei} = \frac{I_l + I_r}{4} + \frac{I_l I_r}{I_l + I_r} \quad (5-17)$$

式中 $\sum K_i$ ——柱脚铰接时各单跨刚架的侧向刚度之和;

h_i——所计算跨两柱的平均高度;

l_i——与所计算柱相连接的单跨刚架梁的长度;

I_{ei}——两柱惯性矩不相同时的等效惯性矩;

I_l、I_r——左、右两柱的惯性矩,如图 5-14 所示;

I_{bi}——与所计算柱相连接的单跨刚架梁的惯性矩;

ξ_{ti}——所计算柱与相连接的单跨刚架梁的线刚度比值。

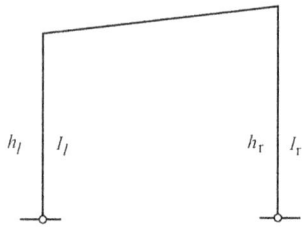

图 5-14 左右两柱的惯性矩

4. 变形规定

单层门式刚架在风荷载或起重机水平荷载的作用下,其柱顶侧移值必须满足表 5-4 的规定限值要求。

表 5-4 刚架柱顶侧移限值

起重机情况	其 他 情 况	柱顶侧移限值
无起重机	采用轻型钢墙板 采用砌体墙	$h/60$ $h/100$
有桥式起重机	当起重机有驾驶室 当起重机由地面操作时	$h/400$ $h/180$

注:表中 h 为刚架柱高度。

若计算不满足柱顶侧移限值的要求,应采取以下措施:
1) 放大刚架柱和(或)刚架梁的截面尺寸。
2) 将柱脚的铰接连接改为刚性连接。
3) 将多跨刚架中的个别或全部摇摆柱改为与刚架梁的刚性连接。

5. 等截面门式刚架

对构件是等截面的门式刚架,可参考上述计算公式进行计算。

5.4 构件设计

5.4.1 变截面刚架柱、梁设计

1. 刚架柱、梁板件宽厚比限值

工字形截面(图 5-15)构件受压翼缘自由外伸宽度 b 与其厚度 t 之比

$$b/t \leqslant 15\sqrt{235/f_y} \tag{5-18}$$

式中 f_y——钢材的屈服强度。

工字形截面梁、柱构件腹板计算的高度 h_w 与其厚度 t_w 之比

$$h_w/t_w \leqslant 250\sqrt{235/f_y} \tag{5-19}$$

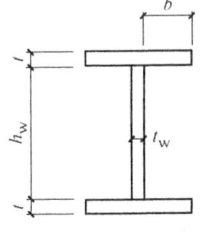

图 5-15 工字形截面尺寸

2. 腹板屈曲后强度的利用

工字形截面构件的翼缘不利用屈曲后强度,而腹板则考虑屈曲后强度的利用。

1) 工字形截面构件腹板考虑屈曲后强度的抗弯承载力和压弯承载力时,按有效宽度法计算截面特性。有效宽度 h_e 应取:

当截面全部受压时

$$h_e = \rho h_w \tag{5-20a}$$

当截面部分受拉时,受拉区全部有效,受压区有效宽度

$$h_e = \rho h_c \tag{5-20b}$$

式中 h_c——腹板受压区宽度;
ρ——有效宽度系数。

ρ 按下列公式计算

当 $\lambda_p \leqslant 0.8$ 时

$$\rho = 1 \tag{5-21a}$$

当 $0.8 < \lambda_p \leqslant 1.2$ 时

$$\rho = 1 - 0.9(\lambda_p - 0.8) \tag{5-21b}$$

当 $\lambda_p > 1.2$ 时

$$\rho = 0.64 - 0.24(\lambda_p - 1.2) \tag{5-21c}$$

式中 λ_p——与板件受弯、受压有关的参数,按下式计算

$$\lambda_p = \frac{h_w/t_w}{28.1\sqrt{k_\sigma}\sqrt{235/f_y}} \quad (5-22)$$

$$k_\sigma = \frac{16}{\sqrt{(1+\beta)^2 + 0.112(1-\beta)^2} + (1+\beta)} \quad (5-23)$$

$$\beta = \sigma_2/\sigma_1 \quad (5-24)$$

式中 h_w、t_w —— 腹板的高度、厚度；

k_σ —— 板件在正应力作用下的凸曲系数；

β —— 截面边缘正应力比值（如图 5-16），以压应力为正，拉应力为负，$-1 \leqslant \beta \leqslant 1$。

当板边最大应力 $\sigma_1 < f$ 时，计算 λ_p 可用 $\gamma_R \sigma_1$ 代替式（5-22）中的 f_y，γ_R 为抗力分项系数，对 Q235 和 Q345 钢材 $\gamma_R = 1.1$。

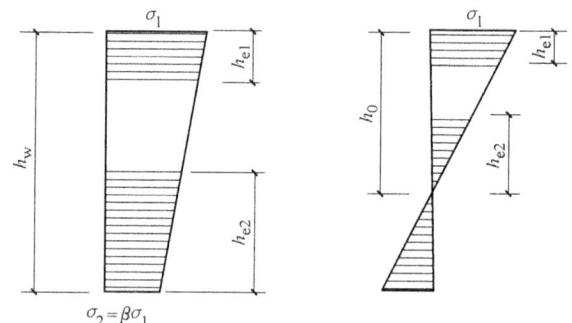

图 5-16 有效宽度的分布

2）工字形截面构件腹板考虑屈曲后强度的抗剪承载力。当腹板高度变化不超过 60mm/m 时，可考虑屈曲后强度（拉力场），其抗剪承载力设计值

$$V_d = h_w t_w f'_v \quad (5-25)$$

当 $\lambda_w \leqslant 0.8$ 时

$$f'_v = f_v \quad (5-26a)$$

当 $0.8 < \lambda_w < 1.4$ 时

$$f'_v = [1 - 0.64(\lambda_w - 0.8)]f_v \quad (5-26b)$$

当 $\lambda_w \geqslant 1.4$ 时

$$f'_v = (1 - 0.275\lambda_w)f_v \quad (5-26c)$$

式中 f_v —— 钢材抗剪强度设计值；

h_w —— 腹板的高度，对楔形腹板取板幅平均高度；

t_w —— 腹板的厚度；

f'_v —— 腹板屈曲后抗剪强度设计值；

λ_w —— 与板件受剪有关的的参数，按下式计算

$$\lambda_w = \frac{h_w/t_w}{37\sqrt{k_\tau}\sqrt{235/f_y}} \quad (5-27)$$

当 $a/h_w < 1$ 时

$$k_\tau = 4 + \frac{5.34}{(a/h_w)^2} \qquad (5-28a)$$

当 $a/h_w \geqslant 1$ 时

$$k_\tau = 5.34 + \frac{4}{(a/h_w)^2} \qquad (5-28b)$$

式中　a——横向加劲肋间距；

k_τ——受剪板件的凸曲系数，当不设中间横向加劲肋时，取 $k_\tau = 5.34$。

当腹板高度变化超过 60mm/m 时，不适宜利用腹板屈曲后强度。

3. 强度计算

以工字形截面为例，刚架构件在考虑屈曲后强度的计算公式如下。

(1) 受弯构件　在弯矩 M、剪力 V 共同作用下，截面的强度计算如下：

当 $V \leqslant 0.5V_d$ 时

$$M \leqslant M_e \qquad (5-29a)$$

当 $0.5V_d < V \leqslant V_d$ 时

$$M \leqslant M_f + (M_e - M_f)\left[1 - \left(\frac{V}{0.5V_d} - 1\right)^2\right] \qquad (5-29b)$$

当截面为双轴对称时

$$M_f = A_f(h_w + t)f \qquad (5-30)$$

式中　M_f——两翼缘所承担的弯矩；

M_e——构件有效截面所承担的弯矩，$M_e = W_e f$；

W_e——构件有效截面最大受压纤维的抗弯截面系数；

A_f——构件翼缘的截面面积；

V_d——腹板抗剪承载力设计值，按式（5-25）计算。

(2) 压弯构件　在弯矩 M、剪力 V 和轴力 N 共同作用下，截面的强度计算如下：

当 $V \leqslant 0.5V_d$ 时

$$M \leqslant M_e^N \qquad (5-31a)$$

$$M_e^N = M_e - NW_e/A_e \qquad (5-31b)$$

当 $0.5V_d < V \leqslant V_d$ 时

$$M \leqslant M_f^N + (M_e^N - M_f^N)\left[1 - \left(\frac{V}{0.5V_d} - 1\right)^2\right] \qquad (5-31c)$$

当截面为双轴对称时

$$M_f^N = A_f(h_w + t)(f - N/A) \qquad (5-32)$$

式中　A_e——有效截面面积；

M_f^N——兼承压力 N 时两翼缘所能承受的弯矩。

4. 刚架梁腹板横向加劲肋设置

梁腹板应在与中柱连接处、较大集中荷载作用处和翼缘转折处设置横向加劲肋。当利用腹板屈曲后抗剪强度时，横向加劲肋间距 a 宜在 $h_w \sim 2h_w$ 之间。

梁腹板在切应力作用下发生屈曲后，能够继续承受增加的剪力，类似桁架中的斜腹杆，而中间加劲肋则类似桁架中的竖杆，除承受集中荷载和翼缘转折产生的压力外，还要承受拉力场产生的压力。该压力按下式计算

$$N_s = V - 0.9 h_w t_w \tau_{cr} \tag{5-33}$$

当 $0.8 < \lambda_w \leqslant 1.25$ 时

$$\tau_{cr} = [1 - 0.8(\lambda_w - 0.8)] f_v \tag{5-34a}$$

当 $\lambda_w > 1.25$ 时

$$\tau_{cr} = f_v / \lambda_w^2 \tag{5-34b}$$

式中　N_s——拉力场产生的压力；

τ_{cr}——利用拉力场时腹板的屈曲切应力；

λ_w——参数，按式（5-27）计算。

当验算加劲肋稳定性时，应按《钢结构设计规范》中相关规定进行计算，截面面积取加劲肋截面全部和其每侧 $15t_w \sqrt{235/f_y}$ 宽度范围内的腹板面积，计算长度取腹板高度 h_w，并按两端铰接的轴心受压构件进行验算。

5. 变截面柱在刚架平面内的稳定计算

1) 变截面柱在刚架平面内的稳定计算是整体稳定验算，其计算公式如下

$$\frac{N_0}{\varphi_{x\gamma} A_{e0}} + \frac{\beta_{mx} M_1}{\left(1 - \dfrac{N_0}{N'_{Er0}} \varphi_{x\gamma}\right) W_{e1}} \leqslant f \tag{5-35a}$$

$$N'_{Er0} = \frac{\pi^2 E A_{e0}}{1.1 \lambda^2} \tag{5-35b}$$

式中　N_0——小头的轴向压力设计值；

M_1——大头的弯矩设计值；

A_{e0}——小头的有效截面面积；

W_{e1}——大头有效截面最大受压纤维的抗弯截面系数；

$\varphi_{x\gamma}$——杆件轴心受压稳定系数，对楔形柱计算长度系数取 μ_γ 由《钢结构设计规范》查得，计算长细比时取小头的回转半径；

β_{mx}——等效弯矩系数，有侧移刚架柱的等效弯矩系数 β_{mx} 取 1.0；

N'_{Er0}——参数，计算 λ 时回转半径 i_0 以小头截面为准，计算长度系数 μ_γ 取值同计算 $\varphi_{x\gamma}$ 中计算长度系数。

式（5-35a）中，第一项是轴力项，对于柱脚铰接的变截面刚架柱，小头的轴力大于大头的轴力，所以以小头为主；第二项是弯矩项以大头为主。

当柱的最大弯矩不出现在大头时,利用式(5-35a)计算时,式中 M_1 和 W_{e1} 分别取最大弯矩和该弯矩所在截面的有效抗弯截面系数。

2)变截面柱在刚架平面内的计算长度。对式(5-35a)中 φ_{xy} 及 N'_{Ex0} 的计算都涉及到计算长度系数 μ_y 的取值。截面高度呈线性变化的柱,在刚架平面内的计算长度为 $h_0=\mu_y h$,h 为柱高,μ_y 为计算长度系数。μ_y 可由下列三种方法之一确定:①查表法,用于柱脚铰接的刚架,适合于手算;②一阶分析法,适合于计算机计算,配合一阶计算程序;③二阶分析法,适合于计算机计算,考虑竖向荷载—侧移效应,配合二阶计算程序。

学生在做课程设计或毕业设计时一般采用查表法进行手算,现详细介绍如下。其余两种方法的使用条件和具体计算要求详见《门式刚架轻型房屋钢结构技术规程》。

柱脚铰接的单跨刚架楔形柱的计算长度系数 μ_y,可由表5-5采用。

表 5-5 柱脚铰接楔形柱的计算长度系数 μ_y

K_2/K_1		0.1	0.2	0.3	0.5	0.75	1.0	2.0	≥10.0
I_{c0}/I_{c1}	0.01	0.428	0.368	0.349	0.331	0.320	0.318	0.315	0.310
	0.02	0.600	0.502	0.470	0.440	0.428	0.420	0.411	0.404
	0.03	0.729	0.599	0.558	0.520	0.501	0.492	0.483	0.473
	0.05	0.931	0.756	0.694	0.644	0.618	0.606	0.589	0.580
	0.07	1.075	0.873	0.801	0.742	0.711	0.697	0.672	0.650
	0.10	1.252	1.027	0.935	0.857	0.817	0.801	0.790	0.739
	0.15	1.518	1.235	1.109	1.021	0.965	0.938	0.895	0.872
	0.20	1.745	1.395	1.254	1.140	1.080	1.045	1.000	0.969

注:I_{c0}、I_{c1} 为柱小头和柱大头的截面惯性矩。

表5-5中 K_1 为柱的线刚度,K_2 为梁的线刚度按下式计算

$$K_1 = \frac{I_{c1}}{h} \tag{5-36a}$$

$$K_2 = \frac{I_{b0}}{2\psi s} \tag{5-36b}$$

式中 I_{b0} ——梁最小截面惯性矩;

s ——半跨斜梁长度;

ψ ——斜梁换算长度系数,按《门式刚架轻型房屋钢结构技术规程》附录 D 中图 D.0.2(a)~(e)的曲线查得,当梁为等截面时,$\psi=1$。

当采用多跨刚架中间柱为摇摆柱时(图5-17),且屋面坡度不大于1:5的情况时,边柱的计算长度应取

$$h_0 = \eta \mu_\gamma h \tag{5-37a}$$

$$\eta = \sqrt{1 + \frac{\Sigma(P_{1i}/h_{1i})}{\Sigma(P_{fi}/h_{fi})}} \tag{5-37b}$$

式中 μ_γ——计算长度系数，由表 5-5 查得，式（5-36b）中的 s 取与边柱相连的一跨横梁的坡面长度 l_b，如图 5-17 所示。

η——放大系数；

P_{1i}——摇摆柱承受的荷载；

P_{fi}——边柱承受的荷载；

h_{1i}——摇摆柱高度；

h_{fi}——刚架边柱高度。

摇摆柱的计算长度系数 $\mu_\gamma = 1$。

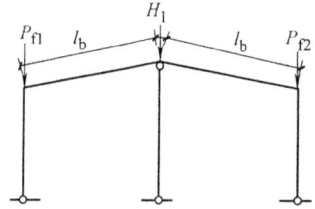
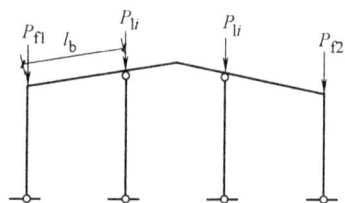

图 5-17 计算边柱时的斜梁长度

对于屋面坡度大于 1:5 的情况，在确定刚架柱的计算长度时应考虑横梁轴向力对柱刚度的影响。此时，应按刚架的弹性整体稳定分析来确定变截面刚架柱的计算长度。

对于所带毗屋的刚架（图 5-2e），可近似地将毗屋柱视为摇摆柱，此时主刚架柱的计算长度系数 μ_γ 由表 5-5 查得，并应乘以放大系数 η，η 按式（5-37b）计算，此时，P_1 为毗屋柱承受的竖向荷载，P_f 为主刚架柱承受的荷载。

6. 变截面柱在刚架平面外的稳定计算

变截面柱在刚架平面外的整体稳定应分段验算

$$\frac{N_0}{\varphi_y A_{e0}} + \frac{\beta_t M_1}{\varphi_{by} W_{e1}} \leqslant f \tag{5-38}$$

式中 φ_y——轴心受压构件弯矩作用平面外的稳定系数，以小头为准，按《钢结构设计规范》的规定采用，计算长度取纵向支撑点间的距离，若各段线刚度差别较大，确定计算长度时可考虑各段间的相互约束；

φ_{by}——均匀弯曲楔形受弯构件的整体稳定系数，按式（5-40a）、式（5-41）计算；

N_0——所计算构件段小头截面的轴压力；

M_1——所计算构件段大头截面的弯矩；

β_t——等效弯矩系数,按式(5-39a)、式(5-39b)计算取值。

对一端弯矩为零的区段

$$\beta_t = 1 - N/N'_{Ex0} + 0.75(N/N'_{Ex0})^2 \qquad (5-39a)$$

对两端弯曲应力基本相等的区段

$$\beta_t = 1.0 \qquad (5-39b)$$

式中 N'_{Ex0}——在刚架平面内以小头为准的柱的参数,按式(5-35b)计算。

对于不同的截面形式,均匀弯曲楔形受弯构件的整体稳定系数 φ_{by} 计算不同。

1) 双轴对称的工字形截面

$$\varphi_{by} = \frac{4320}{\lambda_{y0}^2} \frac{A_0 h_0}{W_{x0}} \sqrt{\left(\frac{\mu_s}{\mu_w}\right)^4 + \left(\frac{\lambda_{y0} t_0}{4.4 h_0}\right)^2} \left(\frac{235}{f_y}\right) \qquad (5-40a)$$

$$\lambda_{y0} = \frac{\mu_s l}{i_{y0}} \qquad (5-40b)$$

$$\mu_s = 1 + 0.023 \gamma \sqrt{\frac{l h_0}{A_f}} \qquad (5-40c)$$

$$\mu_w = 1 + 0.00385 \gamma \sqrt{\frac{l}{i_{y0}}} \qquad (5-40d)$$

$$\gamma = \frac{d_1}{d_0} - 1 \qquad (5-40e)$$

式中 A_0、h_0、W_{x0}、t_0——构件小头的截面面积、截面高度、抗弯截面系数、受压翼缘截面厚度;

A_f——受压翼缘截面面积;

i_{y0}——受压翼缘与受压区腹板 1/3 高度组成的截面绕 y 轴的回转半径;

l——楔形构件计算区段的平面外计算长度,取支撑点间的距离;

d_1、d_0——柱大头和小头的截面高度,如图 5-18 所示;

γ——构件的楔率,不大于 $0.268 h/d_0$ 及 6.0。

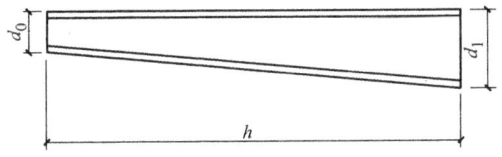

图 5-18 变截面构件的楔率

在式(5-40a)中引进了两个与楔率有关的计算长度系数 μ_s 和 μ_w,两者分别对应于绕 y 轴(截面弱轴)和绕 z 轴(杆件纵轴)屈曲。

2) 当截面的两翼缘不相等或单轴对称截面时，应考虑截面不对称的影响，均匀弯曲楔形受弯构件的整体稳定系数 $\varphi_{b\gamma}$ 按下式计算

$$\varphi_{b\gamma} = \frac{4320}{\lambda_{y0}^2} \frac{A_0 h_0}{W_{x0}} \left[\sqrt{\left(\frac{\mu_s}{\mu_w}\right)^4 + \left(\frac{\lambda_{y0} t_0}{4.4 h_0}\right)^2} + \eta_b \right] \left(\frac{235}{f_y}\right) \qquad (5-41)$$

式中　η_b——截面不对称影响系数。

其余系数计算均按式（5-40a）计算取值。

当按式（5-40a）、式（5-41）计算所得 $\varphi_{b\gamma}$ 的值大于 0.6 时，应按《钢结构设计规范》中附录 D 的规定以 φ'_b 代替 $\varphi_{b\gamma}$ 值。

7. 柱端抗剪承载力

变截面柱下端铰接时，应验算柱端的抗剪承载力。当不满足承载力要求时，应对该处腹板进行加强。

8. 斜梁的设计

实腹式刚架斜梁轴力的大小随斜梁的坡度大小而不同。当斜梁的坡度不超过 1∶5 时，因轴力很小，而不考虑平面内的稳定性，只按压弯构件计算平面内的强度和平面外的稳定；当斜梁的坡度超过 1∶5 时，因轴力很大，应按压弯构件计算平面内、外的稳定性。

实腹式刚架斜梁，其刚架平面内的计算长度可近似取竖向支承点间的距离。其平面外的计算长度，应取侧向支承点间的距离；当斜梁两翼缘侧向支承点间的距离不等时，应取最大受压翼缘侧向支承点间的距离。斜梁不需计算整体稳定性的侧向支承点间最大长度，可取斜梁受压翼缘宽度的 $16\sqrt{235/f_y}$ 倍。

当实腹式刚架斜梁的下翼缘受压时，必须在受压翼缘两侧布置隅撑（端部仅在一面布置隅撑）作为斜梁的侧向支承，隅撑的另一端连接在檩条上（图 5-19）。

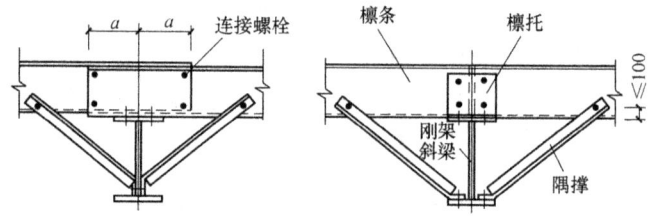

图 5-19　隅撑的连接

当斜梁上翼缘承受集中荷载处不设横向加劲肋时，除应按《钢结构设计规范》的规定验算腹板上边缘正应力、切应力和局部压应力共同作用时的折算应力外，尚应满足下列要求

$$F \leqslant 15 \alpha_m t_w^2 f \sqrt{\frac{t_f}{t_w} \frac{235}{f_y}} \qquad (5-42a)$$

$$\alpha_m = 1.5 - \frac{M}{W_e f} \qquad (5-42b)$$

式中　　F——上翼缘所受的集中荷载；

　　　　t_f、t_w——斜梁翼缘和腹板的厚度；

　　　　α_m——参数，$\alpha_m \leqslant 1.0$，在斜梁负弯矩区取零；

　　　　M——集中荷载作用处的弯矩；

　　　　W_e——有效截面最大受压纤维的抗弯截面系数。

9. 隅撑的设计

隅撑应按实腹式轴心受压构件设计。轴压力 N 按下式计算

$$N = \frac{Af}{60\cos\theta} \sqrt{\frac{f_y}{235}} \qquad (5-43)$$

式中　　A——实腹斜梁被支撑翼缘的截面面积；

　　　　f——实腹斜梁钢材的强度设计值；

　　　　f_y——实腹斜梁钢材的屈服强度；

　　　　θ——隅撑与檩条轴线的夹角。

当隅撑成对布置时，每根隅撑的计算轴压力可取式（5-43）计算值的一半。

隅撑一般情况下采用单角钢的单面连接，可连接在刚架下（内）翼缘附近的腹板上（图 5-19）距翼缘≤100mm 处，也可连接在下（内）翼缘上（图 5-19）。当计算其稳定性时，不采用换算长细比，而是将钢材强度设计值 f 乘以相应的折减系数，折减系数按《钢结构设计规范》的规定取值。隅撑间距不应大于所撑刚架斜梁受压翼缘宽度的 $16\sqrt{235/f_y}$ 倍。隅撑与刚架梁腹板的夹角不宜小于 $45°$。

5.4.2　等截面刚架构件计算

等截面刚架按弹性设计时，其构件可按上述变截面刚架构件计算的规定进行计算。

等截面刚架按塑性设计时，其构件应按《钢结构设计规范》中塑性设计的规定进行设计。

5.4.3　檩条设计

檩条宜优先采用实腹式构件，宜采用卷边槽形和斜卷边 Z 形冷弯薄壁型钢，也可以采用直卷边 Z 形冷弯薄壁型钢。跨度大于 9m 时宜采用格构式构件，并应验算受压翼缘的稳定性。格构式檩条可采用平面桁架式、空间桁架式或下撑式檩条；檩条一般设计成单跨简支构件，实腹式檩条也可设计成连续构件。本节仅介绍冷弯薄壁型钢实腹式檩条设计的相关内容。

实腹式檩条在屋面荷载作用下，由于其截面重心较高，常产生较大的扭矩使其扭转和倾覆，因此檩条两端与刚架的连接宜采用檩托，并且上下用两个螺栓固

定（图5-20）；当檩条高度小于100mm时可用一排两个螺栓固定。

当檩条跨度大于4m时，宜在檩条间跨中位置设置拉条或撑杆。当檩条跨度大于6m时，应在檩条跨度三分点处各设一道拉条或撑杆（图5-21）。斜拉条应与刚性檩条连接。拉条和撑杆的截面应按计算确定，撑杆的长细比不得大于200。当屋面材料为压型钢板，且与檩条的上下翼缘牢固连接，即用自攻螺钉、螺栓、拉铆钉和射钉等连接件，可不设拉条和撑杆。拉条采用圆钢时，其直径不宜小于10mm，可设在距檩条上翼缘1/3腹板高度范围内。当风吸力作用檩条下翼缘受压时，拉条宜在檩条下翼缘附近适当设置，同时上翼缘应与屋面板材牢固连接，此时拉条可作为檩条受压下翼缘平面外的侧向支承点。

当利用檩条作为屋盖水平支撑压杆时，檩条长细比不得大于200，此时拉条和撑杆可作为檩条平面外的侧向支承点，并按压弯构件验算其强度和稳定性。

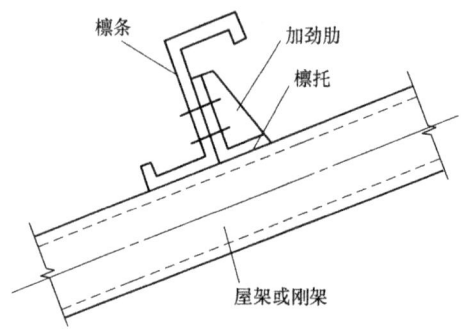

图5-20 实腹式檩条端部连接示意图

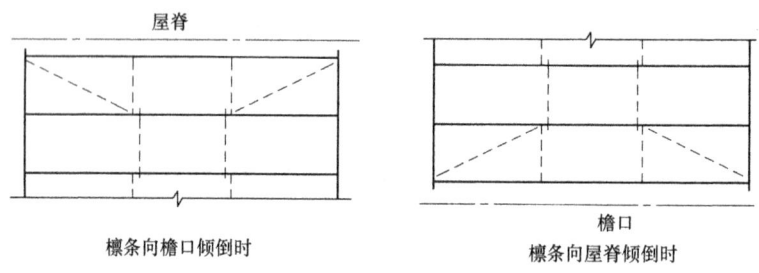

图5-21 檩条间拉条的设置

作用在檩条上的荷载以及荷载效应组合，对于门式刚架轻型房屋钢结构有其自身的特点，设计计算时应按照《门式刚架轻型房屋钢结构技术规程》有关规定执行。

当屋面能阻止檩条侧向失稳和扭转时，可仅按下式计算实腹式檩条在风荷载效应参与组合时的强度，而整体稳定性可不进行计算

$$\frac{M_x}{W_{enx}} + \frac{M_y}{W_{eny}} \leqslant f \qquad (5-44)$$

式中 M_x、M_y——对截面 x 轴和 y 轴的弯矩;
W_{enx}、W_{eny}——对主轴 x 和主轴 y 的有效净抗弯截面系数(对冷弯薄壁型钢(图 5-22))或净抗弯截面系数(对热轧型钢);

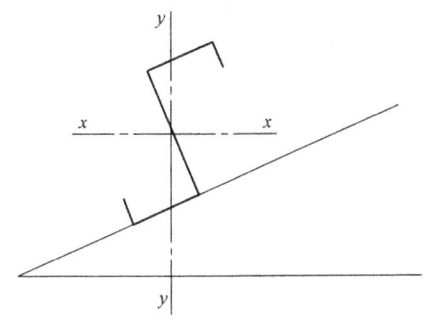

图 5-22 实腹式檩条主轴示意图

当屋面不能阻止檩条侧向失稳和扭转时,应按下式计算实腹式檩条的稳定性

$$\frac{M_x}{\varphi_{bx}W_{ex}} + \frac{M_y}{W_{ey}} \leqslant f \tag{5-45}$$

式中 W_{ex}、W_{ey}——对主轴 x 和主轴 y 的有效抗弯截面系数(对冷弯薄壁型钢)或毛抗弯截面系数(对热轧型钢);
φ_{bx}——梁的整体稳定系数,根据不同情况按 GB50018—2002《冷弯薄壁型钢结构技术规范》附录 A 中 A.2 的规定计算或《钢结构设计规范》附录 B 的规定计算。

在风吸力作用下,实腹式檩条受压下翼缘的稳定性应按式(5-45)计算。

计算檩条时,不应考虑隅撑作为檩条的支承点。

5.4.4 墙梁设计

轻型墙体结构的墙梁宜采用卷边槽形或斜卷边 Z 形的冷弯薄壁型钢。

墙梁可设计成简支或连续构件,两端支承在刚架柱上。当墙梁有一定竖向承载力,墙板落地,且墙梁与墙板间有可靠连接时,可不设中间柱,并可不考虑自重引起的弯矩和剪力。若有条形窗或房屋较高且墙梁跨度较大时,墙架柱的数量应由计算确定;当墙梁需承受墙板及自重时,应考虑双向弯曲。

当墙梁跨度为 4~6m 时,宜在跨中设一道拉条;当墙梁跨度大于 6m 时,宜在跨间三分点处各设一道拉条。在最上层墙梁处宜设斜拉条将拉力传至承重柱或墙架柱(图 5-23);当墙板的竖向荷载有可靠途径直接传至地面或托梁时,可不设拉条。

单侧挂墙板的墙梁,应计算其强度和稳定。

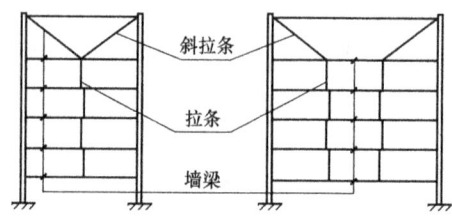

图 5-23 墙梁拉条布置示意图

在承受朝向面板的风压时,墙梁的强度按下式验算

$$\frac{M_x}{W_{enx}} + \frac{M_y}{W_{eny}} \leqslant f \tag{5-46a}$$

$$\frac{3V_{y,\max}}{2h_0 t} \leqslant f_v \tag{5-46b}$$

$$\frac{3V_{x,\max}}{4b_0 t} \leqslant f_v \tag{5-46c}$$

式中　M_x、M_y——水平荷载和竖向荷载产生的弯矩,下标 x 和 y 分别表示墙梁的竖向主轴和水平主轴;

　　　V_x、V_y——水平荷载和竖向荷载产生的剪力;

　　　W_{enx}、W_{eny}——对主轴 x 和主轴 y 的有效净抗弯截面系数(对冷弯薄壁型钢)或净抗弯截面系数(对热轧型钢);

　　　b_0、h_0——墙梁在竖向和水平向的计算高度,取型钢板件连接处两圆弧起点之间的距离;

　　　t——墙梁截面壁厚。

在风吸力作用下,外侧设有压型钢板的墙梁的稳定性按《门式刚架轻型房屋钢结构技术规程》附录 E 的规定计算。

当外侧设有压型钢板的实腹式刚架柱的内侧翼缘受压时,可沿内侧翼缘设置成对的隅撑,作为柱的侧向支承。隅撑的另一端连接在墙梁上。隅撑所受轴压力可按式(5-43)计算,其中被支承翼缘的截面面积和钢材的强度应取刚架柱的值。

5.4.5　支撑设计

门式刚架轻型房屋钢结构中的交叉支撑和柔性系杆可按拉杆设计,非交叉支撑中的受压杆件及刚性系杆应按压杆设计。

刚架斜梁上横向水平支撑的内力,应根据纵向风荷载按支承于柱顶的水平桁架计算;对交叉支撑可不计压杆的受力。

刚架柱间支撑的内力,应根据该柱列所受纵向风荷载(如有起重机,还应计入起重机纵向制动力)按支承于柱脚基础上的竖向悬臂桁架计算;对于交叉支撑可不计压杆的受力。当同一柱列设有多道纵向柱间支撑时,纵向力在支撑间可按均匀分布考虑。

支撑构件受拉或受压的计算,应遵循现行国家标准《钢结构设计规范》或《冷弯薄壁型钢结构技术规范》中关于轴心受拉或轴心受压构件的规定。

5.4.6 屋面板和墙板设计

屋面板和墙板材料可选用建筑外用彩色镀锌或镀铝锌压型钢板、夹心压型复合板和玻璃纤维增强水泥外墙板(GRC板)等轻质材料。

墙板应根据所受荷载计算其强度和变形。压型钢板应采用预涂层彩色钢板制作。一般建筑屋面或墙面宜采用长尺压型钢板,其厚度宜为0.4~1.0mm。压型钢板的计算和构造,应符合《冷弯薄壁型钢结构技术规范》的规定。其他墙板应按有关标准的规定计算。

当在屋面板上开设直径大于300mm的圆洞和单边长度大于300mm的方洞时,宜根据计算采用次结构加强。不宜在屋脊处开洞。屋面板上应避免通长大面积开孔(含采光孔),开孔宜分块均匀布置。

墙板的自重宜直接传至地面。屋面板之间的连接以及屋面板与檩条或墙梁的连接,宜采用带橡胶垫圈的自钻自攻螺栓。螺栓的间距不应大于300mm。

5.5 柱脚设计

门式刚架轻型房屋钢结构的柱脚,宜采用平板式铰接柱脚,如图5-24a、b所示;当有必要时,也可采用刚接柱脚,如图5-24c、d所示。变截面柱下端的宽度应根据具体情况确定,但不宜小于200mm。

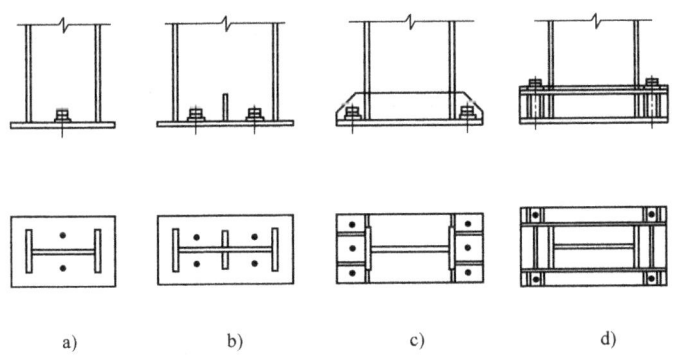

图5-24 门式刚架轻型房屋钢结构的柱脚
a) 一对锚栓的铰接柱脚　b) 两对锚栓的铰接柱脚
c) 带加劲肋的刚接柱脚　d) 带靴梁的刚接柱脚

柱脚锚栓应采用 Q235 或 Q345 钢制作。锚栓的锚固长度应满足GB 50007—2002《建筑地基基础设计规范》的规定，锚栓的端部应设置弯钩，当锚栓的直径较大时端部应设置锚板。锚栓的直径不宜小于 24mm，且应采用双螺母以防松动。

在较大风吸力的作用下，会出现因柱脚锚栓被拔出而导致房屋倒塌，所以应进行上拔力计算，与柱间支撑相连接的柱脚锚栓还应计入柱间支撑产生的最大竖向分力，此时不考虑活荷载（或雪荷载）、积灰荷载和附加荷载的影响，永久荷载的分项系数应取 1.0。计算柱脚锚栓的受拉承载力时，应取螺纹处的有效截面面积。

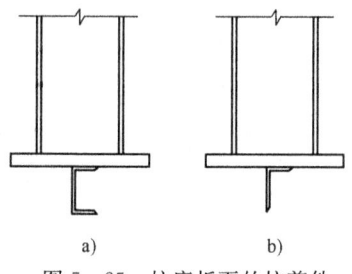

图 5-25 柱底板下的抗剪件
a) 槽钢 b) 角钢

锚栓不承担柱脚底部的水平剪力，此水平剪力可由底板与混凝土基础间的摩擦力（摩擦系数可取 0.4）或设置抗剪件（图 5-25）承受。

5.6 梁柱连接节点、斜梁拼接节点及构造

门式刚架斜梁与柱一般采用高强螺栓-端板连接，具体构造有端板竖放（图 5-26a）、端板横放（图 5-26b）和端板斜放（图 5-26c）三种形式。在斜梁的拼接处，应采用将端板两端伸出斜梁截面高度范围以外的外伸式连接，如图 5-26d所示，且宜使端板与构件外边缘垂直。

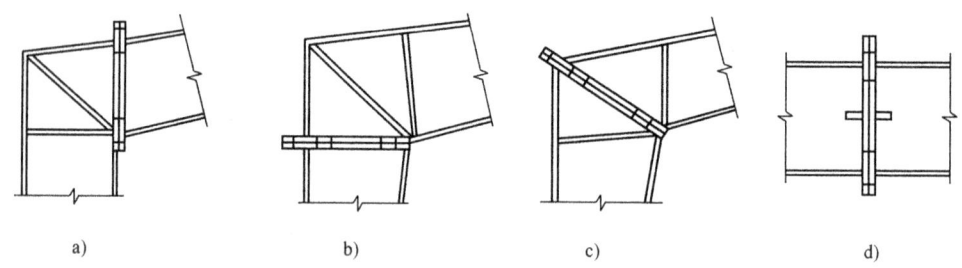

图 5-26 刚架斜梁的连接
a) 端板竖放 b) 端板横放 c) 端板斜放 d) 斜梁拼接

端板连接（图 5-26）应按所受最大内力设计；当内力较小时，应按能承受不小于较小被连接截面承载力的一半设计。

主刚架构件的连接应采用高强度螺栓，可采用承压型连接或摩擦型连接，不得采用普通螺栓。当为端板连接且只受轴向力和弯矩，或剪力小于其抗剪滑移承载力（按抗滑移系数为 0.3 计算）时，端板表面可不作专门处理。起重机梁与制动梁的连

接宜采用高强度摩擦型螺栓连接,通常选用 M16～M24 的螺栓。起重机梁与刚架连接处宜设长圆孔。檩条和墙梁与刚架斜梁和柱的连接常采用 M12 普通螺栓。

端板连接的螺栓应成对对称布置。在斜梁与刚架柱连接处的受拉区,宜采用端板外伸式连接,如图 5-26a、c 所示。当采用端板外伸式连接时,宜使翼缘内外的螺栓群中心与翼缘的中心重合或接近。螺栓中心至翼缘板表面的距离应满足拧紧螺栓时的施工要求,不宜小于 35mm。螺栓端距不应小于两倍螺栓孔径。门式刚架受压翼缘的螺栓不宜少于两排。当受拉翼缘两侧各设一排螺栓尚不能满足承载力要求时,可在翼缘内侧增设螺栓(图 5-27),其间距可取 75mm,且不小于三倍螺栓孔径。与斜梁端板连接的柱翼缘部分应与端板等厚度(图 5-27)。当端板上两对螺栓间的最大距离大于 400mm 时,应在端板的中部增设一对螺栓。

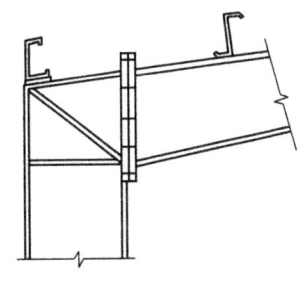

图 5-27 端板竖放时的螺栓和檐檩

同时受拉和受剪的螺栓,应验算螺栓在拉、剪共同作用下的强度。

端板的厚度 t 应根据支承条件计算,但不应小于 16mm,如图 5-28 所示,根据支承条件将端板划分为伸臂类板区、无加劲肋板区、三边支承板区、两相邻边支承板区(其中,端板平齐式连接时将平齐边视为简支边,外伸式连接时将平齐边视为固定边),分别计算各板区所需的板厚,并取各板区厚度的最大值作为端板的厚度。

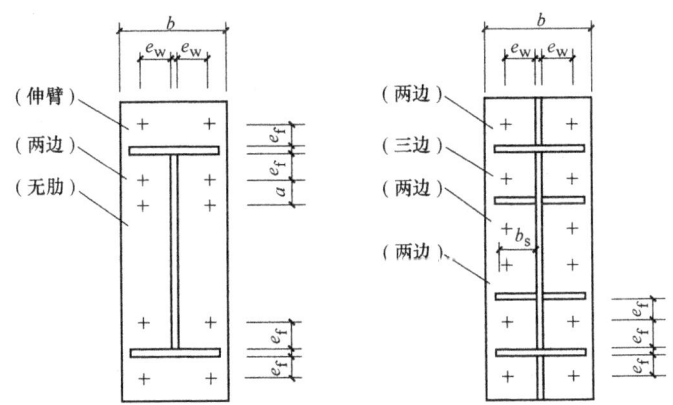

图 5-28 端板的支承条件

1) 伸臂类板厚度

$$t \geqslant \sqrt{\frac{6e_f N_t}{bf}} \tag{5-47}$$

2) 无加劲肋板厚度

$$t \geqslant \sqrt{\frac{3e_w N_t}{(0.5a + e_w)f}} \tag{5-48}$$

3) 三边支承板厚度

$$t \geqslant \sqrt{\frac{6e_f e_w N_t}{[e_w(b+2b_s)+4e_f^2]f}} \qquad (5-49)$$

4) 两相邻边支承板厚度

当端板外伸时

$$t \geqslant \sqrt{\frac{6e_f e_w N_t}{[e_w b + 2e_f(e_f+e_w)]f}} \qquad (5-50a)$$

当端板平齐时

$$t \geqslant \sqrt{\frac{12e_f e_w N_t}{[e_w b + 4e_f(e_f+e_w)]f}} \qquad (5-50b)$$

式中　N_t——一个高强度螺栓的受拉承载力设计值；

e_w、e_f——螺栓中心至腹板和翼缘板表面的距离；

b、b_s——端板和加劲肋的宽度；

a——螺栓的间距；

f——端板钢材的抗拉强度设计值。

在门式刚架斜梁与柱相交的节点域处，应按下式验算切应力

$$\tau \leqslant f_v \qquad (5-51)$$

$$\tau = \frac{M}{d_b d_c t_c} \qquad (5-52)$$

式中　d_c、t_c——节点域的宽度和厚度；

d_b——斜梁端部高度或节点域高度；

M——节点承受的弯矩，对多跨刚架中间柱处，应取两侧斜梁端弯矩的代数和或柱端弯矩；

f_v——节点域钢材的抗剪强度设计值。

当节点域切应力不满足要求时，应加厚腹板或设置斜加劲肋，如图 5-26 所示。

刚架构件的翼缘与端板的连接应采用全熔透对接焊缝，腹板与端板的连接应采用角焊缝和对接焊缝的组合焊缝，或与腹板等强的对接焊缝。在端板设置螺栓处，应验算构件腹板的强度：

当 $N_{t2} \leqslant 0.4P$ 时

$$\frac{0.4P}{e_w t_w} \leqslant f \qquad (5-53)$$

当 $N_{t2} > 0.4P$ 时

$$\frac{N_{t2}}{e_w t_w} \leqslant f \qquad (5-54)$$

式中　N_{t2}——翼缘内第二排一个螺栓的轴向拉力设计值；

P——高强度螺栓预拉力；

e_w——螺栓中心至腹板表面的距离；

t_w——腹板厚度；

f——腹板钢材的抗拉强度设计值。

构件腹板强度不满足式（5-53）、式（5-54）时，可设置腹板加劲肋或局部加厚腹板。

5.7 门式刚架设计实例

1. 设计资料

单层厂房采用单跨双坡门式刚架，厂房横向跨度27m，柱顶高度8m，共有14榀刚架。柱距7.5m，屋面坡度1/20，柱底铰接，柱网及平面布置如图5-29所示。取中间跨刚架（GJ-1）进行计算，刚架截面采用焊接工字形截面。截面形式及几何尺寸初步计算如图5-30所示。屋面为单层压型钢板+保温棉，墙面为双层压型钢板+保温棉；檩条为薄壁卷边Z型钢，墙梁为薄壁卷边C型钢，刚架采用Q345钢，檩条和墙梁采用Q345钢，焊条E50型。抗震设防烈度为7度。无悬挂荷载。

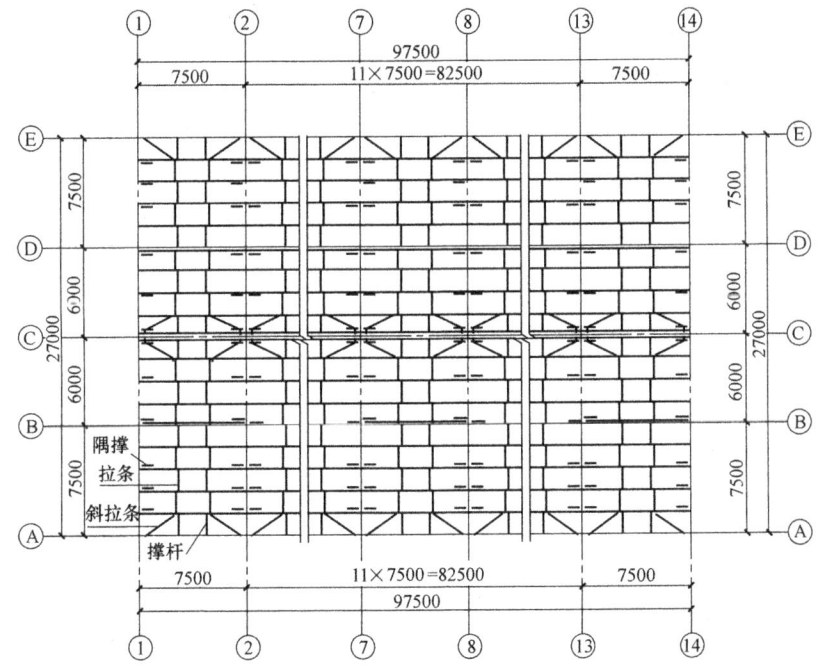

图5-29 柱网及平面布置

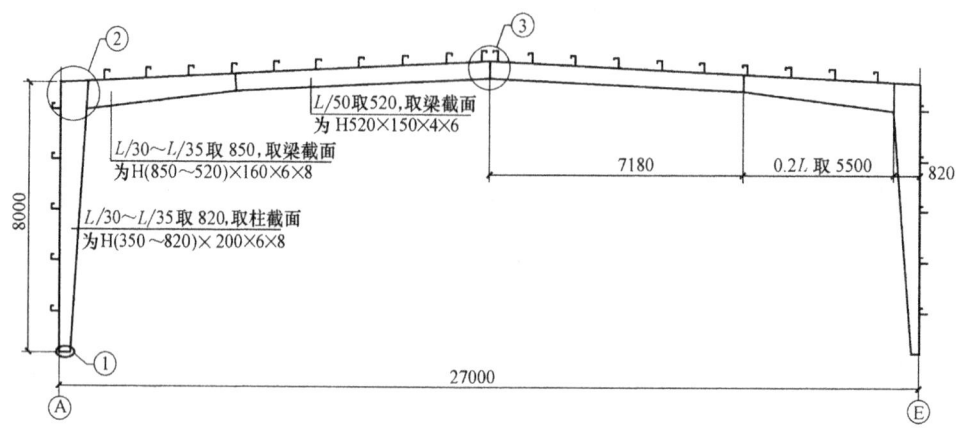

图 5-30 GJ-1 形式及几何尺寸图

2. 荷载

1) 永久荷载标准值（按水平投影面）：屋面恒载 $0.2 kN/m^2$。

2) 可变荷载标准值：屋面活荷载 $0.5 kN/m^2$，但刚架的受荷面积大于 $60 m^2$，可按 $0.3 kN/m^2$ 考虑。

3) 雪载：基本雪压 s_0 为 $0.45 kN/m^2$；$\mu_r = 1.0$；雪荷载 $s_k = \mu_r s_0 = 0.45 kN/m^2 \times 1.0 = 0.45 kN/m^2$。活荷载与雪荷载中取较大值 $0.45 kN/m^2$。

4) 风荷载标准值：基本风压值 $0.45 kN/m^2$；地面粗糙度系数按 B 类取值；风荷载高度变化系数按《建筑结构荷载规范》的规定，当高度小于 10m 时，按 10m 高度处的数值采用，$\mu_z = 1.0$；风荷载体形系数按《门式刚架轻型房屋钢结构技术规程》附录 A 表 A.0.2-1 取值。

3. 屋面构件设计

1) 压型钢板：压型钢板型号采用 HXY-470，基板厚度为 0.53mm，波高 51mm，波距 470mm。

2) 檩条：檩条截面采用冷弯薄壁卷边 Z 型钢，中间跨 $Z150 \times 70/64 \times 20 \times 1.6$；边跨 $Z150 \times 70/64 \times 20 \times 2.0$。跨中设拉条两道。檩托布置见图 5-31。

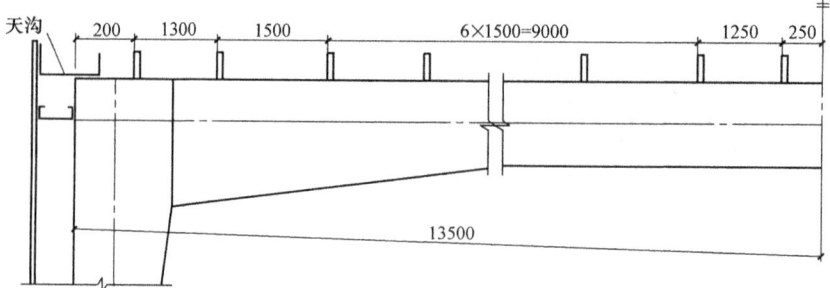

图 5-31 檩托布置图

4. 屋面支撑系统设计

1) 屋面檩条布置：檩条间距 1.50m（图 5-31）。

2) 屋面支撑：屋面水平支撑为柔性杆件，采用 φ16mm 张紧的圆钢，交叉支撑只考虑拉杆，认为压杆退出工作，但适当考虑全部支撑共同传力时的传力滞后效应，以策安全。边列柱设柱间支撑，因此认为 A、E 轴处为屋盖横向支撑的支座。

5. 柱间支撑

柱间支撑布置如图 5-32 所示。单跨门式刚架仅在 A 轴、E 轴有柱间支撑，且为柔性杆件，采用 φ16mm 张紧的圆钢。

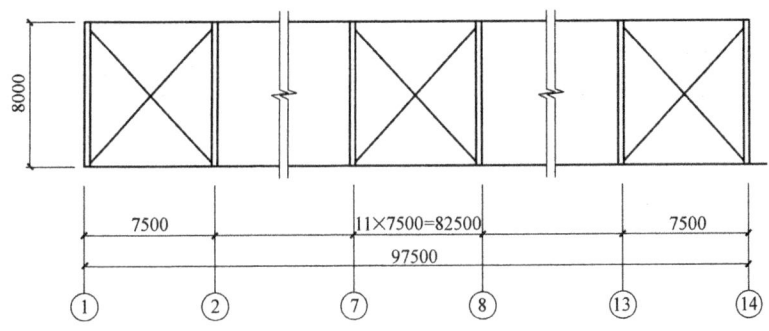

图 5-32 柱间支撑布置图

6. 墙梁

墙梁选用 C200×70×20×1.6，跨中设拉条两道。

在山墙上设置三根抗风柱，高度分别为 8.3375m、8.675m。

7. 刚架杆件内力

杆件内力设计值如图 5-33 所示。

8. 构件验算

（1）构件截面几何参数

斜梁 H（850～520）×160×6×8：

腹板高度变化率：$\dfrac{(850\text{mm}-16\text{mm})-(520\text{mm}-16\text{mm})}{5.5\text{m}}=60\text{mm/m}$ 满足要求。

小头截面特性：$A=55.84\text{cm}^2$，$I_x=2.32\times 10^4\text{cm}^4$，$I_y=547\text{cm}^4$，$W_x=892\text{cm}^3$，$W_y=68.38\text{cm}^3$，$i_x=20.38\text{cm}$，$i_y=3.13\text{cm}$。

大头截面特性：$A=75.64\text{cm}^2$，$I_x=7.44\times 10^4\text{cm}^4$，$I_y=548\text{cm}^4$，$W_x=1750\text{cm}^3$，$W_y=68.45\text{cm}^3$，$i_x=31.36\text{cm}$，$i_y=2.69\text{cm}$。

等截面梁 H 520×150×4×6：

截面特性：$A=38.32\text{cm}^2$，$I_x=1.62\times 10^4\text{cm}^4$，$I_y=338\text{cm}^4$，$W_x=625\text{cm}^3$，

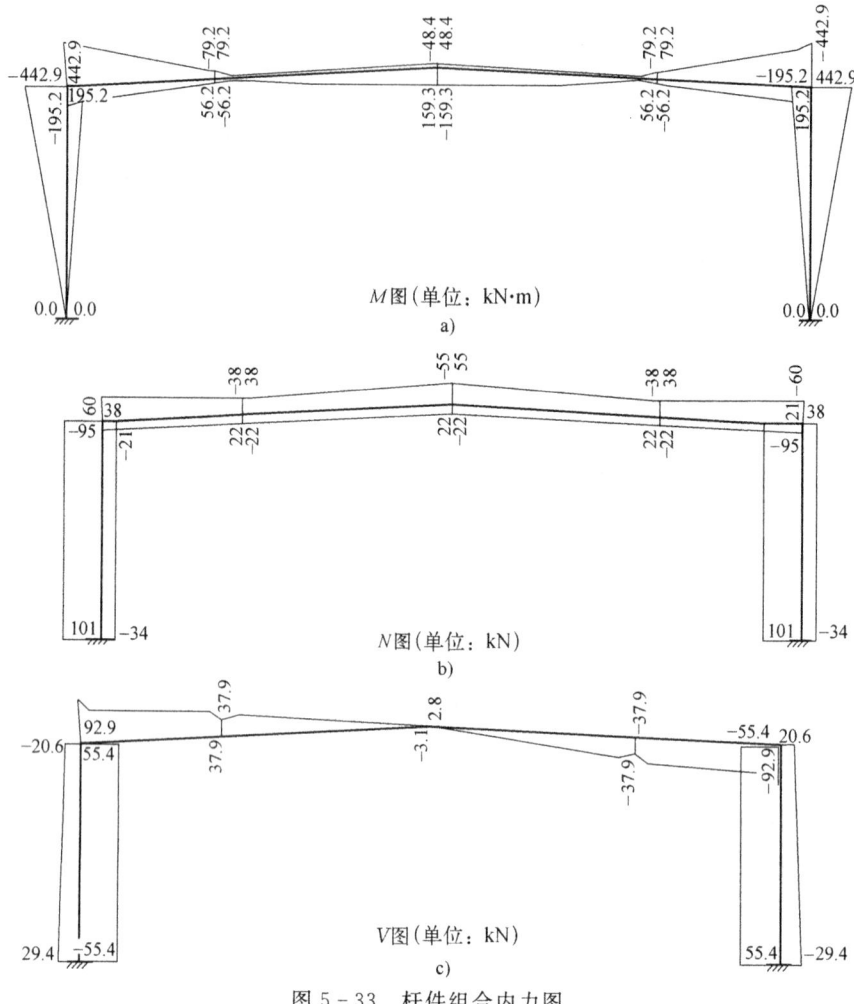

图 5-33 杆件组合内力图

$W_y = 45.04\text{cm}^3$，$i_x = 20.59\text{cm}$，$i_y = 2.97\text{cm}$。

刚架柱 H（350~820）×200×6×8：

腹板高度变化率：$\dfrac{(820\text{mm} - 16\text{mm}) - (350\text{mm} - 16\text{mm})}{8\text{m}} = 59\text{mm/m} < 60\text{mm/m}$ 满足要求。

小头截面特性：$A = 52.04\text{cm}^2$，$I_x = 1.12 \times 10^4 \text{cm}^4$，$I_y = 1.07 \times 10^3 \text{cm}^4$，$W_x = 746\text{cm}^3$，$W_y = 107\text{cm}^3$，$i_x = 14.67\text{cm}$，$i_y = 4.53\text{cm}$。

大头截面特性：$A = 80.24\text{cm}$，$I_x = 7.87 \times 10^4 \text{cm}^4$，$I_y = 1.07 \times 10^3 \text{cm}^4$，$W_x = 1920\text{cm}^3$，$W_y = 107\text{cm}^3$，$i_x = 31.33\text{cm}$，$i_y = 3.65\text{cm}$。

（2）构件宽厚比验算

斜梁：

翼缘部分 $\dfrac{b_1}{t} = \dfrac{160\text{mm} - 6\text{mm}}{2 \times 8\text{mm}} = 9.6 < 15\sqrt{\dfrac{235}{f_y}} = 15\sqrt{\dfrac{235}{345}} = 12.4$

腹板部分

大头部分 $\dfrac{h_w}{t_w} = \dfrac{850\text{mm} - 16\text{mm}}{6\text{mm}} = 139 < 250\sqrt{\dfrac{235}{f_y}} = 250\sqrt{\dfrac{235}{345}} = 206.3$

小头部分 $\dfrac{h_w}{t_w} = \dfrac{520\text{mm} - 16\text{mm}}{6\text{mm}} = 84 < 250\sqrt{\dfrac{235}{f_y}} = 250\sqrt{\dfrac{235}{345}} = 206.3$

等截面梁 H 520×150×4×6：

翼缘部分 $\dfrac{b_1}{t} = \dfrac{150\text{mm} - 4\text{mm}}{2 \times 6\text{mm}} = 12.2 < 15\sqrt{\dfrac{235}{f_y}} = 15\sqrt{\dfrac{235}{345}} = 12.4$

腹板部分 $\dfrac{h_w}{t_w} = \dfrac{520\text{mm} - 12\text{mm}}{4\text{mm}} = 127 < 250\sqrt{\dfrac{235}{f_y}} = 250\sqrt{\dfrac{235}{345}} = 206.3$

刚架柱 H（350～820）×200×6×8：

翼缘部分 $\dfrac{b_1}{t} = \dfrac{200\text{mm} - 6\text{mm}}{2 \times 8\text{mm}} = 12.1 < 15\sqrt{\dfrac{235}{f_y}} = 15\sqrt{\dfrac{235}{345}} = 12.4$

腹板部分

大头部分 $\dfrac{h_w}{t_w} = \dfrac{820\text{mm} - 16\text{mm}}{6\text{mm}} = 134 < 250\sqrt{\dfrac{235}{f_y}} = 250\sqrt{\dfrac{235}{345}} = 206.3$

小头部分 $\dfrac{h_w}{t_w} = \dfrac{350\text{mm} - 16\text{mm}}{6\text{mm}} = 55.7 < 250\sqrt{\dfrac{235}{f_y}} = 250\sqrt{\dfrac{235}{345}} = 206.3$

(3) 刚架斜梁验算

1) 抗剪验算。

①变截面梁段 H（850～520）×160×6×8 的抗剪验算。

梁截面小头剪力设计值为 $V = 37.9\text{kN}$

小头梁腹板平均切应力 $\tau_0 = \dfrac{V}{h_w t_w} = \dfrac{37.9 \times 10^3 \text{N}}{504\text{mm} \times 6\text{mm}} = 12.5\text{N/mm}^2$

腹板可不设中间横向加劲肋，此时 $k_\tau = 5.34$，则

$$\lambda_w = \dfrac{h_w/t_w}{37\sqrt{k_\tau}\sqrt{235/f_y}} = \dfrac{504\text{mm}/6\text{mm}}{37\sqrt{5.34}\sqrt{235/345}} = 1.19 < 1.4$$

$f'_v = [1 - 0.64(\lambda_w - 0.8)]f_v = [1 - 0.64(1.19 - 0.8)] \times 180\text{N/mm}^2$
$= 135.1\text{N/mm}^2$

$V_d = h_w t_w f'_v = 504\text{mm} \times 6\text{mm} \times 135.1\text{N/mm}^2 = 408.5\text{kN}$

由于 $V < V_d$，故抗剪强度满足要求。

梁截面大头剪力设计值为 $V = 92.9\text{kN}$

大头梁腹板平均切应力 $\tau_1 = \dfrac{V}{h_w t_w} = \dfrac{92.9 \times 10^3 \text{N}}{834\text{mm} \times 6\text{mm}} = 18.6\text{N/mm}^2$

腹板可不设中间横向加劲肋，此时 $k_\tau=5.34$，则

$$\lambda_w = \frac{h_w/t_w}{37\sqrt{k_\tau}\sqrt{235/f_y}} = \frac{834\text{mm}/6\text{mm}}{37\sqrt{5.34}\sqrt{235/345}} = 1.97 > 1.4$$

$$f'_v = (1-0.275\lambda_w)f_v = (1-0.275\times 1.97)\times 180\text{N/mm}^2 = 82.5\text{N/mm}^2$$

$$V_d = h_w t_w f'_v = 834\text{mm}\times 6\text{mm}\times 82.5\text{N/mm}^2 = 412.8\text{kN}$$

由于 $V<V_d$，故抗剪强度满足要求。

② 等截面梁段 H $520\times 150\times 4\times 6$ 的抗剪验算。

梁截面最大剪力设计值为 $V=37.9\text{kN}$

梁腹板平均切应力 $\tau = \dfrac{V}{h_w t_w} = \dfrac{37.9\times 10^3\text{N}}{508\text{mm}\times 4\text{mm}} = 18.7\text{N/mm}^2$

腹板可不设横向加劲肋，此时 $k_\tau=5.34$，则

$$\lambda_w = \frac{h_w/t_w}{37\sqrt{k_\tau}\sqrt{235/f_y}} = \frac{508\text{mm}/4\text{mm}}{37\sqrt{5.34}\sqrt{235/345}} = 1.80 > 1.4$$

$$f'_v = (1-0.275\lambda_w)f_v = (1-0.275\times 1.80)\times 180\text{N/mm}^2 = 90.9\text{N/mm}^2$$

$$V_d = h_w t_w f'_v = 508\text{mm}\times 4\text{mm}\times 90.9\text{N/mm}^2 = 184.7\text{kN}$$

由于 $V<V_d$，故抗剪强度满足要求。

2）弯剪压共同作用下的验算（取梁端截面进行验算）

① 变截面梁段 H（$850\sim 520$）$\times 160\times 6\times 8$。

取大头截面进行计算。内力设计值为 $M=442.9\text{kN}\cdot\text{m}$；$V=92.9\text{kN}$；$N=60\text{kN}$。

因为 $V<0.5V_d$，故按 $M\leqslant M_e^N$ 计算。

$$\sigma = \frac{N}{A}\pm\frac{Mh_w}{W_x h} = \frac{60\times 10^3\text{N}}{7564\text{mm}^2}\pm\frac{442.9\times 10^6\text{N}\cdot\text{mm}\times 834\text{mm}}{1750\times 10^3\text{mm}^3\times 850\text{mm}} = \begin{matrix}256\text{N/mm}^2\\-240\text{N/mm}^2\end{matrix}$$

所以 $\sigma_1=256\text{N/mm}^2$，$\sigma_2=-240\text{N/mm}^2$，故

$$\beta = \frac{\sigma_2}{\sigma_1} = \frac{-240\text{N/mm}^2}{256\text{N/mm}^2} = -0.9375$$

$$k_\sigma = \frac{16}{\sqrt{(1+\beta)^2+0.112(1-\beta)^2}+(1+\beta)}$$

$$= \frac{16}{\sqrt{(1-0.9375)^2+0.112(1+0.9375)^2}+(1-0.9375)}$$

$$= 22.4$$

$$\lambda_p = \frac{h_w/t_w}{28.1\sqrt{k_\sigma}\sqrt{235/1.1\sigma_1}} = \frac{834\text{mm}/6\text{mm}}{28.1\sqrt{22.4}\sqrt{235/1.1\times 256}} = 1.14$$

当 $0.8<\lambda_p=1.14\leqslant 1.2$ 时

$$\rho = 1-0.9(\lambda_p-0.8) = 1-0.9(1.14-0.8) = 0.694$$

$$h_e = \rho h_c = 0.694 \times 834 \times \frac{256}{256+240} \text{mm} = 299\text{mm}$$

$h_{e1} = 0.4 h_e = 0.4 \times 299\text{mm} = 120\text{mm}; h_{e2} = 0.6 h_e = 0.6 \times 299\text{mm} = 179\text{mm}$

如图 5-34 所示阴影部分为有效截面，由此得出：$A_e = 67.78\text{cm}$，$I_e = 6.96 \times 10^4 \text{cm}^4$，$W_e = 1589 \text{cm}^3$。

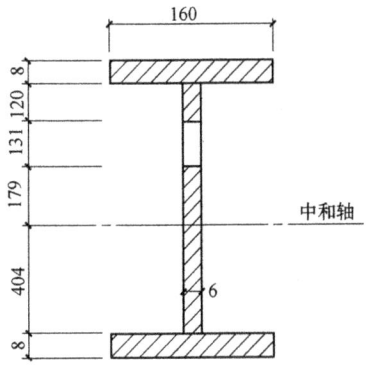

图 5-34　斜梁有效截面

$M_e = W_e f = 1589 \times 10^3 \text{mm}^3 \times 310 \times 10^{-6} \text{kN/mm}^2 = 492.6 \text{kN}\cdot\text{m}$

$M_e^N = M_e - \dfrac{NW_e}{A_e} = 492.6 \text{kN}\cdot\text{m} - \dfrac{60\text{kN} \times 1589 \times 10^{-6} \text{m}^2}{67.78 \times 10^{-4} \text{m}^2} = 492.6 \text{kN}\cdot\text{m} - 14.1 \text{kN}\cdot\text{m} = 478.5 \text{kN}\cdot\text{m}$

所以 $M_e^N > M = 442.9 \text{kN}\cdot\text{m}$，满足要求。

② 等截面梁段 H 520×150×4×6。内力设计值为 $M = 79.2 \text{kN}\cdot\text{m}$；$V = 37.9\text{kN}$；$N = 38 \text{kN}$。

因为 $V < 0.5 V_d$，故按 $M \leqslant M_e^N$ 计算。

$$\sigma = \frac{N}{A} \pm \frac{M h_w}{W_x h} = \frac{38 \times 10^3 \text{N}}{3832 \text{mm}^2} \pm \frac{79.2 \times 10^6 \text{N}\cdot\text{mm} \times 508\text{mm}}{625 \times 10^3 \text{mm}^3 \times 520\text{mm}} = \begin{array}{l} 134 \text{N/mm}^2 \\ -114 \text{N/mm}^2 \end{array}$$

$$\beta = \frac{\sigma_2}{\sigma_1} = \frac{-114 \text{N/mm}^2}{134 \text{N/mm}^2} = -0.85$$

$$k_\sigma = \frac{16}{\sqrt{(1+\beta)^2 + 0.112(1-\beta)^2} + (1+\beta)}$$
$$= \frac{16}{\sqrt{(1-0.85)^2 + 0.112(1+0.85)^2} + (1-0.85)}$$
$$= 20.33$$

$$\lambda_p = \frac{h_w/t_w}{28.1 \sqrt{k_\sigma} \sqrt{235/1.1\sigma_1}} = \frac{508\text{mm}/4\text{mm}}{28.1 \sqrt{20.33} \sqrt{235/1.1 \times 134}} = 0.79$$

因为 $\lambda_p < 0.8$，$\rho = 1$，所以，全截面有效。

$M_e = W_e f = 625 \times 10^3 \text{mm}^3 \times 310 \times 10^{-6} \text{kN/mm}^2 = 193.8 \text{kN}\cdot\text{m}$

$$M_e^N = M_e - \frac{NW_e}{A_e} = 193.8\text{kN}\cdot\text{m} - \frac{38\text{kN}\times 625\times 10^{-6}\text{m}^2}{38.32\times 10^{-4}\text{m}^2}$$
$$= 193.8\text{kN}\cdot\text{m} - 6.2\text{kN}\cdot\text{m} = 187.6\text{kN}\cdot\text{m}$$

所以 $M_e^N > M = 79.2\text{kN}\cdot\text{m}$，满足要求。

3）斜梁平面外的整体稳定验算。以变截面梁段 H（850～520）×160×6×8 为例。考虑屋面压型钢板与檩条紧密连接，檩条可作为斜梁平面外的支撑点，斜梁下翼缘受压时，加隅撑作为梁平面外支撑点，梁平面外计算长度取 1500mm，即 $l_y = 1500$mm，根据《门式刚架轻型房屋钢结构技术规程》，斜梁不需计算整体稳定性的侧向支承点间最大长度，可取斜梁受压翼缘宽度的 $16\sqrt{235/f_y}$ 倍，即 $160\times 16\times\sqrt{\frac{235}{345}}$mm $= 2113$mm $> l_y = 1500$mm，故不需计算斜梁平面外整体稳定性。

（4）刚架柱的验算

1）抗剪验算。

刚架柱 H（350～820）×200×6×8

柱截面小头剪力设计值为 $V = 55.4$kN

小头柱腹板平均切应力 $\tau_0 = \dfrac{V}{h_w t_w} = \dfrac{55.4\times 10^3\text{N}}{334\text{mm}\times 6\text{mm}} = 27.6\text{N/mm}^2$

腹板可不设中间横向加劲肋，此时 $k_\tau = 5.34$，则

$$\lambda_w = \frac{h_w/t_w}{37\sqrt{k_\tau}\sqrt{235/f_y}} = \frac{334\text{mm}/6\text{mm}}{37\sqrt{5.34}\sqrt{235/345}} = 0.79 < 0.8$$

$$f'_v = f_v = 180\text{N/mm}^2$$

$$V_d = h_w t_w f'_v = 334\text{mm}\times 6\text{mm}\times 180\text{N/mm}^2 = 360.7\text{kN}$$

由于 $V < V_d$，故抗剪强度满足要求。

柱截面大头剪力设计值为 $V = 55.4$kN

大头梁腹板平均切应力 $\tau_1 = \dfrac{V}{h_w t_w} = \dfrac{55.4\times 10^3\text{N}}{804\text{mm}\times 6\text{mm}} = 11.5\text{N/mm}^2$

腹板可不设中间横向加劲肋，此时 $k_\tau = 5.34$，则

$$\lambda_w = \frac{h_w/t_w}{37\sqrt{k_\tau}\sqrt{235/f_y}} = \frac{804\text{mm}/6\text{mm}}{37\sqrt{5.34}\sqrt{235/345}} = 1.90 > 1.4$$

$$f'_v = (1-0.275\lambda_w)f_v = (1-0.275\times 1.90)\times 180\text{N/mm}^2 = 86\text{N/mm}^2$$

$$V_d = h_w t_w f'_v = 804\text{mm}\times 6\text{mm}\times 86\text{N/mm}^2 = 414.9\text{kN}$$

由于 $V < V_d$，故抗剪强度满足要求。

2）弯剪压共同作用下的验算。

H（350～820）×200×6×8，取柱上端截面进行验算。

内力设计值为 $M = 442.9\text{kN}\cdot\text{m}$；$V = 55.4\text{kN}$；$N = 95\text{kN}$

因为 $V<0.5V_d$，故按 $M \leqslant M_e^N$ 计算。

$$\sigma = \frac{N}{A} \pm \frac{Mh_w}{W_x h} = \frac{95 \times 10^3 \text{N}}{8024 \text{mm}^2} \pm \frac{442.9 \times 10^6 \text{N} \cdot \text{mm} \times 804 \text{mm}}{1920 \times 10^3 \text{mm}^3 \times 820 \text{mm}} = \frac{238 \text{N/mm}^2}{-214 \text{N/mm}^2}$$

$$\beta = \frac{\sigma_2}{\sigma_1} = \frac{-214 \text{N/mm}^2}{238 \text{N/mm}^2} = -0.90$$

$$k_\sigma = \frac{16}{\sqrt{(1+\beta)^2 + 0.112(1-\beta)^2} + (1+\beta)}$$
$$= \frac{16}{\sqrt{(1-0.90)^2 + 0.112(1+0.90)^2} + (1-0.90)}$$
$$= 21.5$$

$$\lambda_p = \frac{h_w/t_w}{28.1\sqrt{k_\sigma}\sqrt{235/1.1\sigma_1}} = \frac{804\text{mm}/6\text{mm}}{28.1\sqrt{21.5}\sqrt{235/1.1 \times 238}} = 1.085$$

当 $0.8 < \lambda_p = 1.085 \leqslant 1.2$ 时，$\rho = 1 - 0.9(\lambda_p - 0.8) = 1 - 0.9(1.085 - 0.8) = 0.744$

$$h_e = \rho h_c = 0.744 \times 804 \times \frac{228}{238+214} \text{mm} = 315 \text{mm}$$

$h_{e1} = 0.4 h_e = 0.4 \times 315 \text{mm} = 126 \text{mm}$；$h_{e2} = 0.6 h_e = 0.6 \times 315 \text{mm} = 189 \text{mm}$

图 5-35 所示阴影部分为有效截面，由此得出：$A_e = 73.76 \text{cm}$，$I_e = 7.52 \times 10^4 \text{cm}^4$，$W_e = 1745 \text{cm}^3$。

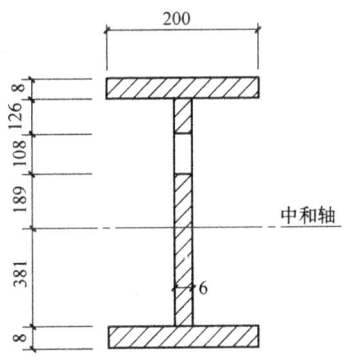

图 5-35 刚架柱有效截面

$$M_e = W_e f = 1745 \times 10^3 \text{mm}^3 \times 310 \times 10^{-6} \text{kN/mm}^2 = 541 \text{kN} \cdot \text{m}$$

$$M_e^N = M_e - NW_e/A_e = 541 \text{kN} \cdot \text{m} - \frac{90 \text{kN} \times 1745 \times 10^{-6} \text{m}^2}{73.76 \times 10^{-4} \text{m}^2}$$

$$= 541 \text{kN} \cdot \text{m} - 22.5 \text{kN} \cdot \text{m} = 518.5 \text{kN} \cdot \text{m}$$

所以 $M_e^N > M = 442.9 \text{kN} \cdot \text{m}$，满足要求。

3）柱整体稳定性验算。小头全截面有效，小头截面轴向力 $N = 101 \text{kN}$，大头弯矩 $M = 442.9 \text{kN} \cdot \text{m}$。

① 平面内整体稳定性验算。刚架柱高 $H=8000\text{mm}$，梁斜长 $L=13516\text{mm}$。根据查表法求刚架柱计算长度系数：

刚架梁楔率 $\gamma_1=\dfrac{d_1}{d_0}-1=\dfrac{850}{520}-1=0.63$，$\gamma_2=\dfrac{d_2}{d_0}-1=\dfrac{520}{520}-1=0$

刚架梁楔形段的长度比 $\beta=\dfrac{7180}{13500}=0.53$

查《门式刚架轻型房屋钢结构规程》附录 D，$\beta=0.5$ 时，$\psi=0.63$；$\beta=0.75$ 时，$\psi=0.78$

线性插值法 $\psi=0.648$

柱的线刚度 $K_1=\dfrac{I_{c1}}{h}=\dfrac{7.87\times10^4\text{cm}^4}{800\text{cm}}=98.375\text{cm}^4/\text{cm}$

梁的线刚度 $K_2=\dfrac{I_{b0}}{2\psi s}=\dfrac{2.32\times10^4\text{cm}^4}{2\times0.648\times1351.6\text{cm}}=13.244\text{cm}^4/\text{cm}$

线刚度比 $\dfrac{K_2}{K_1}=\dfrac{13.244\text{cm}^4/\text{cm}}{98.375\text{cm}^4/\text{cm}}=0.135$

柱截面惯性矩比 $\dfrac{I_{c0}}{I_{c1}}=\dfrac{1.12\times10^4\text{cm}^4}{7.87\times10^4\text{cm}^4}=0.142$

查表 5-5，柱的计算长度系数 $\mu_Y=1.380$

柱的计算长度为 $8000\text{mm}\times1.380=11040\text{mm}$

$\lambda_x=\dfrac{l_x}{i_x}=\dfrac{1104\text{cm}}{14.67\text{cm}}=75$，b 类截面，查表得 $\varphi_{xY}=0.614$

$$N'_{Ex0}=\dfrac{\pi^2 EA_{e0}}{1.1\lambda_x^2}=\dfrac{\pi^2\times2.06\times10^5\text{N/mm}^2\times5204\text{mm}^2}{1.1\times75^2}=1710\text{kN}$$

平面内稳定 $\dfrac{N_0}{\varphi_{xY}A_{e0}}+\dfrac{\beta_{mx}M_1}{\left[1-\left(\dfrac{N_0}{N'_{Ex0}}\right)\varphi_{xY}\right]W_{e1}}$

$=\dfrac{101000\text{N}}{0.614\times5204\text{mm}^2}+\dfrac{1.0\times442.9\times10^6\text{N}\cdot\text{mm}}{\left[1-\left(\dfrac{101\text{kN}}{1710\text{kN}}\times0.614\right)\right]\times1745\times10^3\text{mm}^3}$

$=31.6\text{N/mm}^2+263.4\text{N/mm}^2=295\text{N/mm}^2<f=310\text{N/mm}^2$

满足要求。

② 平面外整体稳定性验算。刚架柱的平面外计算长度取 3m，从大头截面算起 3m 处。

该处柱轴力 $N_0=95\text{kN}+\dfrac{3}{8}\times(101\text{kN}-95\text{kN})=97.25\text{kN}$

该处柱截面高度 $h_0=350\text{mm}+\dfrac{5}{8}\times(820\text{mm}-350\text{mm})=644\text{mm}$

$A_0=6968\text{mm}^2$，$I_{x0}=4.47\times10^4\text{cm}^4$，$W_{x0}=1390\text{cm}^3$，$I_{y0}=1067\text{cm}^4$

根据此处截面的轴力和弯矩，得出截面受压腹板高度为 337mm。

$$i_{x0}=\sqrt{\frac{I_{y0}}{A}}=\left[\frac{\frac{200^3 mm^3 \times 8mm}{12}}{(200mm \times 8mm+337mm \times 6mm/3)}\right]^{\frac{1}{2}}=4.84cm$$

$$\gamma=\frac{d_1}{d_0}-1=\frac{820mm}{644mm}-1=0.273$$

$$\mu_s=1+0.023\gamma\sqrt{\frac{lh_0}{A_f}}=1+0.023 \times 0.273 \times \sqrt{\frac{3000mm \times 644mm}{200mm \times 8mm}}=1.21$$

$$\mu_w=1+0.00385\gamma\sqrt{\frac{l}{i_{y0}}}=1+0.00385 \times 0.273 \times \sqrt{\frac{300cm}{4.84cm}}=1.01$$

$$\lambda_{y0}=\frac{\mu_s l}{i_{y0}}=\frac{1.21 \times 300cm}{4.84cm}=75 \text{，b 类截面，查表得 } \varphi_y=0.614$$

$$\varphi_{b\gamma}=\frac{4320}{\lambda_{y0}^2}\frac{A_0 h_0}{W_{x0}}\sqrt{\left(\frac{\mu_s}{\mu_w}\right)^4+\left(\frac{\lambda_{y0}t_0}{4.4h_0}\right)^2}\left(\frac{235}{f_y}\right)$$

$$=\frac{4320}{75^2} \times \frac{69.68cm^2 \times 64.4cm}{1390cm^3}\sqrt{\left(\frac{1.21}{1.01}\right)^4+\left(\frac{75 \times 0.8cm}{4.4 \times 64.4cm}\right)^2}\left(\frac{235N/mm^2}{345N/mm^2}\right)$$

$$=2.45>0.6$$

$$\varphi'_{b\gamma}=1.07-\frac{0.282}{\varphi_{b\gamma}}=1.07-\frac{0.282}{2.45}=0.955$$

$$\frac{N_0}{\varphi_y A_{e0}}+\frac{\beta_t M_1}{\varphi'_{b\gamma}W_{e1}}=\frac{97.25 \times 10^3 N}{0.614 \times 6968mm^2}+\frac{1.0 \times 442.9 \times 10^6 N \cdot m}{0.955 \times 1745 \times 10^3 mm^3}$$

$$=289N/mm^2<f=310N/mm^2$$

满足要求。

(5) 节点验算

1) 梁柱节点。

采用 10.9 级 M22 高强度螺栓摩擦型连接，构件接触面采用喷砂处理，摩擦面抗滑移系数 0.50，每个高强度螺栓的预拉力为 190kN。连接处传递内力设计值 $N=60kN$，$V=92.9kN$，$M=442.90kN \cdot m$。螺栓布置如图 5-36 所示。

受力最大的螺栓所受拉力 $N_1=\frac{My_1}{\Sigma y_i^2}+\frac{N}{n}$

$$=\frac{442.9kN \cdot m \times 470mm}{[(271mm)^2+(371mm)^2+(471mm)^2] \times 4}-\frac{60kN}{14}$$

$$=116.5kN$$

第二排螺栓所受拉力 $N_2=\frac{My_1}{\Sigma y_i^2}+\frac{N}{n}$

$$=\frac{442.9kN \cdot m \times 370mm}{[(270mm)^2+(370mm)^2+(470mm)^2] \times 4}-\frac{60kN}{14}$$

$$=91kN$$

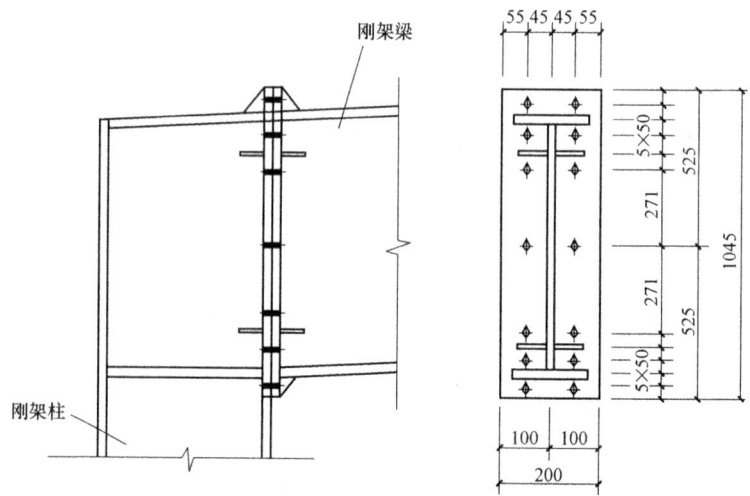

图 5-36 刚架梁柱节点详图

螺栓所受剪力 $N_v = \dfrac{V}{n} = \dfrac{92.9\text{kN}}{14} = 6.6\text{kN}$

一个螺栓的抗拉承载力设计值 $N_t^b = 0.8P = 0.8 \times 190\text{kN} = 152\text{kN}$

由于螺栓群连接长度为 $l_1 = 940\text{mm}$ 大于 $15d_0 = 352.5\text{mm}$，故螺栓的抗剪承载力设计值应乘以折减系数 β。

$$\beta = 1.1 - \dfrac{l_1}{150d_0} = 1.1 - \dfrac{940\text{mm}}{150 \times 23.5\text{mm}} = 0.83$$

一个螺栓的抗剪承载力设计值 $N_v^b = \beta \, 0.9\mu n_f P = 0.83 \times 0.9 \times 0.5 \times 1 \times 190\text{kN} = 70.9\text{kN}$

高强度螺栓摩擦型连接同时受剪和受拉时，其承载力计算

$$\dfrac{N_v}{N_v^b} + \dfrac{N_t}{N_t^b} = \dfrac{6.6\text{kN}}{70.9\text{kN}} + \dfrac{116.5\text{kN}}{152\text{kN}} = 0.86 < 1 \quad 满足要求。$$

端板厚度验算：（取端板外伸截面）

端板厚度取为 $t = 22\text{mm}$，按两边支承类端板计算，即

$$t \geqslant \sqrt{\dfrac{6e_f e_w N_t}{[e_w b + 2e_f(e_w + e_f)]f}}$$

$$= \sqrt{\dfrac{6 \times 46\text{mm} \times 42\text{mm} \times 152\text{kN}}{[42\text{mm} \times 160\text{mm} + 2 \times 46\text{mm} \times (46\text{mm} + 42\text{mm})] \times 295\text{kN/mm}^2}}$$

$$= 20.4\text{mm}$$

故此选用 22mm 厚的端板，可满足要求。

2) 梁柱节点域的切应力验算。

$$\tau = \dfrac{M}{d_b d_c t_c} = \dfrac{442.9\text{kN} \cdot \text{m}}{834\text{mm} \times 804\text{mm} \times 6\text{mm}} = 110\text{N/mm}^2 < f_v = 180\text{N/mm}^2$$

满足要求。

3) 螺栓处腹板强度验算。

第二排螺栓所受拉力 $N_2=91\text{kN}>0.4P = 0.4\times190\text{kN} =76\text{kN}$

螺栓处腹板强度 $\dfrac{N_2}{e_w t_w}=\dfrac{91\text{kN}}{42\text{mm}\times6\text{mm}}=361\text{N/mm}^2>f=310\text{N/mm}^2$

故应在两排螺栓之间设置腹板加劲肋（$-8\times80\times80$）

4) 横梁跨中节点及柱脚底板验算（略）。

5.8 门式刚架设计任务书

1. 设计资料

单层厂房采用单跨双坡门式刚架，厂房横向跨度 12m，柱顶高度 5m，共有 12 榀刚架。柱距 6m，屋面坡度 1/10，柱底铰接，柱网及平面布置如图 5-37 所示。取中间跨刚架（GJ-1）进行计算，刚架截面采用焊接工字形截面。截面形式及几何尺寸初步计算如图 5-38 所示。屋面及墙面为压型钢板复合板；檩条及墙梁为薄壁卷边 C 型钢（$160\times70\times20\times3.0$），檩条间距为 1.5m，内天沟排水。钢材采用 Q235 钢，焊条 E43 型。抗震设防烈度为 7 度。无悬挂荷载。

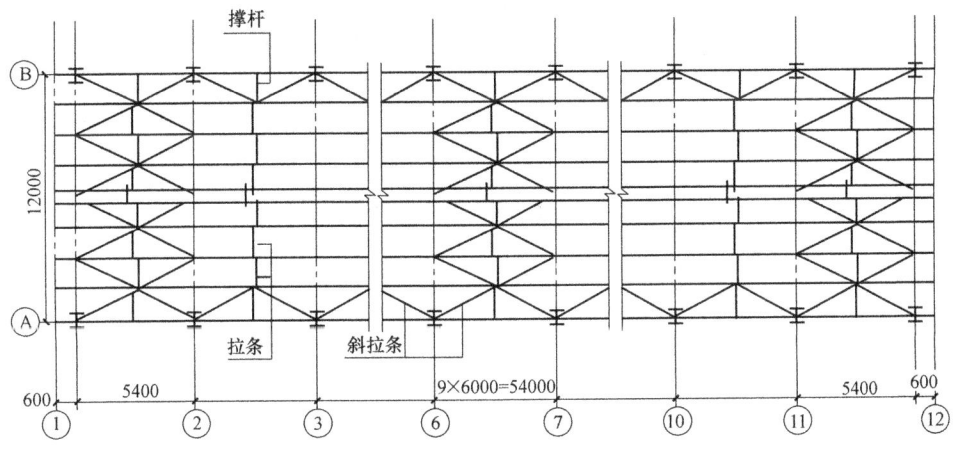

图 5-37 柱网及平面布置

2. 荷载

1) 永久荷载标准值（按水平投影面）：屋面恒载 0.5kN/m^2（包括屋面板及檩条重）。

2) 可变荷载标准值：屋面活荷载 0.3kN/m^2。

3) 雪荷载：基本雪压 s_0 为 0.30kN/m^2。

4) 风荷载：基本风压值 0.4kN/m^2；地面粗糙度系数按 B 类取值。

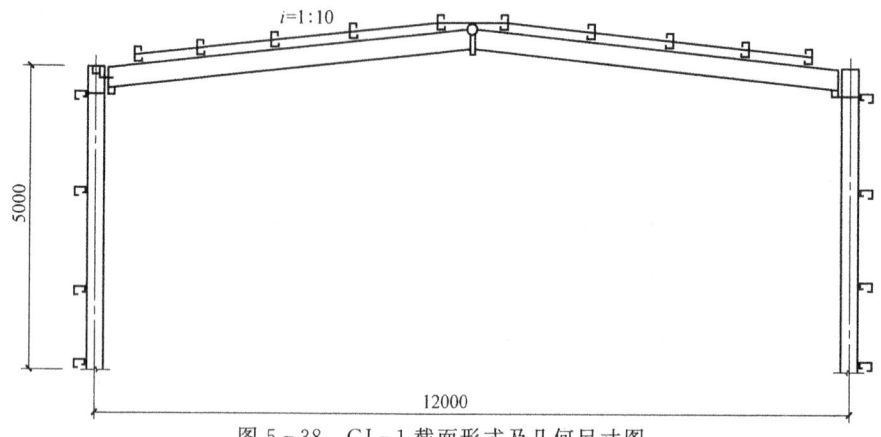

图 5-38　GJ-1 截面形式及几何尺寸图

3. 进行屋面及柱间支撑系统的设计
4. 刚架设计

根据所给出的刚架（GJ-1）内力值（图 5-39）进行刚架梁、刚架柱及其节点设计。

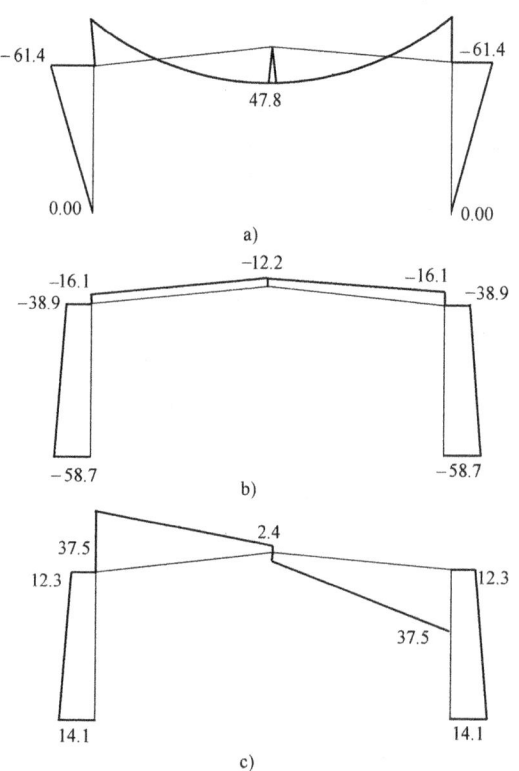

图 5-39　GJ-1 内力组合
a) 组合弯矩图（单位：kN·m）　b) 组合轴力图（单位：kN）　c) 组合剪力图（单位：kN）

第 6 章
钢—混凝土组合梁课程设计

6.1 组合梁的概念和应用

一般的钢筋混凝土板和钢梁组成的工作平台（或楼盖），荷载是通过楼板传递给钢梁，然后传至柱或墙。受弯时，楼板和钢梁各自发生弯曲变形，并沿接触面相对滑移（图 6-1a），内力按刚度分配，钢梁差不多承担了全部弯矩，楼板对钢梁来讲只是一种荷载；如果在钢筋混凝土板和钢梁之间设置若干个连接件（图 6-1b），以抵抗它们之间的相对滑移，使板和梁形成一个具有公共中和轴的组合截面，钢筋混凝土板作为组合梁的上翼缘受压，承载力及刚度都会大大提

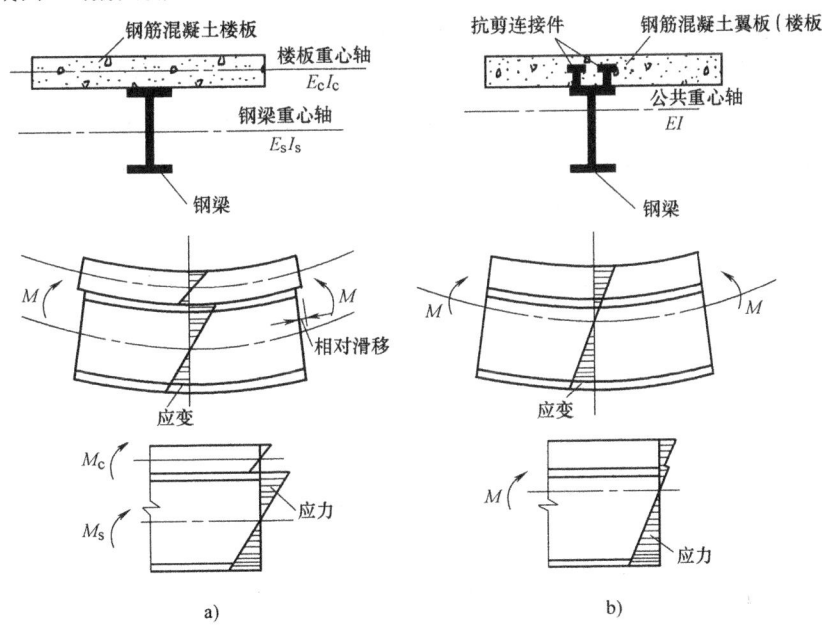

图 6-1 钢与混凝土组合梁受力分析图
a）非组合梁 b）组合梁

高。这就是钢—混凝土组合梁的基本概念。由混凝土翼板与钢梁通过抗剪连接件组成的组合梁一般不直接承受动力荷载，组合梁的翼板可用现浇混凝土板，亦可用混凝土叠合板或压型钢板混凝土组合板，其中混凝土板应按《混凝土结构设计规范》的规定进行设计。

钢梁外露的钢—混凝土组合梁截面，如图6-2所示。钢筋混凝土板有现浇的，也有预制装配式的，近年来更多采用压型钢板的组合楼板。这种楼板施工时先将0.75～3mm厚压型钢板铺设在钢梁上，通过连接件和钢梁上翼缘焊牢，然后在压型钢板上浇灌混凝土构成（图6-3）。压型钢板当作模板并承受施工荷载，混凝土硬化后它又兼作配筋。因此这种楼板施工简便快速，得到广泛应用。

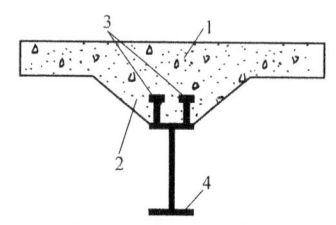 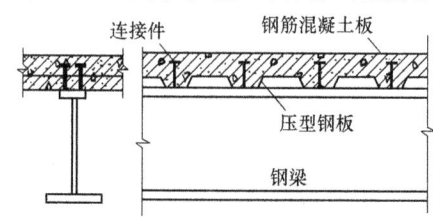

图6-2 钢梁外露的钢—混凝土组合梁截面
1—钢筋混凝土翼板 2—混凝土板托
3—抗剪连接件 4—钢梁

图6-3 压型钢板组合楼盖

板托有时是专门设置的，用以增加截面高度（图6-2），节约钢材，并改善板的横向受弯条件。有时板托是由某些构造要求而设置的，例如连接件栓钉高度超过板厚时，就需设置板托。另外也有不设板托的钢—混凝土组合梁。

抗剪连接件（图6-4）是保证钢筋混凝土板和钢梁形成整体共同工作的基础。它的作用犹如钢板组合梁中的翼缘焊缝，它承受板、梁接触面之间的纵向剪力，抵抗两者之间的相对滑移。

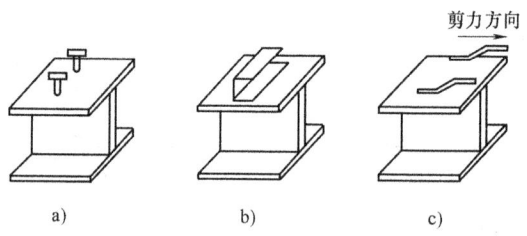

图6-4 连接件的外型及设置方向
a) 栓钉连接件 b) 槽钢连接件 c) 弯筋连接件

连接件的形式有三类：栓钉、型钢和弯筋（图6-4）。栓钉应用较广，其直径为12～25mm，长度不小于直径的4倍，为更好抵抗掀起作用，一般上部做成弯钩形状。型钢连接件一般用槽钢做成，型号为[80～[120。钢筋连接多做成弯筋,并在水平面上按八字形成对布置,以便有更好的抗掀起作用。钢筋的直径为 12~20mm。钢梁可以用型钢梁也可以用钢板组合梁。

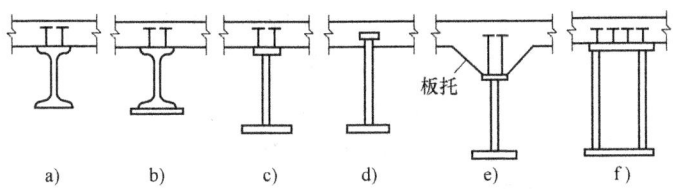

图 6-5 钢梁外露组合梁的类型

钢梁外露组合梁有工形截面组合梁(图 6-5a~e)和箱形截面组合梁(图 6-5f)两大类。图 6-5d 上翼缘伸入混凝土板面,可不设置连接件;图 6-5e 设置板托,加大梁高,钢梁上翼缘移到中和轴附近,减少其压应力;图 6-5f 箱形截面组合梁,常用于桥梁结构,其承载力和刚度都较大。

钢—混凝土组合梁由于能适应梁的受力特点,充分发挥钢与混凝土各自材料的优势,因而有较好的技术经济效益。和钢梁方案相比,钢—混凝土组合梁有下列优点:

1)经济。实践表明,它可节省钢材 20%~40%,每平方米造价可降低 10%~40%。

2)刚度大。它的挠度可减少 1/3~1/2,或者在满足刚度要求的前提下,钢—混凝土组合梁可以减小结构高度,这对高层建筑尤为重要。

3)抗震性能好。

由于上述优点,钢—混凝土组合梁在桥梁、工业建筑及高层建筑中应用广泛。

6.2 组合梁的截面设计

6.2.1 组合梁的截面尺寸和设计方法

组合梁的截面通常由钢筋混凝土板、混凝土板托、抗剪连接件及钢梁四个部分组成(图 6-2、图 6-6)。

在图 6-6 中,h_{c1} 为混凝土翼板的厚度,根据面板沿板跨方向受弯的需要确定。当采用压型钢板混凝土组合板时,翼板厚度 h_{c1} 等于组合板的总厚度减去压型钢板的肋高,但在计算混凝土翼板的有效宽度时,压型钢板混凝土组合板的翼板厚度 h_{c1} 可取有肋处板的总厚度。

h_{c2} 为板托高度,$h_{c2} \leqslant 1.5h_{c1}$,底宽等于钢梁上翼缘宽度,由受力和布置连接件的构造确定;顶宽宜采用 $b_0 \geqslant 1.5h_{c2}$。当无板托时,$h_{c2} = 0$。

组合梁的总高度 h 按抗弯强度和刚度确定,对 Q235 钢约为 $h \geqslant (1/15 \sim$

$1/16)l$。全部梁高中,钢梁高度应占 $h_s \geqslant 0.4h$,这样在施工阶段,承重钢梁有足够的强度和刚度,形成组合梁后,钢梁有足够的抗剪强度。

混凝土翼板的有效宽度 b_e(图6-6)应按下式计算

$$b_e = b_0 + b_1 + b_2 \qquad (6-1)$$

式中 b_0——板托顶部的宽度,当板托倾角 $\alpha < 45°$ 时,应按 $\alpha = 45°$ 计算板托顶部的宽度,当无板托时,则取钢梁上翼缘的宽度;

b_1、b_2——梁外侧和内侧的翼板计算宽度,各取梁跨度 l 的 $1/6$ 和翼板厚度 h_{c1} 的6倍中的较小值,此外,b_1 尚不应超过翼板实际外伸宽度 s_1,b_2 不应超过相邻钢梁上翼缘或板托间净距 s_0 的 $1/2$,当为中间梁时,式(6-1)中的 b_1 等于 b_2。

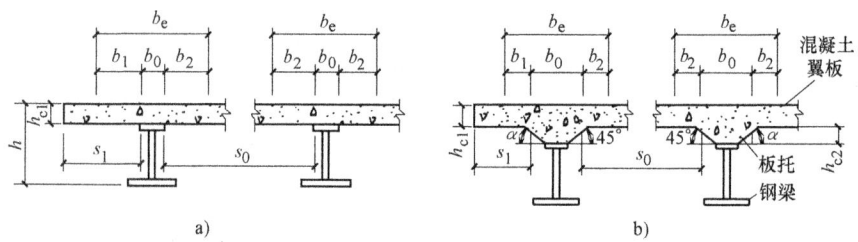

图6-6 混凝土翼板的计算宽度

组合梁的强度设计取荷载设计值。当梁承受静力或间接动力荷载时通常采用塑性设计方法(矩形分布应力图);当梁直接承受动力荷载时,则通常采用弹性设计方法(三角形分布应力图)。挠度计算时则一律按弹性设计方法和荷载标准值。因有翼板作侧向支承,组合梁的整体稳定不必计算。

由于组合梁截面由两种材料组成,设计时必须将它换算成同一种材料的截面。截面换算通过两种材料的弹性模量比($\alpha_E = E/E_c$)进行(表6-1)。对荷载的短期效应组合,可把混凝土翼板的计算宽度除以 α_E,换算为钢截面(简称弹性换算截面);对荷载的长期效应组合,则除以 $2\alpha_E$ 换算为钢截面(简称徐变换算截面)。所得换算截面的内力和应变条件以及截面形心高度等,都保持与原混凝土截面相同(表6-2)。

表6-1 钢与混凝土弹性模量比 α_E

混凝土强度等级	C20	C25	C30	C35	C40	C45	C50	C55	C60
钢弹性模量 $E/10^4 \text{N} \cdot \text{mm}^{-2}$	20.6								
混凝土弹性模量 $E_c/10^4 \text{N} \cdot \text{mm}^{-2}$	2.55	2.80	3.00	3.15	3.25	3.35	3.45	3.55	3.60
弹性模量比 α_E	8.08	7.36	6.87	6.54	6.34	6.15	5.97	5.80	5.72

表 6-2 换算截面图式

效应类别	实际截面	换算截面	说　明
短期荷载效应作用时	a)	b)	混凝土板厚不变，将有效宽度 b_e 除以 α_E，并不考虑板托截面
长期荷载效应作用时		c)	混凝土板厚不变，但考虑徐变影响，将有效宽度 b_e 除以 $2\alpha_E$，且不考虑板托截面

6.2.2 组合梁的塑性设计

对不直接承受动力荷载的一般简支梁及连续梁，其承载力可采用塑性分析法进行计算。

塑性分析的假定如下：混凝土与钢梁有可靠的抗剪连接；位于塑性中和轴一侧的受拉混凝土因开裂不参加工作；混凝土压区为均匀受压，并达到抗压强度设计值 f_c；钢梁受压区为均匀受压，钢梁的受拉区为均匀受拉，并分别达到塑性设计抗压及抗拉强度的设计值；全部剪力均由钢梁腹板承受。

完全抗剪连接组合梁（指混凝土翼板与钢梁之间具有可靠的连接，抗剪连接件按计算需要配置，以充分发挥组合梁截面的抗弯能力）的抗弯强度应按下列规定计算：

(1) 正弯矩作用区段　塑性中和轴在混凝土翼板内（图 6-7），即 $Af \leqslant b_e h_{c1} f_c$ 时

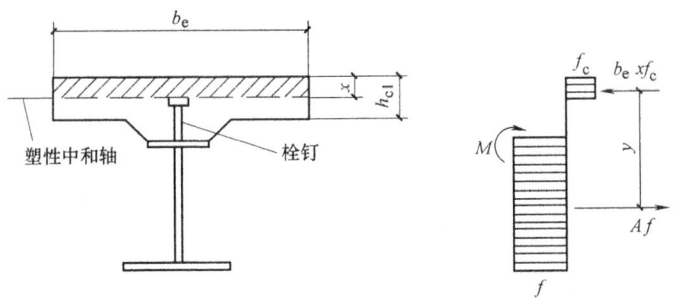

图 6-7　塑性中和轴在混凝土翼板内时的组合梁截面及应力图形

$$M \leqslant b_e x f_c y \quad (6-2)$$
$$x = Af/(b_e f_c) \quad (6-3)$$

式中 M——正弯矩设计值；

A——钢梁的截面面积；

x——混凝土翼板受压区高度；

y——钢梁截面应力的合力至混凝土受压区截面应力的合力间的距离；

f_c——混凝土抗压强度设计值。

塑性中和轴在钢梁截面内（图6-8），即 $Af > b_e h_{c1} f_c$ 时

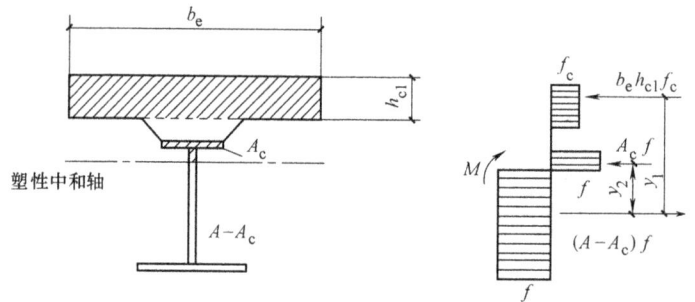

图6-8 塑性中和轴在钢梁内时的组合梁截面及应力图形

$$M \leqslant b_e h_{c1} f_c y_1 + A_c f y_2 \quad (6-4)$$
$$A_c = 0.5(A - b_e h_{c1} f_c / f) \quad (6-5)$$

式中 A_c——钢梁受压区截面面积；

y_1——钢梁受拉区截面形心至混凝土翼板受压区截面形心的距离；

y_2——钢梁受拉区截面形心至钢梁受压区截面形心的距离。

（2）负弯矩作用区段（图6-9） 尽管连续组合梁负弯矩区是混凝土受拉而钢梁受压，但组合梁具有较好的内力重分布性能，故仍然具有较好的经济效益。负弯矩区可以利用负钢筋和钢梁共同抵抗弯矩，通过弯矩调幅后可使连续组合梁的结构高度进一步减小。试验证明，弯矩调幅系数取 15% 是可行的。

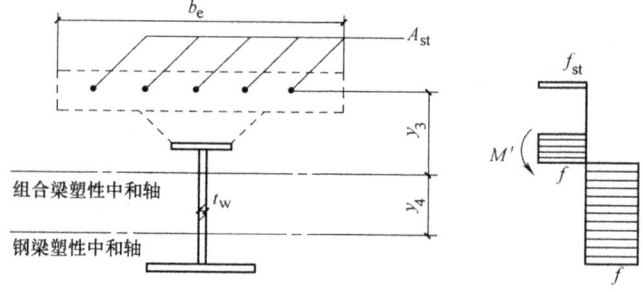

图6-9 负弯矩作用时组合梁截面及应力图形

$$M' \leqslant M_s + A_{st}f_{st}(y_3 + \frac{1}{2}y_4) \tag{6-6}$$

$$M_s = (S_1 + S_2)f \tag{6-7}$$

式中　　M'——负弯矩设计值；

S_1、S_2——钢梁塑性中和轴（平分钢梁截面积的轴线）以上和以下截面对该轴的面积矩；

A_{st}——负弯矩区混凝土翼板有效宽度范围内的纵向钢筋截面面积；

f_{st}——钢筋抗拉强度设计值；

y_3——纵向钢筋截面形心至组合梁塑性中和轴的距离；

y_4——组合梁塑性中和轴至钢梁塑性中和轴的距离，当组合梁塑性中和轴在钢梁腹板内时，取 $y_4 = A_{st}f_{st}/(2t_w f)$，当该中和轴在钢梁翼缘内时，可取 y_4 等于钢梁塑性中和轴至腹板上边缘的距离。

部分抗剪连接组合梁（是指配置的抗剪连接件数量少于完全抗剪连接所需要的抗剪连接件数量，如压型钢板混凝土组合梁等），在正弯矩区段的抗弯强度按下列公式计算（图 6-10）

$$x = n_r N_v^c/(b_e f_c) \tag{6-8}$$

$$A_c = (Af - n_r N_v^c)/(2f) \tag{6-9}$$

$$M_{u,r} = n_r N_v^c y_1 + 0.5(Af - n_r N_v^c)y_2 \tag{6-10}$$

式中　　$M_{u,r}$——部分抗剪连接时组合梁截面抗弯承载力；

n_r——部分抗剪连接时一个剪跨区的抗剪连接件数目；

N_v^c——每个抗剪连接件的纵向抗剪承载力，按 6.3 节的有关公式计算。

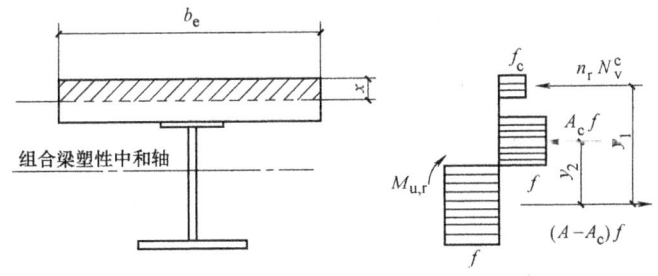

图 6-10　部分抗剪连接组合梁计算简图

部分抗剪连接组合梁在负弯矩作用区段的抗弯强度则按 $n_r N_v^c$ 和 $A_{st}f_{st}$ 两者中的较小值计算。

当抗剪连接件的设置受构造等原因影响不能全部配置，因而不足以承受组合梁上最大弯矩点和邻近零弯矩点之间的剪跨区段内总的纵向水平剪力时，可采用部分抗剪连接设计法。

组合梁截面上的全部剪力，假定仅由钢梁腹板承受，应按下式进行计算

$$V \leqslant h_w t_w f_v \tag{6-11}$$

式中 h_w、t_w——腹板高度和厚度；

f_v——钢材抗剪强度设计值。

用塑性设计法计算组合梁强度时，在下列部位可不考虑弯矩与剪力的相互影响：

1) 受正弯矩的组合梁截面。

2) $A_{st}f_{st} \geqslant 0.15Af$ 的受负弯矩的组合梁截面。

在组合梁的强度、挠度和裂缝计算中，可不考虑板托截面。

组合梁尚应按有关规定进行混凝土翼板的纵向抗剪验算。

考虑塑性发展的内力调幅系数不宜超过 15%。

钢梁受压区板件宽厚比应符合"塑性设计"的要求。此外，忽略钢筋混凝土翼板受压区中钢筋的作用。用塑性设计法计算组合梁最终承载力时，可不考虑施工过程中有无支承及混凝土的徐变、收缩与温度作用的影响。

6.3 抗剪连接件设计

组合梁的抗剪连接件宜采用栓钉，也可采用槽钢、弯筋或有可靠依据的其他类型连接件。栓钉、槽钢及弯筋连接件的设置方式如图 6-4 所示；一个抗剪连接件的承载力设计值由下列公式确定：

圆柱头焊钉（栓钉）连接件　　$N_v^c = 0.43 A_s \sqrt{E_c f_c} \leqslant 0.7 A_s \gamma f$ 　　(6-12)

式中 E_c——混凝土的弹性模量；

A_s——圆柱头焊钉（栓钉）钉杆截面面积；

f——圆柱头焊钉（栓钉）抗拉强度设计值；

γ——栓钉材料抗拉强度最小值与屈服强度之比。

当栓钉材料性能等级为 4.6 级时，取 $f = 215 \text{N/mm}^2$，$\gamma = 1.67$。

槽钢连接件　　$N_v^c = 0.26(t + 0.5 t_w) l_c \sqrt{E_c f_c}$ 　　(6-13)

式中 t——槽钢翼缘的平均厚度；

t_w——槽钢腹板的厚度；

l_c——槽钢的长度。

槽钢连接件通过肢尖肢背两条通长角焊缝与钢梁连接，角焊缝按承受该连接件的抗剪承载力设计值 N_v^c 进行计算。

弯筋连接件　　$N_v^c = A_{st} f_{st}$ 　　(6-14)

式中 A_{st}——弯筋的截面面积；

f_{st}——弯筋的抗拉强度设计值。

对于用压型钢板混凝土组合板做翼板的组合梁（图 6-11），其栓钉连接件的抗剪承载力设计值应分别按以下两种情况予以降低：

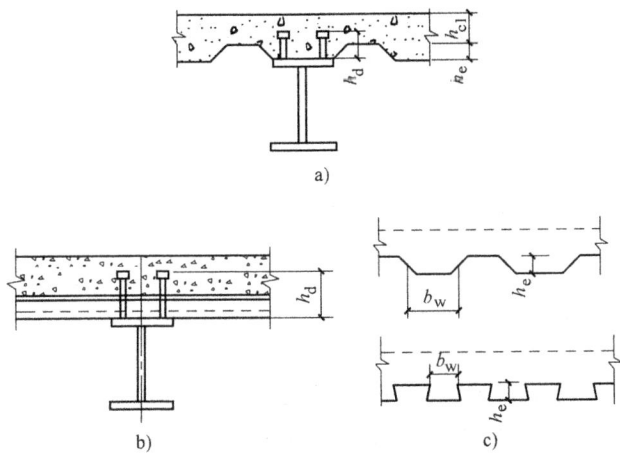

图 6-11　用压型钢板混凝土组合板做翼板的组合梁
a）肋与钢梁平行的组合梁截面　b）肋与钢梁垂直的组合梁截面　c）压型钢板组合板剖面

1）当压型钢板肋平行于钢梁布置（图 6-11a），$b_w/h_e < 1.5$ 时，按式（6-12）算得的 N_v^c 应乘以折减系数 β_v 后取用。β_v 值按下式计算

$$\beta_v = 0.6 \frac{b_w}{h_e}\left(\frac{h_d - h_e}{h_e}\right) \leqslant 1 \qquad (6-15)$$

式中　b_w——混凝土凸肋的平均宽度，当肋的上部宽度小于下部宽度时（图 6-11c），改取上部宽度；

　　　h_e——混凝土凸肋高度；

　　　h_d——栓钉高度。

2）压型钢板肋垂直于钢梁布置时（图 6-11b）栓钉抗剪连接件承载力设计值的折减系数按下式计算

$$\beta_v = \frac{0.85}{\sqrt{n_0}} \frac{b_w}{h_e}\left(\frac{h_d - h_e}{h_e}\right) \leqslant 1 \qquad (6-16)$$

式中　n_0——在梁某截面处一个肋中布置的栓钉数，当多于 3 个时，按 3 个计算。

3）位于负弯矩区段的抗剪连接件，其抗剪承载力设计值 N_v^c 应乘以折减系数 0.9（中间支座两侧）和 0.8（悬臂部分）。

4）抗剪连接件的计算，应以弯矩绝对值最大点及零弯矩点为界限，划分为若干个剪跨区（图 6-12），逐段进行。每个剪跨区段内钢梁与混凝土翼板交界面的纵向剪力 V_s 按下列方法确定：

位于正弯矩区段的剪跨：V_s 取 Af 和 $b_e h_{c1} f_c$ 中的较小者；位于负弯矩区段的剪跨

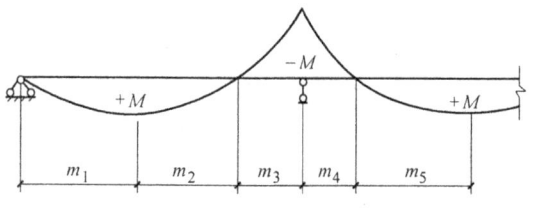

图 6-12 连续梁剪跨区划分图

$$V_s = A_{st} f_{st} \quad (6-17)$$

按照完全抗剪连接设计时，每个剪跨区段内需要的连接件总数 n_f 按下式计算

$$n_f = V_s / N_v^c \quad (6-18)$$

部分抗剪连接组合梁，其连接件的实配个数不得少于 n_f 的 50%。

按式（6-18）算得的连接件数量，可在对应的剪跨区段内均匀布置。当在此剪跨区段内有较大集中荷载作用时，应将连接件个数 n_f 按剪力图面积比例分配后再各自均匀布置。

注：当采用栓钉和槽钢抗剪件时，在图 6-12 中可将剪跨区 m_2 和 m_3、m_4 和 m_5 分别合并为一个区配置抗剪连接件，合并为一个区段后的 $V_s = b_e h_{c1} f_c + A_{st} f_{st}$。建议在合并区内采用完全抗剪连接。

6.4 挠度计算

组合梁的变形计算可按弹性理论进行，原因是在荷载的标准组合作用下产生的截面弯矩小于组合梁在弹性阶段的极限弯矩，即此时的组合梁在正常使用阶段仍处于弹性工作状态。其具体计算方法是假定钢和混凝土都是理想的弹塑性体，而将混凝土翼板的有效截面除以钢与混凝土弹性模量的比值 α_E（当考虑混凝土在荷载长期作用下的徐变影响时，此比值应为 $2\alpha_E$）换算为钢截面（为使混凝土翼板的形心位置不变，将翼板的有效宽度除以 α_E 或 $2\alpha_E$ 即可），再求出整个梁截面的换算截面刚度 EI_{eq} 来计算组合梁的挠度。因为板托对组合梁的强度、变形和裂缝宽度的影响很小，故可不考虑其作用。

组合梁的挠度应分别按荷载的标准组合和准永久组合进行计算，以其中的较大值作为依据。

对于简支组合梁，考虑滑移效应影响的折减刚度 B 按下式计算

$$B = \frac{EI_{eq}}{1+\zeta} \quad (6-19)$$

式中 E ——钢梁的弹性模量；

I_{eq} ——组合梁的换算截面惯性矩，对荷载标准组合，将截面中的混凝土翼板有效宽度 b_e 除以钢材与混凝土弹性模量的比值 α_E 换算为钢截

面宽度后，计算整个截面的惯性矩，对荷载准永久组合，则除以 $2\alpha_E$ 进行换算；

ζ——刚度折减系数，按 GB 50017—2003《钢结构设计规范》第 11.4.3 条计算。

对于连续组合梁，由于梁端有负弯矩作用，对跨中挠度起有利作用；同时在负弯矩区段混凝土开裂而退出工作，则该区段的抗弯刚度小于跨中正弯矩区段的抗弯刚度，整个梁成为变刚度梁。在实际工程设计时为简化计算，在确定连续组合梁的截面抗弯刚度时，中间支座两侧各 $0.15l$（l 为梁的跨度）范围内，不计受拉区混凝土对刚度的影响，但应计入翼板有效宽度 b_e 范围内配置的纵向钢筋的作用，其余区段仍按式（6-19）计算折减刚度。

对于负弯矩区段混凝土裂缝宽度验算，应按《混凝土结构设计规范》的相关规定验算负弯矩区段混凝土裂缝宽度。

6.5 构造要求

1）组合梁的高跨比一般为 $h/l \geqslant 1/15 \sim 1/16$，为使钢梁的抗剪强度与组合梁的抗弯强度相协调，组合梁截面高度不宜超过钢梁截面高度的 2.5 倍；混凝土板托高度 h_{c2} 不宜超过翼板厚度 h_{c1} 的 1.5 倍；板托的顶面宽度不宜小于钢梁上翼缘宽度与 $1.5h_{c2}$ 之和。

2）组合梁边梁混凝土翼板的构造应满足图 6-13 的要求。有板托时，伸出长度不宜小于 h_{c2}；无板托时，应同时满足伸出钢梁中心线不小于 150mm、伸出钢梁翼缘边不小于 50mm 的要求。

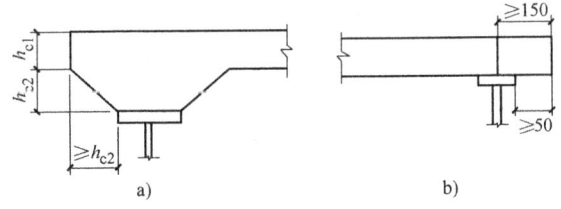

图 6-13 边梁构造图

3）连续组合梁在中间支座负弯矩区的上部纵向钢筋及分布钢筋，应按《混凝土结构设计规范》的规定设置。

4）抗剪连接件的设置应符合以下规定：

① 栓钉连接件钉头下表面或槽钢连接件上翼缘下表面高出翼板底部钢筋顶面不宜小于 30mm，主要是为了：保证连接件在混凝土翼板与钢梁之间发挥抗掀起作用；底部钢筋能作为连接件根部附近混凝土的横向配筋，防止混凝土由于连

接件的局部受压作用而开裂。

② 连接件沿梁跨度方向的最大间距不应大于混凝土翼板（包括板托）厚度的 4 倍，且不大于 400mm；连接件沿梁跨度方向的最大间距规定，主要是为了防止在混凝土翼板与钢梁接触面间产生过大的裂缝，影响组合梁的整体工作性能和耐久性。

③ 接件的外侧边缘与钢梁翼缘边缘之间的距离不应小于 20mm。

④ 连接件的外侧边缘至混凝土翼板边缘间的距离不应小于 100mm。

⑤ 连接件顶面的混凝土保护层厚度不应小于 15mm。

5）栓钉连接件除应满足第 4）条要求外，尚应符合下列规定：

① 当栓钉位置不正对钢梁腹板时，如钢梁上翼缘承受拉力，则栓钉杆直径不应大于钢梁上翼缘厚度的 1.5 倍；如钢梁上翼缘不承受拉力，则栓钉杆直径不应大于钢梁上翼缘厚度的 2.5 倍。

② 栓钉长度不应小于其杆径的 4 倍。

③ 栓钉沿梁轴线方向的间距不应小于杆径的 6 倍；垂直于梁轴线方向的间距不应小于杆径的 4 倍。栓钉最小间距的规定，主要是为了保证栓钉的抗剪承载力能充分发挥作用。

④ 用压型钢板做底模的组合梁，栓钉杆直径不宜大于 19mm，混凝土凸肋宽度不应小于栓钉杆直径的 2.5 倍；栓钉高度 h_d 应符合 $(h_e+30) \leqslant h_d \leqslant (h_e+75)$ 的要求（图 6-11）。

6）弯筋连接件除应符合第 4）条要求外，尚应满足以下规定：弯筋连接件宜采用直径不小于 12mm 的钢筋成对布置，用两条长度不小于 4 倍（Ⅰ级钢筋）或 5 倍（Ⅱ级钢筋）钢筋直径的侧焊缝焊接于钢梁翼缘上，其弯起角度一般为 45°，弯折方向应与混凝土翼板对钢梁的水平剪力方向相同。在梁跨中纵向水平剪力方向变化的区段，必须在两个方向均设置弯起钢筋。从弯起点算起的钢筋长度不宜小于其直径的 25 倍（Ⅰ级钢筋另加弯钩），其中水平段长度不宜小于其直径的 10 倍。弯筋连接件沿梁长度方向的间距不宜小于混凝土翼板（包括板托）厚度的 0.7 倍。

7）槽钢连接件一般采用 Q235 钢，截面不宜大于 [12.6。

8）钢梁顶面不得涂刷油漆，在浇灌（或安装）混凝土翼板以前应清除铁锈、焊渣、冰层、积雪、泥土和其他杂物。

6.6　钢—混凝土组合梁设计实例

6.6.1　钢—混凝土组合梁设计资料

图 6-14 所示为某办公楼楼面结构布置图中两个区格的梁柱布置及尺寸，楼

面拟采用钢—混凝土组合楼盖。为简化次梁与主梁的连接，次梁两端按简支设计，抗剪连接件按完全抗剪连接设计。

钢材：Q235（设 $t \leqslant 16\text{mm}$），$f = 215\text{N/mm}^2$，$f_v = 125\text{N/mm}^2$

混凝土：C20，$f_c = 9.6\text{N/mm}^2$（轴心抗压），$E_c = 25.5 \times 10^3 \text{N/mm}^2$（弹性模量）

楼面构造及荷载标准值：

  30mm 水磨石面层   0.65kN/m²

  100mm 钢筋混凝土现浇板 2.5kN/m²

  隔声纸板顶棚   0.18kN/m²

可变荷载标准值：

  楼面活荷载   3.5kN/m²

  施工活荷载   1.0kN/m²

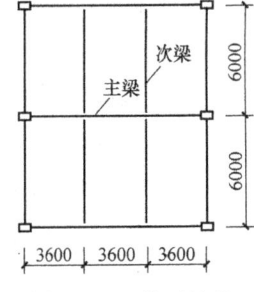

图 6-14 楼面结构布置图及尺寸

6.6.2 中间次梁设计

1. 初选截面

次梁的截面及各部分的尺寸（图 6-15 a）确定如下：

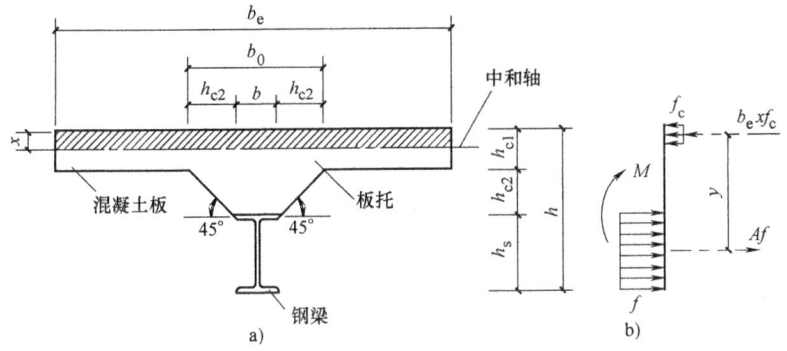

图 6-15 中间次梁的截面及应力图形

a) 次梁截面及尺寸符号 b) 使用阶段应力图形

（1）板托高度 h_{c2} 和钢梁截面高度 h_s 根据《钢结构设计规范》第 11.5.1 条的构造要求，在已知混凝土翼板厚度 $h_{c1} = 100\text{mm}$ 后，即可估算板托的高度 h_{c2} 和钢梁的截面高度 h_s。

增加混凝土板托高度 h_{c2} 可加大整个组合梁的截面高度 h，规范要求：$h_{c2} \leqslant 1.5 h_{c1}$，取 $h_{c2} = 150\text{mm}$。

另外还需满足：$h \leqslant 2.5 h_s$，即 $h_{c1} + h_{c2} + h_s \leqslant 2.5 h_s$，所以取钢梁高度

$$h_s \geqslant \frac{1}{1.5}(h_{c1} + h_{c2}) = \frac{100\text{mm} + 150\text{mm}}{1.5} = 167\text{mm}$$

根据刚度要求，h 宜为跨度的 1/15 左右。次梁跨度 $l=6000\text{mm}$，取 $h_s=180\text{mm}$，得

$$h = h_{c1} + h_{c2} + h_s = 100\text{mm} + 150\text{mm} + 180\text{mm} = 430\text{mm}$$

（2）板托顶面宽度 b_0　取板托倾角 $\alpha=45°$，暂取钢梁上翼缘宽度 $b=h_s/2=90\text{mm}$，则得板托顶面宽度 $b_0 = b + 2h_{c2} = 90\text{mm} + 2\times150\text{mm} = 390\text{mm} > b + 1.5h_{c2} = 90\text{mm} + 1.5\times150\text{mm} = 315\text{mm}$ 满足规范第 11.5.1 条的构造要求。

（3）混凝土翼板的有效宽度 b_e　根据《钢结构设计规范》第 11.1.2 条的要求，翼板的有效宽度 b_e 取下述三个数值中的最小值：

1）按梁跨度考虑（梁跨度 $l=6\text{m}$）

$$b_e = b_0 + \frac{l}{6} + \frac{l}{6} = 390\text{mm} + \frac{6\text{m}\times10^3}{6}\times2 = 2390\text{mm}$$

2）按翼板厚度考虑（翼板厚度 $h_{c1}=100\text{mm}$）

$$b_e = b_0 + 6h_{c1} + 6h_{c1} = 390\text{mm} + 6\times100\text{mm}\times2 = 1590\text{mm}$$

3）按相邻梁板托间净距考虑（图 6-14 和图 6-15a）

$$b_e = b_0 + (3600\text{mm} - b_0) = 3600\text{mm}$$

因此取翼板的有效宽度 $b_e=1590\text{mm}$。

（4）使用阶段的荷载及最大弯矩

1）荷载的标准值为

水磨石面层　　　$3.6\text{m}\times0.65\text{kN/m}^2 = 2.34\text{kN/m}$

钢筋混凝土翼板　$3.6\text{m}\times2.5\text{kN/m}^2 = 9.0\text{kN/m}$

混凝土板托自重　$\dfrac{(90\text{mm}+390\text{mm})\times150\text{mm}}{2}\times10^{-6}\times25\text{kN/m}^3 = 0.9\text{kN/m}$

吊顶　　　　　　$3.6\text{m}\times0.18\text{kN/m}^2 = 0.65\text{kN/m}$

钢梁自重（假定）　0.25kN/m

合计永久荷载 $g_k = 13.14\text{kN/m}$

楼面活荷载　　　$p_k = 3.6\text{m}\times3.5\text{kN/m}^2 = 12.60\text{kN/m}$

2）荷载的设计值为

$$q = 1.2g_k + 1.4p_k = 1.2\times13.14\text{kN/m} + 1.4\times12.6\text{kN/m} = 33.41\text{kN/m}$$

3）弯矩设计值为

$$M = \frac{1}{8}ql^2 = \frac{1}{8}\times33.41\text{kN/m}\times(6\text{m})^2 = 150.3\text{kN}\cdot\text{m}$$

（5）选择钢梁截面　按塑性设计考虑，组合梁的应力图形如图 6-15b 所示，设塑性中和轴位置 $x = 0.4h_{c1} = 0.4\times100\text{mm} = 40\text{mm}$，则

截面抵抗力矩的力臂 $y = h - \dfrac{1}{2}x - \dfrac{1}{2}h_s = 430\text{mm} - 20\text{mm} - 90\text{mm} = 320\text{mm}$

由《钢结构设计规范》公式（11.2.1）得
$$M \leqslant b_e x f_c y = A f y$$
需要的钢梁截面积为
$$A = \frac{M}{fy} = \frac{150.3 \text{kN} \cdot \text{m} \times 10^6}{215 \text{N/mm}^2 \times 320 \text{mm}} \times 10^{-2} = 21.85 \text{cm}^2$$

根据计算，要求 $h_s \geqslant 167 \text{mm}$ 和 $A \geqslant 21.85 \text{cm}^2$，从型钢表选用钢梁截面为热轧普通工字钢 I18，其截面特性为：

$A = 30.7 \text{cm}^2$，$b = 94 \text{mm}$，$h_s = 180 \text{mm}$，$t = 10.7 \text{mm}$

$t_w = 6.5 \text{mm}$，$I_x = 1669 \text{cm}^4$，$W_x = 185 \text{cm}^3$，$S_x = 108 \text{cm}^3$

$r = 8.5 \text{mm}$（翼缘与腹板交接处圆弧半径），自重 0.24kN/m

所选用的钢梁截面高度 $h_s = 180 \text{mm}$ 与前假定相同，翼缘宽度 $b = 94 \text{mm}$，比假定的 $b = 90 \text{mm}$ 略大，因而翼板的有效宽度修改为

$$b_e = b_0 + 6h_{c1} + 6h_{c1} = (94 \text{mm} + 2 \times 150 \text{mm}) + 6 \times 100 \text{mm} \times 2 = 1594 \text{mm}$$

其余如板托自重和钢梁自重等均与假定值相差无几，可不作修改。

2. 施工阶段对钢梁的验算

施工阶段，由钢梁承受翼板和板托未硬结的混凝土重量、钢梁自重及施工活荷载。对钢梁应计算其截面的抗弯强度、抗剪强度、梁的整体稳定性及挠度等。

（1）荷载及内力

翼板混凝土自重	9.00 kN/m
托板混凝土自重	0.90 kN/m
钢梁自重	0.24 kN/m

梁上均布永久荷载标准值　　$g_k = 10.14 \text{kN/m}$

施工均布活荷载标准值　　$p_k = 3.6 \text{m} \times 1.0 \text{kN/m}^2 = 3.6 \text{kN/m}$

梁上线荷载标准值为
$$q_k = 10.14 \text{kN/m} + 3.6 \text{kN/m} = 13.74 \text{kN/m} = 13.74 \text{N/mm}$$

梁上线荷载的设计值为
$$q = 1.2 \times 10.14 \text{kN/m} + 1.4 \times 3.6 \text{kN/m} = 17.21 \text{kN/m}$$

最大弯矩设计值为
$$M_x = \frac{1}{8} q l^2 = \frac{1}{8} \times 17.21 \text{kN/m} \times (6\text{m})^2 = 77.45 \text{kN} \cdot \text{m}$$

最大剪力设计值为
$$V = \frac{1}{2} q l = \frac{1}{2} \times 17.21 \text{kN/m} \times 6\text{m} = 51.63 \text{kN}$$

(2) 强度验算

1) 抗弯强度验算

$$\sigma = \frac{M_x}{\gamma_x M_x} = \frac{77.45 \text{kN} \cdot \text{m} \times 10^6}{1.05 \times 185 \text{cm}^3 \times 10^3} = 398.7 \text{N/mm}^2 > f$$
$$= 215 \text{N/mm}^2,\text{不满足要求。}$$

为此,施工时应在梁跨度中点设置一临时竖向支承点,则钢梁成为两跨连续,在均布荷载 q 作用下梁的最大弯矩和最大剪力分别为(均产生在竖向支承处截面)

最大负弯矩 $M'_x = \frac{1}{8}q\left(\frac{l}{2}\right)^2 = \frac{1}{8} \times 17.21 \text{kN/m} \times (3\text{m})^2 = 19.36 \text{kN} \cdot \text{m}$

最大剪力 $V' = \frac{5}{8}q\left(\frac{l}{2}\right) = \frac{5}{8} \times 17.21 \text{kN/m} \times 3\text{m} = 32.27 \text{kN}$

得 $\sigma = \frac{M'_x}{\gamma_x M_x} = \frac{19.36 \text{kN} \cdot \text{m} \times 10^6}{1.05 \times 185 \text{cm}^3 \times 10^3} = 99.7 \text{N/mm}^2 < f = 215 \text{N/mm}^2$,满足要求。

2) 抗剪强度验算

$$\tau = \frac{V'S_x}{I_x t_w} = \frac{32.27 \text{kN} \times 10^3 \times 108 \text{cm}^3 \times 10^3}{1669 \text{cm}^4 \times 10^4 \times 6.5 \text{mm}} = 32.1 \text{N/mm}^2 < f_v$$
$$= 125 \text{N/mm}^2,\text{满足要求。}$$

(3) 整体稳定性验算 侧向支承点间距仍为 $l_1 = 6\text{m}$,则

$$\frac{l_1}{b} = \frac{6000\text{mm}}{94\text{mm}} = 63.8 > 13 \text{(由《钢结构设计规范》表4.2.1查得)}$$

需验算钢梁的整体稳定性。

在相同均布荷载作用下,竖向两跨连续梁的整体稳定性优于相同跨度单跨简支梁。前者的 l_1/b_1 限制和 φ_b 值在设计规范中均未列出,现按后者套用规范数值,如验算前者通过,则对前者必然安全。由《钢结构设计规范》附表 B.2,近似取整体稳定系数 $\varphi_b = 0.57$,则

$$\frac{M'_x}{\varphi_b W_x} = \frac{19.36 \text{kN} \cdot \text{m} \times 10^6}{0.57 \times 185 \text{cm}^3 \times 10^3} = 183.6 \text{N/mm}^2 < f = 215 \text{N/mm}^2,\text{满足要求。}$$

(4) 挠度计算 两跨连续梁在均布荷载作用下的挠度为

$$v = \frac{1}{185} \times \frac{q_k(l/2)^4}{EI_x} = \frac{1}{185} \times \frac{13.74 \text{kN/m} \times (3000\text{mm})^4}{206 \times 10^3 \text{N/mm}^2 \times 1669 \text{cm}^4 \times 10^4} = 1.75 \text{mm}$$

$$\frac{v}{(l/2)} = \frac{1.75 \text{mm}}{3000 \text{mm}} = \frac{1}{1705} < \left[\frac{v}{(l/2)}\right] = \frac{1}{250},\text{满足要求。}$$

因此下面设有临时支承的钢梁一般可不进行挠度验算。

3. 使用阶段组合梁的强度验算

(1) 内力设计值 弯矩,$M = 150.3 \text{kN} \cdot \text{m}$;剪力,$V = \frac{1}{2}ql = \frac{1}{2} \times$

$33.41\text{kN/m} \times 6\text{m} = 100.2\text{kN}$。

（2）抗弯强度验算　塑性中和轴位置的判定

$$Af = 30.7\text{cm}^2 \times 10^2 \times 215\text{N/mm}^2 \times 10^{-3} = 660.0\text{kN}$$

$$b_e h_{c1} f_c = 1594\text{mm} \times 100\text{mm} \times 9.6\text{N/mm}^2 \times 10^{-3} = 1530.2\text{kN} > Af$$

塑性中和轴位于翼板范围内，应力图形如图 6-15b 所示。

翼板内混凝土受压区高度

$$x = \frac{Af}{b_e f_c} = \frac{660.0\text{kN} \times 10^3}{1594\text{mm} \times 9.6\text{N/mm}^2} = 43.2\text{mm}$$

截面的抵抗力矩

$$b_e x f_c y = Afy = 660.0\text{kN} \times (430\text{mm} - \frac{43.2\text{mm}}{2} - \frac{180\text{mm}}{2}) \times 10^{-3}$$

$$= 210.3\text{kN} \cdot \text{m} > M = 150.3\text{kN} \cdot \text{m}，满足要求。$$

（3）抗剪强度验算　考虑到次梁组合梁中的钢梁与主梁组合梁中钢梁的等高连接（两钢梁的顶面位于同一标高），全部剪力由钢梁腹板承受（《钢结构设计规范》第 11.2.3 条）。次梁钢梁的上翼缘需局部切除。今假设切除高度为 40mm，则剩下的腹板高度为 $h_w = 180\text{mm} - 40\text{mm} = 140\text{mm}$，截面能承受的剪力为

$$h_w t_w f_v = 140\text{mm} \times 6.5\text{mm} \times 125\text{N/mm}^2 \times 10^{-3} = 113.8\text{kN} > V$$

$$= 100.2\text{kN}，满足要求。$$

4. 抗剪连接件设计

（1）弯筋的数量及其配置　设计采用弯筋连接件。因塑性中和轴在使用阶段位于翼板内，组合梁上最大弯矩点至零弯矩点（梁端）区段内混凝土翼板与钢梁交界面的纵向剪力为（《钢结构设计规范》第 11.3.4 条）

$$V_s = Af = 30.7\text{cm}^2 \times 10^2 \times 215\text{N/mm}^2 \times 10^{-3} = 660.0\text{kN}$$

采用 HPB235 热轧钢筋（Ⅰ级钢筋），其抗拉强度设计值 $f_{st} = 210\text{N/mm}^2$。

取钢筋直径为 $d = 16\text{mm} > 12\text{mm}$（《钢结构设计规范》第 11.5.6 条），其截面积为 $A_{st1} = 201.1\text{mm}^2$。

每个 16mm 弯筋的抗剪承载力设计值为（《钢结构设计规范》第 11.3.1 条）

$$N_v^c = A_{st1} f_{st} = 201.1\text{mm}^2 \times 210\text{N/mm}^2 \times 10^{-3} = 42.23\text{kN}$$

半跨范围内所需抗剪连接件总数为

$$n_f = \frac{V_s}{N_v^c} = \frac{660.4\text{kN}}{42.23\text{kN}} = 15.6$$

采用 16 个 $d = 16\text{mm}$ 的弯筋连接件，分成 8 对在半跨内均匀配置（双列配置）。沿跨度方向其平均间距为

$$p = \frac{6000\text{mm}/2}{8} = 375\text{mm} < \begin{cases} 400\text{mm} \\ 4(h_{c1} + h_{c2}) = 4(100\text{mm} + 150\text{mm}) = 1000\text{mm} \end{cases}$$

同时
$$p = 375\text{mm} > 0.7(h_{c1} + h_{c2}) = 0.7(100\text{mm} + 150\text{mm}) = 175\text{mm}$$
满足规范的构造要求。

(2) 每个弯筋的尺寸　图 6-16a 所示为组合梁左半跨内的弯筋连接件尺寸。

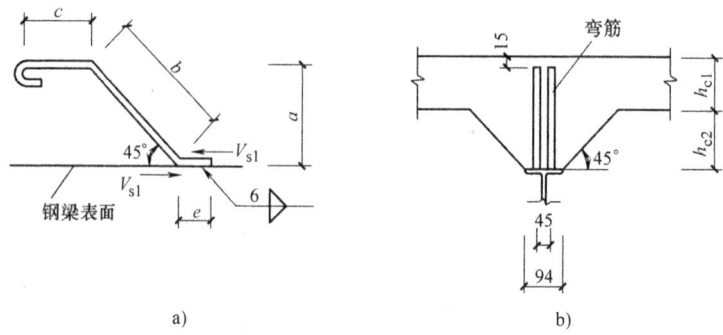

图 6-16　弯筋各部分尺寸

取连接件顶面的混凝土保护层厚度为 15mm（《钢结构设计规范》第 11.5.4 条），得弯筋高度
$$a = h_{c1} + h_{c2} - 混凝土保护层厚度 = 100\text{mm} + 150\text{mm} - 15\text{mm} = 235\text{mm}$$

斜段长度　　　　$b = \dfrac{a-d}{\sin 45°} = \dfrac{235\text{mm} - 16\text{mm}}{0.707} = 310\text{mm}$

水平段长度取（《钢结构设计规范》第 11.5.6 条）$c = 10d = 160\text{mm}$，得从弯起点算起的钢筋长度

$c + b = 160\text{mm} + 310\text{mm} = 470\text{mm} > 25d = 400\text{mm}$，满足要求。

因采用的是 HPB235 热轧钢筋（Ⅰ级钢筋），端部需加弯钩如图 6-16a 所示（《钢结构设计规范》第 11.5.6 条）。

图 6-16b 所示为弯筋在钢梁翼缘上的横向配置示意图。

(3) 弯筋与钢梁顶面的焊缝连接　每个弯筋用两条角焊缝与钢梁上翼缘相连。《钢结构设计规范》第 11.5.6 条规定，每条角焊缝长度不小于 4d，因此图 6-16a 中 e 的长度为
$$e = 4d + 2h_f \approx 4 \times 16\text{mm} + 10\text{mm} = 74\text{mm}，采用 75\text{mm}$$

每个弯筋承受的水平剪力
$$V_{s1} = \frac{V_s}{n_f} = \frac{660.0\text{kN}}{16} = 41.3\text{kN}$$

需要的焊脚尺寸为
$$h_f \geq \frac{V_{s1}}{2 \times 0.7 l_w f_f^w} \approx \frac{41.3\text{kN} \times 10^3}{2 \times 0.7 \times (75-10)\text{mm} \times 160\text{N/mm}^2} = 2.84\text{mm}$$

取 $h_f = 6\text{mm}$。

5. 使用阶段组合梁的挠度验算

梁的挠度按弹性工作阶段计算,分别采用荷载的标准组合和准永久组合进行计算。仅受正弯矩作用的简支梁,其抗弯刚度应取考虑滑移效应后的折减刚度,计算时不考虑板托截面(《钢结构设计规范》第11.1.3条和第11.4.1条)。

(1) 按荷载的标准组合进行计算

标准组合的荷载值

$$q = g_k + p_k = 13.14\text{kN/m} + 12.60\text{kN/m} = 25.74\text{kN/m} = 25.74\text{N/mm}$$

1) 组合梁换算截面的惯性矩 I_{eq} 计算。按弹性工作阶段计算梁的挠度时,需将混凝土翼板换算成钢截面,其厚度相同但有效宽度缩小为 $b_{eq}=b_e/\alpha_E$。整个换算截面如图 6-17 所示。

钢材与混凝土弹性模量的比值

$$\alpha_E = \frac{E}{E_c} = \frac{206 \times 10^3 \text{N/mm}^2}{25.5 \times 10^3 \text{N/mm}^2} = 8.08$$

翼板换算截面宽度

$$b_{eq} = \frac{b_e}{\alpha_E} = \frac{1594\text{mm}}{8.08} = 197.3\text{mm}$$

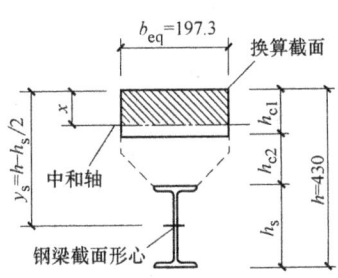

图 6-17 组合梁的换算截面

根据下列判别式确定组合梁换算截面弹性中和轴的位置(对翼板底面取面积矩并不计板托截面)

$$\frac{1}{2}b_{eq}h_{c1}^2 > A(y_s - h_{c1}) \tag{a}$$

如满足式 (a),则 $x < h_{c1}$,中和轴在翼板内;否则 $x > h_{c1}$,中和轴在翼板下。

令 $\quad \frac{1}{2}b_{eq}h_{c1}^2 = \frac{1}{2} \times 197.3\text{mm} \times 100^2 \text{mm}^2 = 986.5 \times 10^3 \text{mm}^3$

$$y_s = h - h_s/2 = 430\text{mm} - 180\text{mm}/2 = 340\text{mm}$$

$A(y_s - h_{c1}) = 30.7\text{cm}^2 \times 10^2 (340\text{mm} - 100\text{mm}) = 737.2 \times 10^3 \text{mm}^3 < 986.5 \times 10^3 \text{mm}^3$

满足式 (a),因此 $x < h_{c1}$,中和轴位于翼板内。

对中和轴求面积矩以确定中和轴位置:由 $\frac{1}{2}b_{eq}x^2 = A(y_s - x)$ 计算得 $x = 88.5\text{mm}$。

组合梁换算截面对中和轴的惯性矩为

$$I_{eq} = \frac{1}{3}b_{eq}x^3 + [I_x + A(y_s - x)^2] = \frac{1}{3} \times 19.73\text{cm} \times 8.85^3\text{cm}^3$$
$$+ [1669\text{cm}^4 + 30.7\text{cm}^2 \times (34\text{cm} - 8.85\text{cm})^2] = 25648\text{cm}^4$$

2) 组合梁的折减刚度 B 计算(《钢结构设计规范》第11.4.3条)。仅受正弯矩作用的组合梁,其考虑滑移效应的折减刚度 B 应按下式计算

$$B = \frac{EI_{eq}}{1+\zeta}$$

ζ 由下式确定（当 $\zeta \leq 0$ 时，取 $\zeta=0$）

$$\zeta = \eta \left[0.4 - \frac{3}{(jl)^2} \right]$$

刚度折减系数 ζ 中的参数 η、j 及其相关计算如下：

混凝土翼板截面积 $A_{cf} = b_e h_{c1} = 1594mm \times 100mm = 159400mm^2$

混凝土翼板截面惯性矩 $I_{cf} = \frac{1}{12} b_e h_{c1}^3 = \frac{1}{12} \times 1594mm \times 100^3 mm^3 = 1.33 \times 10^8 mm^4$

混凝土翼板截面形心到钢梁截面形心的距离

$$d_c = h - (h_{c1} + h_s)/2 = 430mm - (100mm + 180mm)/2 = 290mm$$

$$I_0 = I_x + \frac{I_{cf}}{\alpha_E} = 1669cm^4 + \frac{1.33mm^4 \times 10^8}{8.08} = 3.30 \times 10^7 mm^4$$

$$A_0 = \frac{A \cdot A_{cf}}{\alpha_E A + A_{cf}} = \frac{30.7cm^2 \times 10^2 \times 159400mm^2}{8.08 \times 30.7cm^2 \times 10^2 + 159400mm^2} = 2658mm^2$$

$$A_1 = \frac{I_0 + A_0 d_c^2}{A_0} = \frac{3.30 \times 10^7 mm^4 + 2658mm^2 \times 290^2 mm^2}{2658mm^2} = 9.65 \times 10^4 mm^2$$

抗剪连接件刚度系数 $k = N_v^c = 42.23kN \times 1000 = 42230N/mm$

抗剪连接件在钢梁上的列数（图 6-16b）$n_s = 2$

抗剪连接件的纵向平均间距 $p = 375mm$，则

$$j = 0.81 \sqrt{\frac{n_s k A_1}{EI_0 p}} = 0.81 \sqrt{\frac{2 \times 42230N/mm \times 9.65 \times 10^4 mm^2}{206 \times 10^3 N/mm^2 \times 3.30 \times 10^7 mm^4 \times 375mm}}$$
$$= 1.448 \times 10^{-3} mm^{-1}$$

$$\eta = \frac{36 E d_c p A_0}{n_s k h l^2} = \frac{36 \times 206 \times 10^3 N/mm^2 \times 290mm \times 375mm \times 2658mm^2}{2 \times 42230N/mm \times 430mm \times 6000^2 mm^2} = 1.640$$

则 $\zeta = \eta \left[0.4 - \frac{3}{(jl)^2} \right] = 1.640 \times \left[0.4 - \frac{3}{(1.448 \times 10^{-3} \times 6000)^2} \right] = 0.591$

$$B = \frac{EI_{eq}}{1+\zeta} = \frac{EI_{eq}}{1+0.591} = 0.629 EI_{eq}$$

即考虑翼板与钢梁间的滑移效应后，组合梁的抗弯刚度下降了约 37%。

3) 组合梁的挠度计算。跨中最大挠度

$$v = \frac{5}{384} \times \frac{q_k l^4}{B} = \frac{5}{384} \times \frac{q_k l^4}{(0.629 EI_{eq})}$$
$$= \frac{5 \times 25.74N/mm \times 6000^4 mm^4}{384 \times 206 \times 10^3 N/mm^2 \times 0.629 \times 25648 \times 10^4 mm^4} = 13.1mm$$

$$\frac{v}{l} = \frac{13.1mm}{6000mm} = \frac{1}{458} < \left[\frac{v}{l} \right] = \frac{1}{250}，满足要求。$$

(2) 按荷载的准永久组合进行计算　设活荷载的准永久值系数 $\psi_q=0.85$，得
$$q_k = g_k + \psi_q p_k = 13.14\text{kN/m} + 0.85 \times 12.60\text{kN/m} = 23.85\text{kN/m}$$

1) 组合梁换算截面的惯性矩 I_{eq} 计算。对荷载的准永久组合，应考虑混凝土的徐变影响。按《钢结构设计规范》第 11.4.2 条规定，取混凝土翼板的换算截面宽度为

$$b_{eq} = \frac{b_e}{2\alpha_E} = \frac{1594\text{mm}}{2 \times 8.08} = 98.6\text{mm}$$

判别组合梁换算截面弹性中和轴的位置

$$\frac{1}{2}b_{eq}h_{c1}^2 = \frac{1}{2} \times 98.6\text{mm} \times 100^2\text{mm}^2 = 493 \times 10^3 \text{mm}^3$$

$$A(y_s - h_{c1}) = 30.7\text{cm}^2 \times 10^2 (340\text{mm} - 100\text{mm})$$
$$= 736.8 \times 10^3 \text{mm}^3 > 493 \times 10^3 \text{mm}^3$$

不满足前述判别式（a），因此 $x > h_{c1}$，中和轴位于翼板以下，翼板全部受压。中和轴位置由下式求得（对中和轴求面积矩）

$$b_{eq}h_{c1}\left(x - \frac{h_{c1}}{2}\right) = A(y_s - x)$$

即

$$x = \frac{Ay_s + \frac{1}{2}b_{eq}h_{c1}^2}{A + b_{eq}h_{c1}} = \frac{30.7\text{cm}^2 \times 10^2 \times 340\text{mm} + \frac{1}{2} \times 98.6\text{mm} \times 100^2\text{mm}^2}{30.7\text{cm}^2 \times 10^2 + 98.6\text{mm} \times 100\text{mm}}$$
$$= 118.9\text{mm}$$

组合梁的换算截面如图 6-18 所示，对中和轴的惯性矩：

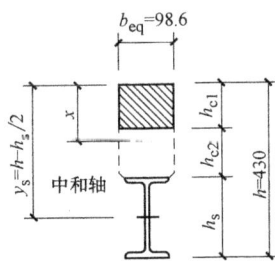

图 6-18　按荷载的准永久组合计算时组合梁的换算截面

$$I_{eq} = \left[\frac{1}{12}b_{eq}h_{c1}^3 + b_{eq}h_{c1}\left(x - \frac{h_{c1}}{2}\right)^2\right] + [I_x + A(y_s - x)^2]$$

$$= \left[\frac{1}{12} \times 9.86\text{cm} \times 10^3\text{cm}^3 + 9.86\text{cm} \times 10\text{cm}\left(11.89\text{cm} - \frac{10\text{cm}}{2}\right)^2\right]$$
$$+ [1669\text{cm}^4 + 30.7\text{cm}^2 \times (34\text{cm} - 11.89\text{cm})^2]$$
$$= 5502\text{cm}^4 + 16676\text{cm}^4 = 22178\text{cm}^4$$

2) 组合梁的折减刚度 B 计算（《钢结构设计规范》第 11.4.3 条）

$$I_0 = I_x + \frac{I_{cf}}{2\alpha_E} = 1669\text{cm}^4 \times 10^4 + \frac{1.33 \times 10^8 \text{mm}^4}{2 \times 8.08} = 2.48 \times 10^7 \text{mm}^4$$

$$A_0 = \frac{A \cdot A_{cf}}{2\alpha_E A + A_{cf}} = \frac{30.7\text{cm}^2 \times 10^2 \times 159400\text{mm}^2}{2 \times 8.08 \times 30.7\text{cm}^2 \times 10^2 + 159400\text{mm}^2} = 2342\text{mm}^2$$

$$A_1 = \frac{I_0 + A_0 d_c^2}{A_0} = \frac{2.48 \times 10^7 \text{mm}^4 + 2342\text{mm}^2 \times 290^2 \text{mm}^2}{2342\text{mm}^2} = 9.47 \times 10^4 \text{mm}^2$$

$$j = 0.81 \sqrt{\frac{n_s k A_1}{E I_0 p}} = 0.81 \sqrt{\frac{2 \times 42230\text{N/mm} \times 9.47 \times 10^4 \text{mm}^2}{206 \times 10^3 \text{N/mm}^2 \times 2.48 \times 10^7 \text{mm}^4 \times 375\text{mm}}}$$
$$= 1.655 \times 10^{-3} \text{mm}^{-1}$$

$$\eta = \frac{36 E d_c p A_0}{n_s k h l^2} = \frac{36 \times 206 \times 10^3 \text{N/mm}^2 \times 290\text{mm} \times 375\text{mm} \times 2342\text{mm}^2}{2 \times 42230\text{N/mm} \times 430\text{mm} \times 6000^2 \text{mm}^2} = 1.445$$

则 $\zeta = \eta \left[0.4 - \dfrac{3}{(jl)^2} \right] = 1.445 \times \left[0.4 - \dfrac{3}{(1.655 \times 10^{-3} \text{mm}^{-1} \times 6000\text{mm})^2} \right] = 0.534$

得
$$B = \frac{EI_{eq}}{1+\zeta} = \frac{EI_{eq}}{1+0.534} = 0.652 EI_{eq}$$

3) 组合梁的挠度计算　跨中最大挠度

$$v = \frac{5}{384} \times \frac{q_k l^4}{B} = \frac{5}{384} \times \frac{q_k l^4}{(0.652 EI_{eq})}$$
$$= \frac{5 \times 23.85\text{N/mm} \times 6000^4 \text{mm}^4}{384 \times 206 \times 10^3 \text{N/mm}^2 \times 0.652 \times 22178\text{cm}^4 \times 10^4}$$
$$= 8.81 \times \frac{1}{0.652} = 13.5\text{mm}$$

$$\frac{v}{l} = \frac{13.5\text{mm}}{6000\text{mm}} = \frac{1}{444} < \left[\frac{v}{l}\right] = \frac{1}{250}，满足要求。$$

6.6.3　主梁设计

1. 初选截面

荷载及梁的计算简图如图 6-19 所示，跨度 $L=3 \times 3.6\text{m}=10.8\text{m}$。图 6-20a 所示为主梁组合梁的截面及各部分尺寸，图 6-20b 所示为组合梁的应力图形。

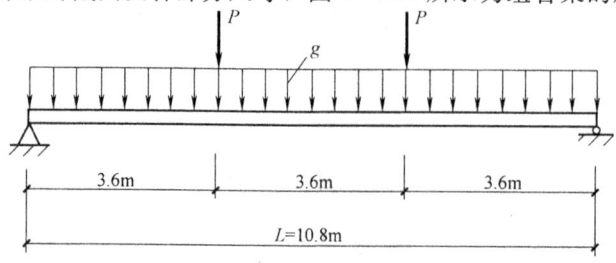

图 6-19　主梁的荷载及计算简图

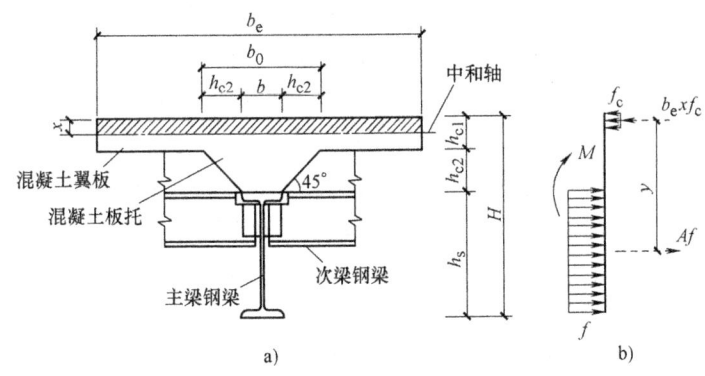

图 6-20 组合梁截面及应力图形
a) 主梁截面与尺寸符号 b) 使用阶段应力图形

(1) 板托高度 h_{c2} 和钢梁截面高度 h_s。钢筋混凝土翼板厚度 $h_{c1}=100mm$，取混凝土板托高度 $h_{c2}=150mm=1.5h_{c1}$，满足 $h_{c2}\leqslant 1.5h_{c1}$ 的构造要求。主梁组合梁和次梁组合梁的两个正交钢梁顶面设在同一标高（图 6-20a）。

试取主梁组合梁的全高为 $H\approx\dfrac{1}{16}L=\dfrac{10.8m\times 10^3}{16}=675mm$，采用 650mm

则钢梁高度为 $h_s=H-h_{c1}-h_{c2}=650mm-100mm-150mm=400mm$

满足 $h_s\geqslant\dfrac{H}{2.5}=\dfrac{650mm}{2.5}=260mm$ 的构造要求。

(2) 板托顶面宽度 b_0 取板托倾角 $\alpha=45°$，暂取钢梁上翼缘宽度 $b=144mm$，则板托顶面宽度为

$$b_0 = b+2h_{c2} = 144mm+2\times 150mm = 444mm$$

满足构造要求 $b_0\geqslant b+1.5h_{c2}=144mm+1.5\times 150mm=369mm$（《钢结构设计规范》第 11.5.1 条）。

(3) 组合梁混凝土翼板的有效宽度 b_e。根据《钢结构设计规范》第 11.1.2 条的要求，b_e 应取下述三个数值中的最小值：

$$b_e = b_0+L/3 = 444mm+10800mm/3 = 4044mm$$

$$b_e = b_0+12h_{c1} = 444mm+12\times 100mm = 1644mm$$

$$b_e = 6000mm（主梁间距）$$

因此取翼板的有效宽度 $b_e=1644mm$。

(4) 使用阶段的荷载及最大弯矩

1) 荷载的标准值。

混凝土板托自重 $\dfrac{(144mm+444mm)\times 150mm}{2}\times 10^{-6}\times 25kN/m^3=1.103kN/m$

钢梁自重（假定） $=0.725kN/m$

$g_k=1.828kN/m$

为简便计算,假定楼面荷载全部由次梁传来。由次梁组合梁传来的集中荷载

永久荷载　　　$P_{k1}=13.14\text{kN/m}\times 6\text{m}=78.84\text{kN}$

可变荷载　　　$\underline{P_{k2}=12.60\text{kN/m}\times 6\text{m}\times 0.9=68.04\text{kN}}$

$$P_k=146.88\text{kN}$$

计算 P_{k2} 式中的 0.9 是当楼面梁从属面积超过 50m^2 时楼面活荷载标准值的折减系数(见 GB 50009-2001《建筑结构荷载规范》第 4.1.2 条),本例题中主梁组合梁的从属面积为 $10.8\text{m}\times 6\text{m}=64.8\text{m}^2>50\text{m}^2$。

2) 荷载的设计值。

均布荷载　　$g=1.2\times 1.828\text{kN/m}=2.194\text{kN/m}$

集中荷载　　$P=1.2\times 78.84\text{kN}+1.4\times 68.04\text{kN}=189.9\approx 190\text{kN}$

3) 最大弯矩设计值(图 6-19)为

$$M=\frac{1}{8}gL^2+\frac{1}{3}PL=\frac{1}{8}\times 2.194\text{kN/m}\times 10.8^2\text{m}^2+\frac{1}{3}\times 190\text{kN}\times 10.8\text{m}$$

$$=716.0\text{kN}\cdot\text{m}$$

(5) 选择钢梁截面　因截面高度 $h_s\geq 400\text{mm}$ 的热轧普通工字钢翼缘平均厚度 $t>16\text{mm}$,故取相应 Q235 钢的强度设计值为

$$f=205\text{N/mm}^2,\ f_v=120\text{N/mm}^2$$

参阅图 6-20b 所示的应力图形,假设 $x=0.4h_{c1}=0.4\times 100\text{mm}=40\text{mm}$,则截面抵抗力矩的力臂 $y=H-\frac{1}{2}x-\frac{1}{2}h_s=650\text{mm}-\frac{40\text{mm}}{2}-\frac{400\text{mm}}{2}=430\text{mm}$

由内外力矩的平衡条件[《钢结构设计规范》公式(11.2.1)]

$$M\leq b_e x f_c y=A f y$$

得需要的钢梁截面积为 $A=\dfrac{M}{fy}=\dfrac{716\text{kN}\cdot\text{m}\times 10^6}{205\text{N/mm}^2\times 430\text{mm}}\times 10^{-2}=81.23\text{cm}^2$

从型钢表选用主梁的钢梁截面为热轧普通工字钢 I45a(选用 I40 经验算不能满足设计要求),其截面特性为

$$A=102\text{cm}^2,\ b=150\text{mm},\ h_s=450\text{mm},\ t=18.0\text{mm}$$

$$t_w=11.5\text{mm},\ I_x=32241\text{cm}^4,\ W_x=1433\text{cm}^3,\ S_x=834\text{cm}^3$$

$r=13.5\text{mm}$(翼缘与腹板交接处圆弧半径),自重 0.79kN/m

所选用的钢梁截面高度 $h_s=450\text{mm}$,翼缘宽度 $b=150\text{mm}$,均比前面假定的 $h_s=400\text{mm}$ 和 $b=144\text{mm}$ 略大,因而主梁组合梁的截面高度 H 和翼板的有效宽度 b_e 应分别修改为

$$H=h_{c1}+h_{c2}+h_s=100\text{mm}+150\text{mm}+450\text{mm}=700\text{mm}$$

$$b_e=b_0+12h_{c1}=(150\text{mm}+2\times 150\text{mm})+12\times 100\text{mm}=1650\text{mm}$$

板托自重和钢梁自重虽较假定值略有增加,但不影响总荷载,故其余均不作修改。

2. 施工阶段对钢梁的验算

(1) 荷载及内力

1) 均布永久荷载标准值。

主梁混凝土板托自重　1.103kN/m
主梁钢梁自重（I45a）　0.79kN/m
$$g_k = 1.893 \text{kN/m}$$

2) 施工阶段次梁作用在主梁上的集中荷载标准值。

永久荷载　$P_{k1} = 10.14\text{kN/m} \times 6\text{m} = 60.84\text{kN}$

施工活荷载　$P_{k2} = 3.6\text{kN/m} \times 6\text{m} = 21.6\text{kN}$

3) 施工阶段主梁所受荷载设计值

均布荷载　$g = 1.2 \times 1.893\text{kN/m} = 2.27\text{kN/m}$

集中荷载　$P = 1.2 \times 60.84\text{kN} + 1.4 \times 21.6\text{kN} = 103.2\text{kN}$

4) 最大内力设计值。

弯矩　$M_x = \frac{1}{8}gL^2 + \frac{1}{3}PL = \frac{1}{8} \times 2.27\text{kN/m} \times 10.8^2\text{m}^2 + \frac{1}{3} \times 103.2\text{kN} \times 10.8\text{m} = 404.6\text{kN} \cdot \text{m}$

剪力　$V = \frac{1}{2}gL + P = \frac{1}{2} \times 2.27\text{kN/m} \times 10.8\text{m} + 103.2\text{kN} = 115.5\text{kN}$

(2) 强度验算

抗弯强度　$\sigma = \frac{M_x}{\gamma_x W_x} = \frac{404.6\text{kN} \cdot \text{m} \times 10^6}{1.05 \times 1433\text{cm}^3 \times 10^3} = 268.9\text{N/mm}^2 > f = 205\text{N/mm}^2$

不满足要求。

因此施工阶段必须在主梁跨间设置临时竖向支承以减小主梁的跨度。设在跨度的三分点处各设置一道临时竖向支承，则主梁在施工阶段为一根三跨连续梁，仅承受均布荷载 g，集中荷载 P 直接由竖向支承承受。此时梁中最大弯矩为

$$M'_x = \frac{1}{10}g\left(\frac{L}{3}\right)^2 = \frac{1}{90}gL^2 = \frac{1}{90} \times 2.27 \times 10.8^2 \text{kN} \cdot \text{m} = 2.94\text{kN} \cdot \text{m}$$

得 $\sigma = \frac{M'_x}{\gamma_x W_x} = \frac{2.94\text{kN} \cdot \text{m} \times 10^6}{1.05 \times 1433\text{cm}^3 \times 10^3} = 1.95\text{N/mm}^2 \ll f = 205\text{N/mm}^2$，满足要求。

设置临时竖向支承后抗剪强度也必然满足，不需验算。

(3) 整体稳定性验算　在跨度三分点处的次梁可视作主梁的水平支撑，主梁的侧向无支承长度（自由长度）

为 $l_1 = 3.60\text{m} = 3600\text{mm}$，则

$$l_1/b = \frac{3600\text{mm}}{150\text{mm}} = 24 > 16$$

因此需验算钢梁的整体稳定性，但由于在跨中三分点同时设有临时竖向支承，弯

矩已大大减小，整体稳定性也就必然满足，无需再算。

（4）挠度计算　设置临时竖向支承后，挠度条件必然满足，不必计算。

根据上述计算，在施工阶段，主梁跨度三分点处需设置竖向临时支承。临时竖向支承需承受由次梁传来的集中荷载设计值 $P=103.2\mathrm{kN}$ 和均布荷载作用在三跨连续梁上产生的反力。在跨度的三分点处，次梁应与主梁的下翼缘临时设置隅撑以增加其侧向刚度。设置这些临时支承后，在施工阶段就能满足对主梁的各种强度、整体稳定性和变形要求。

3. 使用阶段组合梁的强度验算

（1）抗弯强度　塑性中和轴位置的确定：

钢梁中拉力　$Af = 102\mathrm{cm}^2 \times 10^2 \times 205\mathrm{N/mm}^2 \times 10^{-3} = 2091\mathrm{kN}$

混凝土翼板中的压力　$b_e h_{c1} f_c = 1650\mathrm{mm} \times 100\mathrm{mm} \times 9.6\mathrm{N/mm}^2 \times 10^{-3} = 1584\mathrm{kN}$

因 $Af > b_e h_{c1} f_c$，塑性中和轴位于翼板之下，即 $x > h_{c1}$。由于在强度计算时，不考虑板托的受力，因而塑性中和轴将在钢梁截面内，组合梁的应力图形如图 6-21b 所示。钢梁受压区面积 A_c 由 $\Sigma x = 0$ 得出 [《钢结构设计规范》公式（11.2.1-4）]。

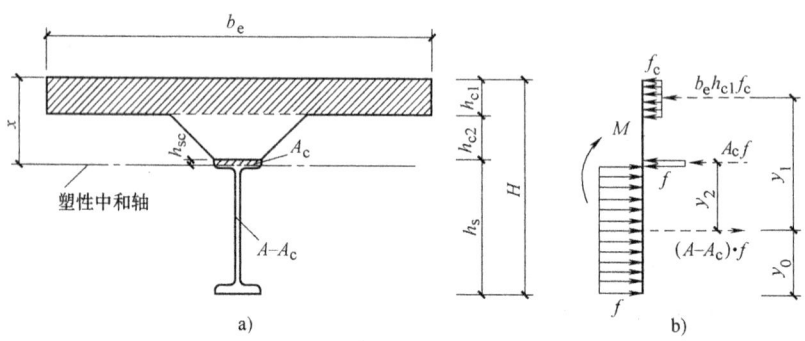

图 6-21　塑性中和轴在钢梁截面内时组合梁的应力图形
a) 主梁截面尺寸　b) 应力图形

$$A_c = \frac{1}{2}\left(A - b_e h_{c1}\frac{f_c}{f}\right) = \frac{1}{2} \times \left(102\mathrm{cm}^2 - 165\mathrm{cm} \times 10\mathrm{cm} \times \frac{9.6\mathrm{N/mm}^2}{205\mathrm{N/mm}^2}\right) = 12.59\mathrm{cm}^2$$

钢梁翼缘宽度 $b = 150\mathrm{mm}$，因此钢梁受压区高度 $h_{sc} = A_c/b = 12.59\mathrm{cm}^2 \times 10^2/150\mathrm{mm} = 8.39\mathrm{mm}$（未考虑翼缘趾尖圆角影响）。塑性中和轴位于钢梁上翼缘范围内。

设钢梁受拉区截面 $A - A_c$ 的形心（即受拉区截面的合力作用点）至钢梁底部的距离为 y_0，则

$$(A - A_c)y_0 + A_c(y_0 + y_2) = A\frac{h_s}{2}$$

令 $y_0 + y_2 = h_s - \frac{1}{2}h_{sc} = 450\text{mm} - \frac{1}{2} \times 8.39\text{mm} = 445.8\text{mm}$，得

$$y_0 = \frac{\frac{1}{2}Ah_s - A_c(y_0 + y_2)}{A - A_c}$$

$$= \frac{\frac{1}{2} \times 102\text{cm}^2 \times 45\text{cm} - 12.59\text{cm}^2 \times 44.58\text{cm}}{102\text{cm}^2 - 12.59\text{cm}^2} \times 10$$

$$= 194.1\text{mm}$$

$$y_1 = H - \frac{1}{2}h_{c1} - y_0 = 700\text{mm} - \frac{1}{2} \times 100\text{mm} - 194.1\text{mm} = 455.9\text{mm}$$

$$y_2 = 445.8\text{mm} - 194.1\text{mm} = 251.7\text{mm}$$

组合梁截面的抵抗力矩为 [《钢结构设计规范》公式 (11.2.1-3)]

$b_e x f_c y_1 + A_s f y_2 = 1650\text{mm} \times 100\text{mm} \times 9.6\text{N/mm}^2 \times 455.9\text{mm} \times 10^{-6} + 1259\text{mm}^2 \times 205\text{N/mm}^2 \times 251.7\text{mm} \times 10^{-6} = 787.1\text{kN} \cdot \text{m} > 716.0\text{kN} \cdot \text{m}$，满足要求。

(2) 抗剪强度　剪力设计值为（图 6-19）

$$V = \frac{1}{2}gL + P = \frac{1}{2} \times 2.194\text{kN/m} \times 10.8\text{m} + 190\text{kN} = 201.8\text{kN}$$

截面能承受的剪力为

$$h_w t_w f_v = 450\text{mm} \times 11.5\text{mm} \times 120\text{N/mm}^2 \times 10^{-3} = 621\text{kN} > V = 201.8\text{kN}$$

满足要求。

4. 抗剪连接件设计

采用弯筋连接件，取直径 $d = 16\text{mm}$（满足 $d > 12\text{mm}$ 的要求），HRB335 热轧钢筋（Ⅱ级钢筋），抗拉强度设计值 $f_{st} = 300\text{N/mm}^2$。

(1) 弯筋的数量及其配置　因组合梁截面的塑性中和轴位于钢梁的上翼缘内，组合梁最大弯矩点至零弯矩点（梁端）区段内混凝土翼板与钢梁交界面间的纵向剪力为（《钢结构设计规范》第 11.3.4 条）

$$V_s = b_e h_{c1} f_c = 1650\text{mm} \times 100\text{mm} \times 9.6\text{N/mm}^2 \times 10^{-3} = 1584\text{kN}$$

每个弯筋的抗剪承载力设计值为（《钢结构设计规范》第 11.3.1 条）

$$N_v^c = A_{stl} f_{st} = \frac{\pi \times 16^2 \text{mm}^2}{4} \times 300\text{N/mm}^2 \times 10^{-3} = 60.32\text{kN}$$

半跨范围内所需弯筋连接件的数量

$$n_f \geq \frac{V_s}{N_v^c} = \frac{1584\text{kN}}{60.32\text{kN}} = 26.3$$

采用 30 个，分成 15 对（即抗剪连接件在钢梁上的列数 $n_s = 2$）。

主梁的剪力图形如图 6-22 所示，其中图 6-22a 为全跨荷载设计值作用，

图 6-22b 为全跨永久荷载和半跨楼面活荷载设计值作用。

《钢结构设计规范》第 11.3.4 条规定：当在所计算剪跨区段内有较大集中荷载作用时，应将连接件个数 n_f 按剪力图面积比例分配后再各自均匀布置。

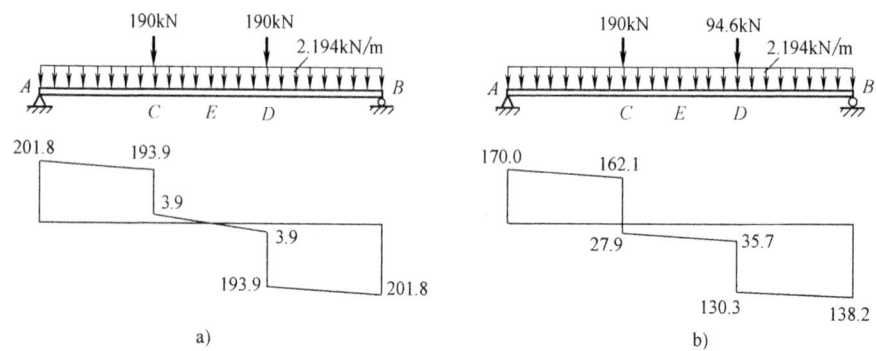

图 6-22 主梁的剪力图
a) 全跨荷载 b) 全跨永久荷载和半跨楼面活荷载

由图 6-22a，可见半跨内 AC 段剪力图面积和 CE 段剪力图面积之比为

$$\frac{(201.8+193.9)\times 3.6/2}{\frac{1}{2}\times 3.9\times \frac{3.6}{2}}=\frac{791.4}{3.9}=203:1$$

即所需的 15 对弯筋连接件应全部布置在 AC 段内，其沿跨度方向的平均间距为

$$p=\frac{3600\mathrm{mm}}{15}=240\mathrm{mm}$$

$$\left\{\begin{array}{l}<400\mathrm{mm}\\ <4(h_{c1}+h_{c2})=4(100\mathrm{mm}+150\mathrm{mm})=1000\mathrm{mm}\\ >0.7(h_{c1}+h_{c2})=0.7(100\mathrm{mm}+150\mathrm{mm})=175\mathrm{mm}\end{array}\right\}$$

满足沿梁跨度方向的间距不应大于混凝土翼板（包括板托）厚度的 4 倍，且不大于 400mm 和不宜小于混凝土翼板（包括板托）厚度的 0.7 倍的构造要求。

在中间三分之一的梁段（CD 段），弯筋连接件可按构造设置。由图 6-22b，在半跨楼面活荷载作用时，该区段的剪力图形将变号，因而该区段内在两个方向均应设置弯筋。此时弯筋采用图 6-23a 所示的形式，成对均匀配置，沿梁跨度方向的最大间距取

$$p=4(h_{c1}+h_{c2})=4(100\mathrm{mm}+150\mathrm{mm})=1000\mathrm{mm}$$

该区段内共设 3600mm/1000mm=3.6≈4 对，8 个弯筋。

(2) 每个弯筋连接件的尺寸 两端三分之一区段范围内弯筋图形如图 6-23b 所示，中间三分之一区段范围内弯筋图形如图 6-23a 所示。

高度 $a=h_{c1}+h_{c2}-15\mathrm{mm}=100\mathrm{mm}+150\mathrm{mm}-15\mathrm{mm}=235\mathrm{mm}$

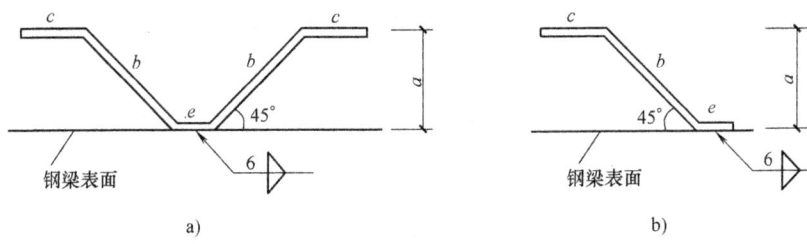

图 6-23 主梁的弯筋连接件
a) 跨中三分之一处 b) 两端三分之一处

斜段长度 $b = \dfrac{a-d}{\sin 45°} = \dfrac{235\text{mm} - 16\text{mm}}{0.707} = 310\text{mm}$

水平段长度 $c = 10d = 160\text{mm}$

$c + b = 160\text{mm} + 310\text{mm} = 470\text{mm} > 25d = 400\text{mm}$，满足构造要求（《钢结构设计规范》第 11.5.6 条）。

因采用的是 HRB335 热轧钢筋（Ⅱ级钢筋），端部不设弯钩。

(3) 弯筋与钢梁顶面的焊缝连接 每个弯筋用两条角焊缝与钢梁上翼缘相连。每条角焊缝长度应不小于 $4d$，因此图 6-23 中 e 段长度为

$$e = 4d + 2h_\text{f} \approx 4 \times 16\text{mm} + 10\text{mm} = 74\text{mm}，采用 80\text{mm}$$

每个弯筋承受的水平剪力

$$V_{sl} = \frac{V_s}{n} = \frac{1584\text{kN}}{30} = 52.8\text{kN}$$

需要的焊脚尺寸为

$$\begin{aligned}
h_\text{f} &= \frac{V_{sl}}{2 \times 0.7 l_\text{w} f_\text{f}^\text{w}} \\
&= \frac{52.8\text{kN} \times 10^3}{2 \times 0.7 \times (80 - 10)\text{mm} \times 160\text{N/mm}^2} \\
&= 3.37\text{mm} < 1.5\sqrt{t_{\max}} = 1.5\sqrt{18} = 6.36\text{mm}
\end{aligned}$$

采用 $h_\text{f} = 6\text{mm}$

5. 使用阶段组合梁的挠度计算

(1) 按荷载的标准组合进行计算

按标准组合的荷载值为

均布荷载 $q_\text{k} = 1.103\text{kN/m} + 0.79\text{kN/m} = 1.893\text{kN/m} = 1.893\text{N/mm}$

集中荷载 $P_\text{k} = P_{\text{k1}} + P_{\text{k2}} = 78.84\text{kN} + 68.04\text{kN} = 146.88\text{kN}$

1) 组合梁换算截面的惯性矩 I_eq 计算。

钢材与混凝土弹性模量比值 $\alpha_E = 8.08$

翼板换算截面宽度 $b_\text{eq} = \dfrac{b_e}{\alpha_E} = \dfrac{1650\text{mm}}{8.08} = 204.2\text{mm}$

参阅次梁设计时的图 6-17，从下列判别式确定组合梁换算截面弹性中和轴的位置：

$$\frac{1}{2}b_{eq}h_{c1}^2 = \frac{1}{2} \times 204.2\text{mm} \times 100^2\text{mm}^2 = 1.021 \times 10^6\text{mm}^3$$

$$y_s = H - h_s/2 = 700\text{mm} - 450\text{mm}/2 = 475\text{mm}$$

$$A(y_s - h_{c1}) = 102\text{cm}^2 \times 10^2(475\text{mm} - 100\text{mm}) = 3.825 \times 10^6\text{mm}^3 > \frac{1}{2}b_{eq}h_{c1}^2$$

中和轴在翼板下，即 $x > h_{c1}$。

由对中和轴求面积矩确定中和轴位置 x，即

$$b_{eq}h_{c1}\left(x - \frac{1}{2}h_{c1}\right) = A(y_s - x)$$

$$x = \frac{Ay_s + \frac{1}{2}b_{eq}h_{c1}^2}{A + b_{eq}h_{c1}} = 192.0\text{mm} \begin{cases} > h_{c1} = 100\text{mm} \\ < h_{c1} + h_{c2} = 100\text{mm} + 150\text{mm} = 250\text{mm} \end{cases}$$

弹性中和轴位于板托范围内。

组合梁换算截面对弹性中和轴的惯性矩为

$$I_{eq} = \left[\frac{1}{12}b_{eq}h_{c1}^3 + b_{eq}h_{c1}\left(x - \frac{h_{c1}}{2}\right)^2\right] + [I_x + A(y_s - x)^2]$$

$$= \left[\frac{1}{12} \times 20.42\text{cm} \times 10^3\text{cm}^3 + 20.42\text{cm} \times 10\text{cm} \times \left(19.2\text{cm} - \frac{10\text{cm}}{2}\right)^2\right] +$$

$$[32241\text{cm}^4 + 102\text{cm}^2 \times (47.5\text{cm} - 19.2\text{cm})^2]$$

$$= 157125\text{cm}^4$$

2) 组合梁的折减刚度 B 计算（《钢结构设计规范》第 11.4.3 条）。

混凝土翼板截面面积 $A_{cf} = b_e h_{c1} = 1650\text{mm} \times 100\text{mm} = 165000\text{mm}^2$

混凝土翼板截面惯性矩

$$I_{cf} = \frac{1}{12}b_e h_{c1}^3 = \frac{1}{12} \times 1650\text{mm} \times 100^3\text{mm}^3 = 1.375 \times 10^8\text{mm}^4$$

混凝土翼板截面形心到钢梁截面形心的距离

$$d_c = H - (h_{c1} + h_s)/2 = 700\text{mm} - (100\text{mm} + 450\text{mm})/2 = 425\text{mm}$$

$$I_0 = I_x + \frac{I_{cf}}{\alpha_E} = 32241\text{cm}^4 \times 10^4 + \frac{1.375 \times 10^8\text{mm}^4}{8.08} = 3.39 \times 10^8\text{mm}^4$$

$$A_0 = \frac{A \cdot A_{cf}}{\alpha_E A + A_{cf}} = \frac{102\text{cm}^2 \times 10^2 \times 165000\text{mm}^2}{8.08 \times 102\text{cm}^2 \times 10^2 + 165000\text{mm}^2} = 6822\text{mm}^2$$

$$A_1 = \frac{I_0 + A_0 d_c^2}{A_0} = \frac{3.39 \times 10^8\text{mm}^4 + 6822\text{mm}^2 \times 425^2\text{mm}^2}{6822\text{mm}^2} = 2.30 \times 10^5\text{mm}^2$$

抗剪连接件刚度系数 $k = N_v^c = 60.32\text{kN} \times 1000 = 60320\text{N/mm}$

抗剪连接件在钢梁上的列数 $n_s = 2$

抗剪连接件的纵向平均间距 $p=240\text{mm}$

$$j=0.81\sqrt{\frac{n_s k A_1}{EI_0 p}}$$

$$=0.81\sqrt{\frac{2\times 60320\text{N/mm}\times 2.30\times 10^5\text{mm}^2}{206\times 10^3\text{N/mm}^2\times 3.39\times 10^8\text{mm}^4\times 240\text{mm}}}$$

$$=1.042\times 10^{-3}\text{mm}^{-1}$$

$$\eta=\frac{36Ed_c pA_0}{n_s kHL^2}=\frac{36\times 206\times 10^3\text{N/mm}^2\times 425\text{mm}\times 240\text{mm}\times 6822\text{mm}^2}{2\times 60320\text{N/mm}\times 700\text{mm}\times 10800^2\text{mm}^2}=0.524$$

得刚度折减系数

$$\zeta=\eta\left[0.4-\frac{3}{(jL)^2}\right]$$

$$=0.524\times\left[0.4-\frac{3}{(1.042\times 10^{-3}\text{mm}^{-1}\times 10800\text{mm})^2}\right]$$

$$=0.197$$

因此考虑滑移效应的折减刚度

$$B=\frac{EI_{eq}}{1+\zeta}=\frac{EI_{eq}}{1+0.197}=0.835EI_{eq}$$

3）组合梁的挠度计算。跨中最大挠度为

$$v=\frac{5}{384}\cdot\frac{q_k L^4}{B}+\frac{23}{648}\cdot\frac{P_k L^3}{B}$$

$$=\frac{L^3}{0.835EI_{eq}}\left[\frac{5}{384}q_k L+\frac{23}{648}P_k\right]$$

$$=\frac{1}{0.835}\times\frac{10800^3\text{mm}^3}{206\times 10^3\text{N/mm}^2\times 157125\text{cm}^4\times 10^4}$$

$$\left[\frac{5}{384}\times 1.893\text{N/mm}\times 10800\text{mm}+\frac{23}{648}\times 146.88\text{kN}\times 10^3\right]$$

$$=25.54\text{mm}$$

$$\frac{v}{L}=\frac{25.54\text{mm}}{10800\text{mm}}=\frac{1}{423}<\left[\frac{v}{L}\right]=\frac{1}{400}，满足要求。$$

（2）按荷载的准永久组合进行计算

按准永久组合的荷载值为

均布荷载 $q_k=1.103\text{kN/m}+0.79\text{kN/m}=1.893\text{kN/m}=1.893\text{N/mm}$

设楼面活荷载的准永久值系数 $\psi_q=0.85$，得

集中荷载 $P_k=P_{k1}+\psi_q P_{k2}=78.84\text{kN}+0.85\times 68.04\text{kN}=136.7\text{kN}$

1）组合梁换算截面的惯性矩 I_{eq} 计算。混凝土翼板的换算截面宽度为

$$b_{eq}=\frac{b_e}{2\alpha_E}=\frac{1650\text{mm}}{2\times 8.08}=102.1\text{mm}$$

可以断定中和轴位于翼板以下，即 $x > h_{c1}$。
由对中和轴求面积矩确定 x 值

$$x = \frac{Ay_s + \frac{1}{2}b_{eq}h_{c1}^2}{A + b_{eq}h_{c1}}$$

$$= \frac{102\text{cm}^2 \times 10^2 \times 475\text{mm} + \frac{1}{2} \times 102.1\text{mm} \times 100^2\text{mm}^2}{102\text{cm}^2 \times 10^2 + 102.1\text{mm} \times 100\text{mm}}$$

$$= 262.9\text{mm} > (h_{c1} + h_{c2}) = 100\text{mm} + 150\text{mm}$$

$$= 250\text{mm}$$

弹性中和轴位于钢梁截面内。
换算截面对弹性中和轴的惯性矩为

$$I_{eq} = \left[\frac{1}{12}b_{eq}h_{c1}^3 + b_{eq}h_{c1}(x - \frac{h_{c1}}{2})^2\right] + [I_x + A(y_s - x)^2]$$

$$= \left[\frac{1}{12} \times 10.21\text{cm} \times 10^3\text{cm}^3 + 10.21\text{cm} \times 10\text{cm}(26.29\text{cm} - \frac{10\text{cm}}{2})^2\right] +$$

$$[32241\text{cm}^4 + 102\text{cm}^2 \times (47.5\text{cm} - 26.29\text{cm})^2]$$

$$= 129670\text{cm}^4$$

2）组合梁的折减刚度

$$I_0 = I_x + \frac{I_{ef}}{2\alpha_E} = 32241\text{cm}^4 \times 10^4 + \frac{1.375 \times 10^8\text{mm}^4}{2 \times 8.08} = 3.305 \times 10^8\text{mm}^4$$

$$A_0 = \frac{A \cdot A_{cf}}{2\alpha_E A + A_{cf}} = \frac{102\text{cm}^2 \times 10^2 \times 16500\text{mm}^2}{2 \times 8.08 \times 102\text{cm}^2 \times 10^2 + 16500\text{mm}^2} = 5114\text{mm}^2$$

$$A_1 = \frac{I_0 + A_0 d_c^2}{A_0} = \frac{3.305 \times 10^8\text{mm}^4 + 5114\text{mm}^2 \times 425^2\text{mm}^2}{5114\text{mm}^2} = 2.45 \times 10^5\text{mm}^2$$

$$j = 0.81\sqrt{\frac{n_s k A_1}{EI_0 p}}$$

$$= 0.81\sqrt{\frac{2 \times 60320\text{N/mm} \times 2.45 \times 10^5\text{mm}^2}{206 \times 10^3\text{N/mm}^2 \times 3.305 \times 10^8\text{mm}^4 \times 240\text{mm}}}$$

$$= 1.089 \times 10^{-3}\text{mm}^{-1}$$

$$\eta = \frac{36Ed_c p A_0}{n_s k H L^2}$$

$$= \frac{36 \times 206 \times 10^3\text{N/mm}^2 \times 425\text{mm} \times 240\text{mm} \times 5114\text{mm}^2}{2 \times 60320\text{N/mm} \times 700\text{mm} \times 10800^2\text{mm}^2}$$

$$= 0.3927$$

则

$$\zeta = \eta\left[0.4 - \frac{3}{(jL)^2}\right]$$

$$= 0.3927 \times \left[0.4 - \frac{3}{(1.089 \times 10^{-3} \mathrm{mm^{-1}} \times 10800 \mathrm{mm})^2} \right]$$

$$= 0.148$$

$$B = \frac{EI_{eq}}{1+\zeta} = \frac{EI_{eq}}{1+0.148} = 0.871 EI_{eq}$$

3) 组合梁的挠度计算。跨中最大挠度为

$$v = \frac{5}{384} \cdot \frac{q_k L^4}{B} + \frac{23}{648} \cdot \frac{P_k L^3}{B}$$

$$= \frac{L^3}{0.871 EI_{eq}} \left[\frac{5}{384} q_k L + \frac{23}{648} P_k \right]$$

$$= \frac{1}{0.871} \times \frac{10800^3 \mathrm{mm^3}}{206 \times 10^3 \mathrm{N/mm^2} \times 129670 \mathrm{cm^4} \times 10^4} \times$$

$$\left[\frac{5}{384} \times 1.893 \mathrm{N/mm} \times 10800 \mathrm{mm} + \frac{23}{648} \times 136.67 \mathrm{kN} \times 10^3 \right] = 27.72 \mathrm{mm}$$

$$\frac{v}{L} = \frac{27.72 \mathrm{mm}}{10800 \mathrm{mm}} = \frac{1}{390} > \left[\frac{v}{L} \right] = \frac{1}{400}$$

超过《钢结构设计规范》允许值 2.7%，可以认为基本满足要求（或改选钢梁截面，如采用 I45b 使其满足规范要求）。

6.7 钢—混凝土组合梁设计任务书

已知：某办公楼楼面采用钢—混凝土组合楼盖。楼面活荷载为 2.0kN/m²，楼面建筑装饰面层重 3.85kN/m²，混凝土板自重（包括压型钢板）为 3.85kN/m²。压型钢板波高 75mm，波距 200mm，其上现浇 65 厚混凝土。施工荷载为 1.7kN/m²。梁格布置如图 6-24 所示。钢材采用 Q235B，混凝土强度等级为 C20，圆柱头栓钉连接。

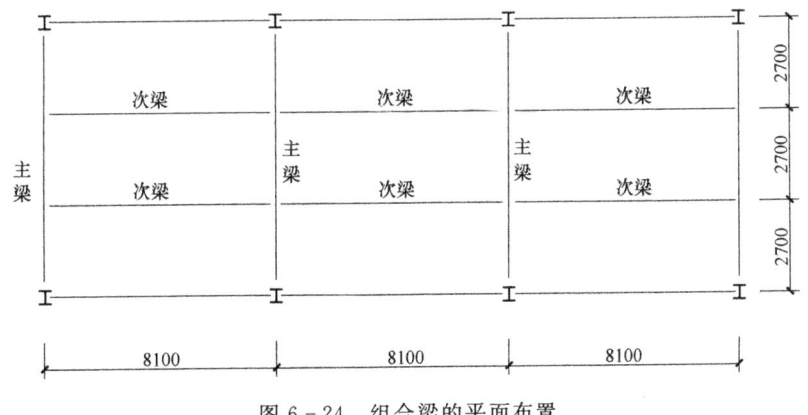

图 6-24 组合梁的平面布置

按以下两种情况设计组合梁：

1）简支组合次梁。

2）支座上部受拉钢筋为 HPB235 级，直径 16mm，间距 150mm。施工时钢梁下部设置两个临时支撑。设计三跨连续主梁。

3）绘制次梁、主梁的施工图及次梁与主梁的连接节点。

参考文献

[1] 夏志斌,姚谏. 钢结构设计—方法与例题 [M]. 北京:中国建筑工业出版社,2005.
[2] 郑廷银. 高层钢结构设计 [M]. 北京:机械工业出版社,2006.
[3] 陈富生,邱国桦,范重. 高层建筑钢结构设计 [M]. 北京:中国建筑工业出版社,2000.
[4] 赵根田,孙德发,等. 钢结构 [M]. 北京:机械工业出版社,2006.
[5] GB 50017—2003 钢结构设计规范 [S]. 北京:中国计划出版社,2003.
[6] GB 50009—2001 建筑结构荷载规范 [S]. 北京:中国建筑工业出版社,2006.
[7] GB 50018—2002 冷弯薄壁型钢结构技术规范 [S]. 北京:中国计划出版社,2002.
[8] CECS 102—2002 门式刚架轻型房屋钢结构技术规程 [S]. 北京:中国计划出版社,2003.
[9] JGJ 99—1998 高层民用建筑钢结构技术规程 [S]. 北京:中国计划出版社,2003.
[10] 魏明钟. 钢结构 [M]. 武汉:武汉工业大学出版社,2000.
[11] 陈绍蕃. 钢结构 [M]. 北京:中国建筑工业出版社,2003.
[12] 张运田,胡天兵,申林. 钢结构设计制图深度及表示方法 [J]. 建筑结构,2007(1).
[13] 赵熙元,柴昶,武人岱. 建筑钢结构设计手册 [M]. 北京:冶金工业出版社,1995.

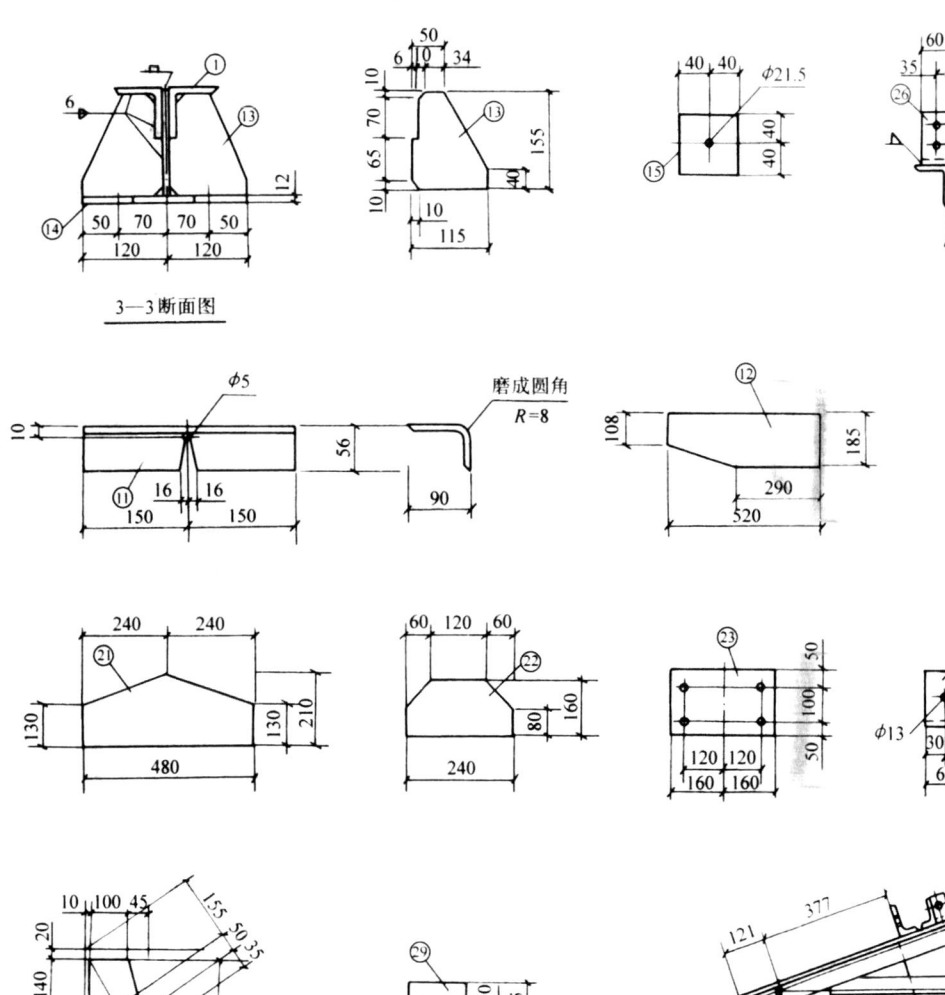

3—3 断面图

说明：1. 钢材为Q235-B，焊条为E43型。
2. 未注明的焊缝厚度为4mm，满焊。
3. 未注明的螺栓孔为φ17。
4. 构件表面应彻底除锈，涂防锈底漆。

图 2-45 三

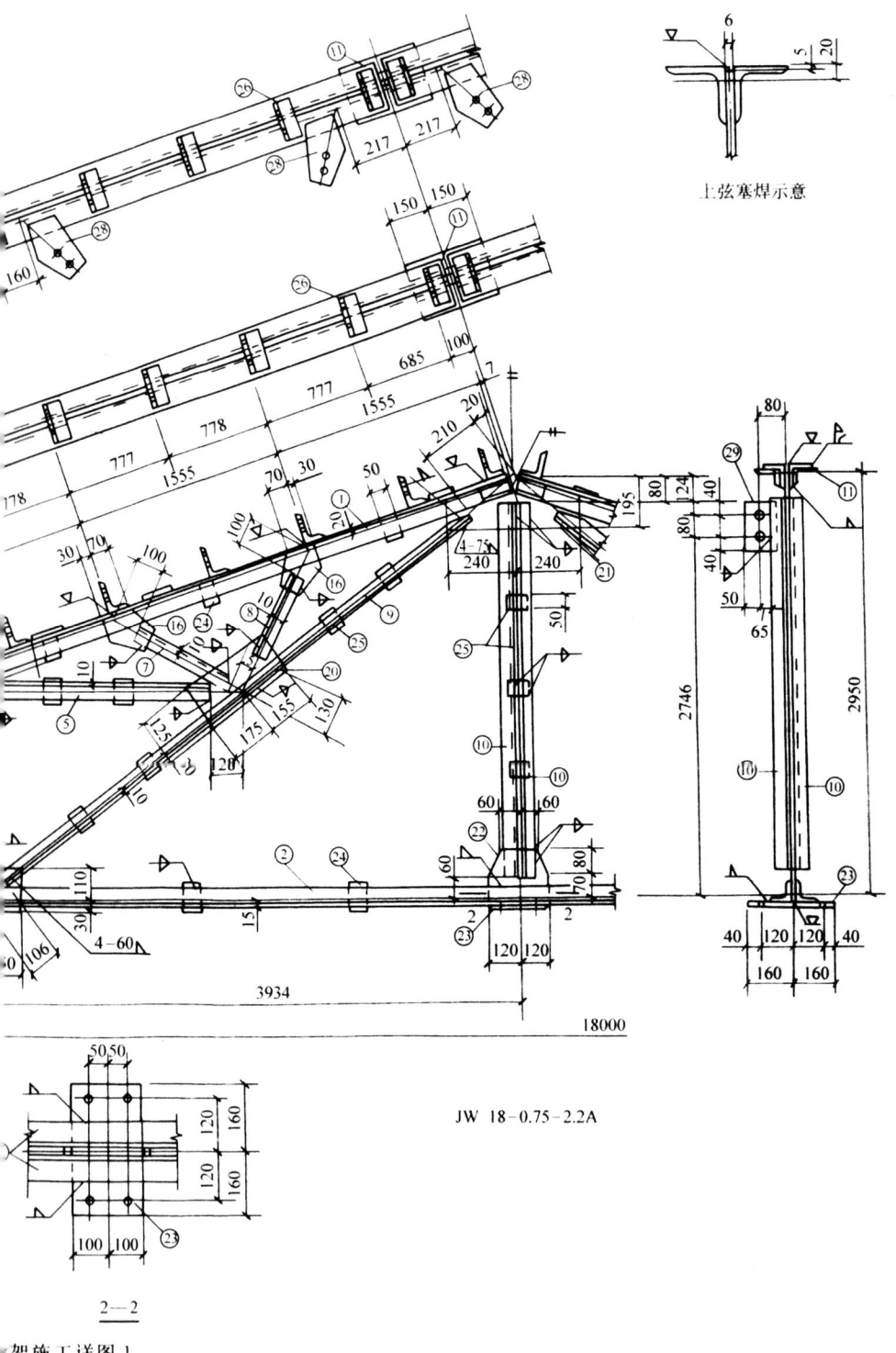

上弦塞焊示意

JW 18-0.75-2.2A

2—2

架施工详图 1

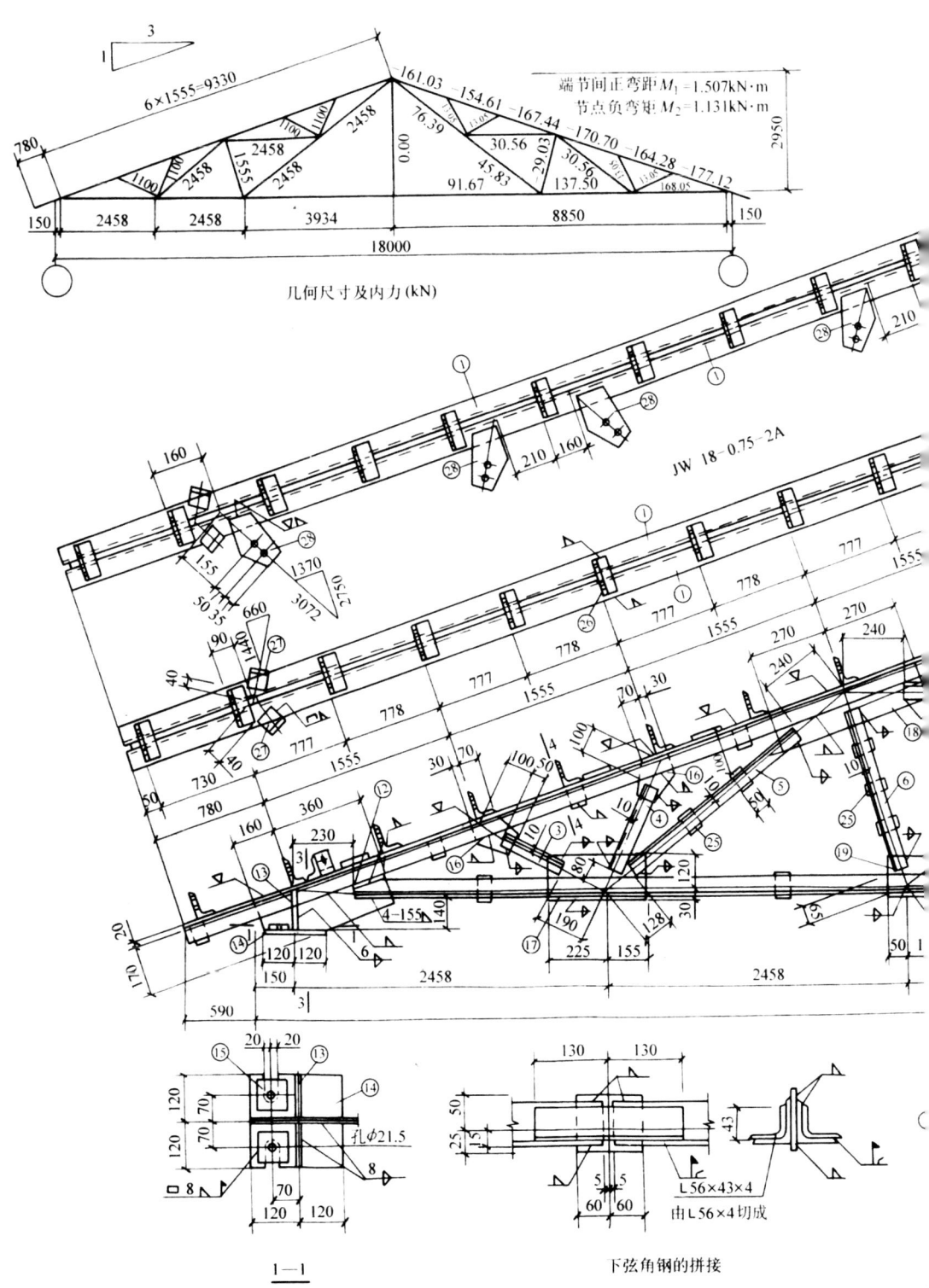

图 2-44 三角形钢屋架

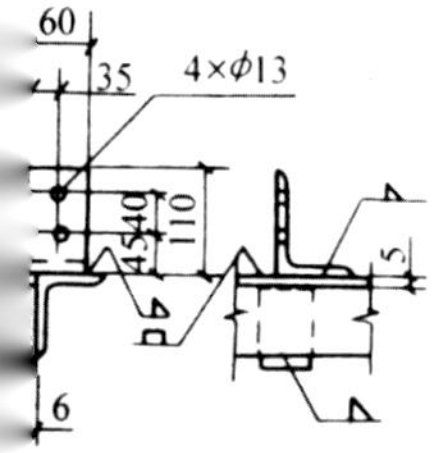

4—4断面图

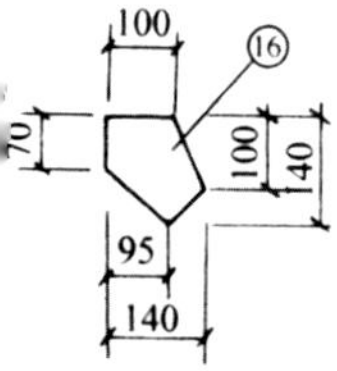

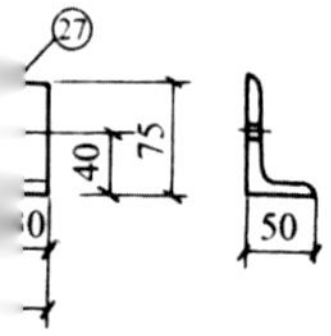

材料表

构件编号	零件号	截面 /mm	长度 /mm	数量 正	数量 反	质量/kg 每个	质量/kg 共计	合计
JW 18-0.75-2	1	∟70×6	10090	4		64.7	259.0	
	2	∟56×4	17240	2		59.3	118.6	
	3	∟36×4	810	2		2.0	4.0	
	4	∟36×4	920	2		2.2	4.4	
	5	∟30×4	2090	8		3.7	29.6	
	6	∟30×4	1420	4		2.5	10.0	
	7	∟36×4	950	2		2.3	4.6	
	8	∟36×4	870	2		2.1	4.2	
	9	∟30×4	4600	2	2	8.2	32.8	
	10	∟36×4	2810	2		6.8	13.6	
	11	∟90×56×6	300	2		2.0	4.0	
	12	−185×8	520	2		6.0	12.0	
	13	−115×8	155	4		1.1	4.4	
	14	−240×12	240	2		5.4	10.8	
	15	−80×14	80	4		0.7	2.8	587
	16	−140×6	140	8		0.9	7.2	
	17	−150×6	38	2		2.7	5.4	
	18	−125×6	540	2		3.2	6.4	
	19	−140×6	200	2		1.3	2.6	
	20	−155×6	330	2		2.4	4.8	
	21	−210×6	480	1		4.7	4.7	
	22	−160×6	240	1		1.8	1.8	
	23	−200×6	320	1		3.0	3.0	
	24	−50×6	75	22		0.2	4.4	
	25	−50×6	60	29		0.1	2.9	
	26	∟110×70×6	120	28		1.0	28.0	
	27	∟75×50×6	60	4		0.3	1.2	
JW 18-0.75-2.2A		1～27同 JW 18-0.75-2					587.2	
	28	−145×6	220	12		1.5	18	606
	29	−115×6	160	1		0.9	0.9	

①醇酸磁漆各二度。

角形钢屋架施工详图 2